# 油气勘探数字露头技术
# 与典型剖面刻画

## Digital Outcrop Techniques in Oil and Gas Exploration
## & Typical Profile Characterization

曾齐红　邵燕林　等著

石油工业出版社

**图书在版编目（CIP）数据**

油气勘探数字露头技术与典型剖面刻画 / 曾齐红等
著 . —北京：石油工业出版社，2023.8
ISBN 978-7-5183-6235-6

Ⅰ . ①油… Ⅱ . ①曾… Ⅲ . ①数字技术 – 应用 – 油气
勘探 Ⅳ . ① P618.130.8–39

中国国家版本馆 CIP 数据核字（2023）第 160221 号

出版发行：石油工业出版社
　　　　　（北京安定门外安华里 2 区 1 号　　100011 ）
　　　　　网　　址：www.petropub.com
　　　　　编辑部：（010）64523541
　　　　　图书营销中心：（010）64523633
经　　销：全国新华书店
印　　刷：北京中石油彩色印刷有限责任公司

2023 年 8 月第 1 版　2023 年 8 月第 1 次印刷
787×1092 毫米　开本：1/16　印张：20.25
字数：498 千字

定价：230.00 元
（如出现印装质量问题，我社图书营销中心负责调换）

# 《油气勘探数字露头技术与典型剖面刻画》
# 纂 写 组

组　　长：曾齐红　邵燕林

成　　员：（按姓氏笔画排序）

马乙云　马志国　孔令华　王文志　王　庆

王桂宏　邓　帆　申晋利　刘远刚　胡忠贵

盛　洁　魏　薇

# 前言

地质露头是地质勘探工作的重要研究对象。传统的地质露头研究以现场调查为主，受地形所限，无法调查到较高地形以及高危地区的地质露头。数字露头技术的出现为地质露头研究提供了新的技术手段。

数字露头最主要的采集手段是地面激光雷达（LIDAR）。激光雷达作为一种新兴的地理空间数据采集技术，可以快速、大范围地获取地质露头三维信息。2004年，得克萨斯大学奥斯汀分校利用地面激光雷达获取露头点云数据，构建数字露头表层 TIN 模型，并将数码照片覆盖在数字露头表层模型上，得到仿真的数字露头模型，建立了数字露头技术。该技术被评为2004年国际石油十大科技进展之一。

数字露头技术是基于地面激光雷达、差分 GPS、高精度影像等手段快速精确获取地质露头三维信息，建立高精度三维数字露头模型的新技术。数字露头模型具有直观性、数字化、定量化、可重复性等优势；借助数字露头技术，可以极大提升野外地质勘探的工作效率，降低工作强度。二十多年来，数字露头技术已日趋成熟，露头扫描精度可达 1mm，已实现露头精细建模。

研发数字露头技术主要目的是获取更精细的露头地质信息并建立地质模型。数字露头技术的应用方向主要有岩性及矿物成分识别、断层解译、裂缝提取、沉积特征描述、三维储层地质模型建立、数字露头库构建等。

近十年来，中国石油勘探开发研究院与长江大学数字露头团队在数字露头数据获取、数字露头地质特征提取与应用等方面取得了包括技术专利、论文、软件著作权等在内的一系列成果，形成了油气勘探数字露头技术。本书正是在这一背景下编撰，力争将油气勘探数字露头技术的发展和应用推到一个新的阶段，不仅能助推地质勘探技术的发展，也能推动高校相关学科教学方式、方法的进步。

油气勘探数字露头技术是采用卫星遥感、无人机遥感、地面激光雷达和高光谱遥感的多源多尺度的数字露头采集手段，建立多源多尺度的数字露头模型并研发多要素地质信息提取和定量表征方法，实现沉积体系、储层表征等的数字化、精细化和定量化研究，为油气勘探地质研究和应用提供研究方法、手段和软件工具。

数字露头采集与建模技术主要包括高分辨率卫星遥感、无人机航飞、地面激光扫描及地面高光谱探测，结合空、天、地多源手段获得野外地质露头的几何形态和多属性信息，并建立多源多尺度的数字露头模型，以满足不同地质应用的需要。

数字露头地质要素提取技术是基于数字露头的激光强度、几何形态、高精度纹理和高光谱等数据，研发碎屑岩岩性识别、碳酸盐岩岩性识别、烃源岩有机碳含量估算、孔洞提取与表征、裂缝提取与表征及露头砂岩孔隙度估算等方法，拓展了数字露头技术在油气资源领域应用，为油气勘探地质研究提供技术支持。

建立数字露头模型的首要目的是将野外露头"搬回桌面"，让地质人员在室内对露头进行浏览和研究。数字露头三维可视化与地质解释系统为地质家提供室内浏览和解释数字露头的工具；云上数字露头库支持系统实现具有高分辨率、海量数字露头的管理与共享、便捷快速访问和分析应用。

油气勘探数字露头技术在四川盆地、准噶尔盆地和鄂尔多斯盆地等多个重点层系典型剖面进行应用，有效识别碎屑岩和碳酸盐岩岩性，辅助烃源岩总有机碳含量估算和砂岩孔隙度估算，定量识别洞、缝信息及分布特征，为露头地质综合研究和油气勘探提供技术支持。

本书由曾齐红、邵燕林主编，统稿与定稿工作由曾齐红完成。编写的具体分工如下：第一章由曾齐红、邵燕林、马志国、王文志、王庆、邓帆、申晋利和魏薇编写；第二章由邵燕林和曾齐红编写；第三章由曾齐红、邵燕林、王庆、邓帆和盛洁编写；第四章由魏薇、王庆和邓帆编写；第五章由刘远刚和邓帆编写；第六章由曾齐红、孔令华和王桂宏编写；第七章由曾齐红、邵燕林和马乙云编写；第八章由胡忠贵编写。张友焱教授和叶勇专家在本书撰写过程中给予指导和帮助，提出宝贵意见和建议，使得本书能够顺利完稿，在此特别致以由衷感谢。同时也感谢参与本书工作的所有相关人员。

本书专业性强，适合油气地质勘探人员、地质综合研究人员及石油类院校的学者阅读参考。由于本书涉及的研究面广、技术性强、工作量大，加之笔者水平有限，难免有错误与不足之处，敬请广大读者批评指正！

# Preface

Geological outcrops are important research objects in geological exploration. Traditional geological outcrop research mainly relies on field investigations, which are constrained by terrain and cannot investigate some high-altitude or hazardous areas. The emergence of digital outcrop technology provides a new technological approach for geological outcrop research.

The main acquisition method for digital outcrops is through ground-based lidar (LIDAR). As an emerging geospatial data acquisition technology, LIDAR can quickly obtain three-dimensional information of geological outcrops on a large scale. In 2004, the University of Texas at Austin used ground-based LIDAR to obtain outcrop point cloud data, constructed a digital outcrop surface TIN model, and covered the digital outcrop surface model with digital photos to obtain a simulated digital outcrop model, establishing the digital outcrop technology. This technology was rated as one of the top ten scientific and technological advancements in international petroleum in 2004.

Digital outcrop technology is a new technology that establishes high-precision three-dimensional digital outcrop models by swiftly and accurately acquiring geological outcrop information using ground-based LIDAR, differential GPS, and high-resolution imagery the digital outcrop model has the geometric accuracy of three-dimensional multi-scale data, avoiding visual distortion and deformation caused by two-dimensional outcrop photos. The digital outcrop model has advantages such as intuitiveness, digitization, quantifiability, and repeatability. By utilizing digital outcrop technology, the efficiency of field geological exploration can be greatly improved and the work in tensity can be reduced. Over the past twenty years, digital outcrop technology has become increasingly mature, with outcrop scanning precision reaching up to 1mm, enabling the realization of detailed outcrop modeling.

The main purpose of developing digital outcrop technology is to obtain more detailed geological information of outcrops and establish geological models. The main applications of digital outcrops include lithology and mineral composition recognition, fault interpretation, fracture extraction, sedimentary feature description, the establishment of three-dimensional reservoir geological models, and the construction of digital outcrop databases.

In the past decade, the digital outcrop team between the Research Institute of Petroleum Exploration and Development and Yangtze University has achieved a series of achievements in digital outcrop data acquisition, geological feature extraction and application of digital outcrops, including technical patents, scholarly articles, software copyrights, etc. This book is compiled in this context, striving to push the development and application of digital outcrop technology to a new level. The aim is not only to promote the development of geological exploration technology, but also to promote the progress in teaching methods for related academic disciplines in universities.

Digital outcrop technology for oil and gas exploration employs a multi-source and multi-scale digital outcrop collection method using satellite remote sensing, drone remote sensing, ground-based LIDAR, and hyperspectral remote sensing. It can establish multi-source and multi-scale digital outcrop models and develop multi-element geological information extraction and quantitative characterization methods. This technology facilitates digitized, detailed, and quantitative research of sedimentary systems and reservoir characterization, providing research methodologies, tools, and software applications for geological research and application of oil and gas exploration.

The digital outcrop collection and modeling technology mainly includes high-resolution satellite remote sensing, unmanned aerial vehicle flight, ground laser scanning, and ground hyperspectral detection. It combines multi-source methods such as space, sky, and ground to obtain the geometric form and multi-attribute information of geological outcrops in the field, and establishes multi-source and multi-scale digital outcrop models to meet the needs of different geological applications.

Digital outcrop geological feature extraction technology is based on laser intensity, geometric form, high-precision texture, and hyperspectral data of digital outcrops. It develops methods such as clastic rock lithology recognition, carbonate rock lithology recognition, estimation and evaluation of organic carbon content in source rocks, hole extraction and characterization, fracture extraction and characterization, and estimation of sandstone porosity in outcrops. This has expanded the application of digital outcrop technology in the field of oil and gas resources, providing technical support for geological research in oil and gas exploration.

The primary purpose of establishing a digital outcrop model is to move the outdoor outcrop "back to the desktop", allowing geologists to browse and study the outcrop indoors. The outcrop simulation and 3D vector editing system, as well as the remote sensing data processing and interpretation system, provide geologists with the tools for indoor browsing and interpreting digital outcrops. Meanwhile, the cloud-based digital outcrop database support system can achieve management and sharing of high-resolution, massive digital outcrops, enabling convenient, fast access, and analytical applications.

The digital outcrop technology for oil and gas exploration has been applied in several key stratigraphic sections such as Sichuan Basin, Tarim Basin and Ordos Basin to effectively identify the lithology of clastic rock and carbonate rock, assist in the estimation and evaluation of total organic carbon content of hydrocarbon source rock and the estimates and stone porosity, and quantitatively identify the information and distribution characteristics of holes and fractures, providing technical support for comprehensive outcrop geological studies and oil and gas exploration.

This book was edited by Zeng Qihong and Shao Yanlin, and the Compilation and finalization work was completed by Zeng Qihong. The specific division of contributions is as follows: Chapter 1 was written by Zeng Qihong, Shao Yanlin, Ma Zhiguo, Wang Wenzhi, Wang Qing, Deng Fan, Shen Jinli, and Wei Wei; Chapter 2 was written by Shao Yanlin and Zeng Qihong; Chapter 3 was written by Zeng Qihong, Shao Yanlin, Wang Qing, Deng Fan, and Sheng Jie; Chapter 4 was written by Wei Wei, Wang Qing, and Deng Fan; Chapter 5 was written by Liu Yuangang and Deng Fan; Chapter 6 was written by Zeng Qihong, Kong Linghua, and Wang Guihong; Chapter 7 was written by Zeng Qihong, Shao Yanlin, and Ma Yiyun; Chapter 8 was written by Hu Zhonggui. Professor Zhang Youyan and expert Ye Yong provided guidance and assistance during the writing process of this book, providing valuable opinions and suggestions, which greatly facilitated the completion of the book,they deserve our heartfelt gratitude.We also extend our appreciation to all those involved in the creation of this book.

This book is highly specialized and suitable for oil and gas geological exploration personnel, geological comprehensive researchers, and scholars from petroleum universities. Given the book's broad research scope, strong technical expertise, and heavy workload involved in this book, as well as the author's limitations, there may inevitably be errors or shortcomings. We earnestly request our esteemed readers to provide criticisms and corrections!

# 目录

# Contents

# 第一章 数字露头数据获取与处理

数字露头最主要的采集手段是地面激光雷达（LIDAR）。激光雷达作为一种新兴的地理空间数据采集技术，可以快速、大范围地获取地质露头三维信息，为地质露头研究提供了新的技术手段（Xueming Xu et al., 2000；Bellian J. A. et al., 2005；Waggott S. et al., 2005）。近二十多年来，数字露头技术已日趋成熟，露头扫描精度可达 1mm，已实现露头精细建模。

无人机摄影测量技术发展为大规模和高陡的数字露头采集提供有效手段。采用小型飞机或便携无人机搭载高精度数码相机，通过高重叠照片拍摄，利用专业解算软件获得数字露头模型。地面激光采集的数字露头模型能获取更高精度的露头特征，而空基采集对于大规模且地面无法采集的高陡露头更加适用。目前，地基和空基结合采集是较好的手段和未来发展趋势。

除了建立三维数字露头模型外，数字露头的岩性及成分等信息也越来越受到重视。因此，在利用地面激光雷达采集数字露头的同时，也会采用多光谱遥感卫星和高光谱成像仪等手段，获得数字露头的多光谱和高光谱等数据，用于提取数字露头的岩性及成分等信息（Buckley S. J. et al., 2010；Hartzell P. et al., 2014）。

油气勘探数字露头技术的采集主要包括地面激光雷达、无人机遥感、高分辨率卫星遥感和高光谱成像仪等天空地多源手段，获得野外地质露头的几何形态和多属性信息，建立多源多尺度数字露头仿真模型。

本章分别介绍地面激光雷达、无人机遥感、高分辨率卫星遥感和高光谱成像仪等多源手段的数字露头数据获取与处理方法。

## 第一节 基于地面激光雷达的数字露头采集与建模

地面激光雷达（LIDAR）是数字露头技术中最主要的应用设备。通过地面激光雷达扫描，能够快速获取目标的三维几何信息，为构建目标三维体提供基础数据。

地面激光雷达是一种主动的遥感方式，凭借非接触性、获取速度快、扫描精度高、信息量丰富等特点，有力推动了测绘技术的发展以及拓宽了测绘技术的应用领域，在地质特征分析、文物保护、犯罪现场事故调查、形变监测等领域广泛应用。

本节首先介绍地面激光雷达扫描仪的类型和特点，重点介绍基于 RIEGL VZ-400 地面激光雷达数据采集与处理、三维模型构建和模型纹理映射。

### 一、地面激光雷达扫描仪

#### 1. 常见地面激光雷达扫描仪
地面激光雷达扫描仪主要由扫描系统、控制系统和供电系统三部分构成（代世威，

2013）。随着地面激光雷达扫描技术的不断发展，扫描仪的体积、重量以及耗电量都在不断地减小，地面三维激光雷达扫描仪的结构也不断趋于一体化，将地面三维激光雷达扫描仪的控制系统和电源系统集成在扫描仪的主机上，采用锂电池供电，更便于携带和操作。

自 1997 年美国赛乐技术有限公司生产出世界第一台地面三维激光雷达扫描仪后，地面三维激光雷达扫描技术已经有近 30 年的发展史，其他厂家也陆续推出了各种型号的地面三维激光雷达扫描仪。表 1-1 为国外部分型号的地面三维激光雷达扫描仪技术参数指标。

表 1-1    国外部分型号的地面三维激光雷达扫描仪技术指标（据代世威，2013）

| 生产厂家 | 徕卡 | RIEGL | Z+F | FARO | Minolta | Optech |
|---|---|---|---|---|---|---|
| 国家 | 瑞士 | 奥地利 | 德国 | 美国 | 日本 | 加拿大 |
| 仪器型号 | RTC360 | VZ-400 | IMAGER5006 | Focus$^{3D}$ | VI-910 | ILRIS-3D |
| 测距方式 | 脉冲法 | 脉冲法 | 相位法 | 相位法 | 三角法 | 脉冲法 |
| 最大测程 | 300m | 500m | 79m | 120m | 2.5m | 1500m |
| 最大视场角 | 360°×270° | 360°×100° | 360°×310° | 360°×360° | 与目标相关 | 40°×40° |
| 最大扫描速度 | 5000 点 /s | 125000 点 /s | 500000 点 /s | 976000 点 /s | 123000 点 /s | 2000 点 /s |
| 数据处理软件 | Cyclone | Riscan-Pro | LFM Modeller | 无专用软件 | Scene | Poloygon Editing Tool |
| 距离精度 | ±4mm/50m | ±5mm/50m | ±3mm/20m | ±2mm/25m | x=0.22mm | ±10mm |
| 水平角精度 | ±12in | — | ±25in | ±30in | y=0.16mm | — |
| 竖直角精度 | ±12in | — | ±25in | ±30in | z=0.10mm | — |

随着国内测绘科学技术水平和制造水平的不断发展，目前国内也有两款类似的地面三维激光雷达扫描仪，其技术指标见表 1-2。

表 1-2    国内生产的地面三维激光雷达扫描仪技术指标（据代世威，2013）

| 生产厂家 | | | 讯能光点 | 中科天维 |
|---|---|---|---|---|
| 国家 | | | 中国 | 中国 |
| 仪器型号 | | | SC70 | TW-Z100 |
| 测距方式 | | | 脉冲法 | 脉冲法 |
| 最大测程 | | | 380m | 300m |
| 最大视场角 | | | 360°×300° | 360°×310° |
| 最大扫描速度 | | | 2000 点 / s | 200000 点 / s |
| 数据处理软件 | | | 无专用软件 | 无专用软件 |
| 精度 | 距离 | | ±8mm/50m | ±7mm/50m |
| | 角度 | 水平 | ±5in | — |
| | | 竖直 | ±5in | — |

1）RIEGL VZ-400

RIEGL VZ-400 地面激光雷达扫描仪（图 1-1）使用 1550nm 窄红外激光束和快速扫描部件实现高速、非接触式的数据采集。高精度激光测距基于 RIEGL 独特的回波数字化和在线波形分析，即使在不利的大气条件下也能实现卓越的测量能力，并对多个目标回波进行评估。该仪器采用线扫描部件，基于一个快速旋转的多面多角镜，提供完全线性、单向和平行的扫描线。RIEGL VZ-400 是一种非常紧凑和轻便的测量仪器，可以安装在任何方向，甚至在有限的空间条件下。该激光雷达扫描仪可实现独立运作模式的数据采集，可以通过仪器内置用户界面进行扫描参数配置和扫描指令发送。同时，RIEGL VZ-400 也可通过笔记本电脑上的 Riscan-Pro 进行远程操作，通过 LAN 接口或集成 WLAN 连接文档丰富的命令界面，实现激光扫描设备与后处理软件的无缝连接。RIEGL VZ-400 集成了 GPS 接收机可实现全球坐标系统拼接，精度可达 ±2.5m。RIEGL VZ-400 有效扫描距离 1~500m，扫描精度可达 1mm。RIEGL VZ-400 主机配置存储器空间为 32GB。

图 1-1　RIEGL VZ-400
三维激光扫描仪

2）Z+F IMAGER 5006/5010/5010C

Z+F IMAGER 5006/5010/5010C 系列三维激光雷达扫描仪为德国 Z+F 公司制造的高精度、高频率、品质可靠的相位式扫描仪，配套中海达自主研发的全业务流程系列软件，具备数据采集高精度、数据处理高效率、成果应用多样化特点。

3）徕卡 RTC360

徕卡 RTC360 融合了徕卡三大核心先进技术：TruRTC 实景获取技术、VIS 视觉追踪技术和 SmartReg 智能拼接技术，使 RTC360 三维激光扫描仪与徕卡 FIELD 360 外业操控软件、REGISTER 360 智能拼接软件完美结合，为客户提供了一套智能、简单、高效、极速的三维激光扫描解决方案。

4）FARO Focus

FARO Focus 激光扫描仪易于操作，内置防污、防尘、防雾、防雨、防热及防寒功能。为了获得最佳的现场数据捕捉，Focus Premium 与新的 FARO Stream 应用程序连接，将 FARO 硬件与 FARO Sphere 云环境相连接，预先配准扫描可直接传输至云端，提高效率。

**2.地面激光雷达扫描仪特点**

地面激光雷达扫描仪具有以下方面的优势和特点（李平，2017；黄传朋，2019）。

1）数据采样率高

传统的测绘仪器，如经纬仪、全站仪等，很难采集高密度、高分辨率的海量点云数据。三维激光雷达扫描仪的脉冲激光在数秒内可以采集上千个点，相位激光扫描仪可以采集更大的信息量，每秒可以达到上万点，突破了单点模式，可以获得更多的物体空间信息。

2）精确度高

传统的摄影测量是根据像控点的坐标来结算模型上的点坐标，因此点位测量精度和像控点精度与位置密切相关。激光扫描测量获得的测点精度由激光返回时间结算，不但高于摄影测量中的解析点精度，而且测点分布均匀。

3）受外界影响小

传统摄影测量在夜间无法进行，而三维激光雷达通过自身发射激光获取所测目标物回波信号，不受时间和光线约束，延长了测量时间和拓展了测量领域。

4）非接触测量

三维激光雷达不需要反射棱镜，可以直接采集物体表面的三维数据。这种非接触扫描目标的测量方法能够完成危险目标和复杂环境数据的采集，这是传统测量方法无法完成的。

5）数字化采集，兼容性好

三维激光雷达扫描仪直接采集具有全数字特征的数字信号，为后期的输出以及处理提供了便利。用户界面经过后期处理可以使其与其他常用软件实现互换和共享。

6）受约束低

传统摄影测量要在适宜的角度和位置进行测量，采用三维激光雷达扫描则移动比较方便，相对灵活，完成对点云数据的拼接处理后即可建立三维模型。

7）可与GPS定位系统、外置数码相机配合使用

GPS定位系统扩大了三维激光雷达扫描的应用领域，解决了更多工程上的难题，配置数码相机加强了三维激光雷达扫描仪的扫描功能，帮助获得更全面的信息数据。

**3. 数据类型与特点**

1）数据类型

激光雷达生成的点云数据并没有通用的、开放型的存储格式，其存储标准主要由硬件生产厂家及软件供应商提供（表1-3）。

表1-3 典型三维激光扫描仪数据格式

| 扫描仪型号 | RIEGL VZ-400 | Z+F IMAGER 5006 |
| --- | --- | --- |
| 处理软件 | 通用点云处理软件都支持，配套处理软件为Riscan-Pro | 通用点云处理软件都支持，配套处理软件为LFM Modeller |
| 导入数据格式 | ASCII、las/laz、ptx、pts、dxf等 | ASCII、las、Binary等 |
| 记录信息 | 射程（距离）、振幅、反射率、RGB、空间位置等 | 射程（距离）、强度、RGB、空间位置等 |
| 导出文件格式 | ASCII、las/laz、ptx、pts、dxf等 | ASCII、las、Binary等 |

RIEGL VZ-400扫描仪采集的点云数据记录了表达目标对象几何特征的坐标信息字段$x$、$y$、$z$，也记录了扫描目标体的激光强度（Intensity）相关信息，但相比较其他扫描仪，该扫描仪记录的激光强度能以两种方式表达，一种是振幅（Amplitude），另一种是相对反射率（Reflect），其中反射率是振幅经距离校正后的值。振幅为原始数据，值越大，代表反射的激光强度越高；相对反射率为RIEGL VZ-400扫描仪进行了距离校正之后，相对于标准样品的一个相对反射率，以负值表征，值越大（绝对值越小）表达该目标体表面反射率越大（表1-4）。

表 1-4　RIEGL VZ-400 扫描激光点云数据信息样例

| $x$ | $y$ | $z$ | Reflect | Amplitude | ROW | COL |
|---|---|---|---|---|---|---|
| −9.73678 | −25.0969 | 4.53263 | −4.21 | 31.75 | 1005 | −2026 |
| −9.75975 | −25.0824 | 4.56773 | −2.74 | 33.23 | 996 | −2025 |
| −9.76144 | −25.0776 | 4.57319 | −3.47 | 32.5 | 996 | −2024 |
| −9.75928 | −25.0741 | 4.57208 | −2.31 | 33.66 | 996 | −2023 |
| −9.75878 | −25.0677 | 4.5719 | −2.51 | 33.46 | 996 | −2022 |
| −9.75728 | −25.0639 | 4.57451 | −3.01 | 32.96 | 996 | −2021 |
| −9.75358 | −25.0609 | 4.56895 | −2.51 | 33.46 | 996 | −2020 |
| −9.75232 | −25.0548 | 4.57032 | −2.59 | 33.38 | 996 | −2019 |
| −9.75209 | −25.0504 | 4.57162 | −2.52 | 33.45 | 996 | −2018 |
| −9.74827 | −25.0475 | 4.57107 | −3.16 | 32.81 | 996 | −2017 |
| −9.74327 | −25.0422 | 4.5741 | −3.29 | 32.68 | 996 | −2016 |
| −9.75237 | −25.085 | 4.56504 | −3.31 | 32.65 | 997 | −2025 |
| −9.75805 | −25.0788 | 4.56909 | −2.44 | 33.53 | 997 | −2024 |
| −9.7539 | −25.0759 | 4.56881 | −2.28 | 33.69 | 997 | −2023 |

2）数据特点

分析地面激光扫描数据特点，对后期点云数据的滤波、分类和提取等过程有重要帮助。经过一定处理后，地面三维激光点云数据中包含每个点的空间三维坐标信息、RGB 色彩信息、反射强度等。空间三维坐标一般是（$x$，$y$，$z$）形式。RGB 色彩信息也是点云数据的特征之一，RGB 色彩表示地物真实的颜色，便于分辨不同地物，在三维模型构建时，加入色彩信息使得模型更加直观、逼真。各种地物对于激光束的反射强度是不一样的，地面三维激光扫描仪会记录目标物反射回来的光波，反射率也是点云数据中重要的数据特征，例如根据反射率的不同可以移除部分噪声点，以及分割不同的地物。从以上分析总结出，点云数据具有以下基本特性（李瑞雪，2019）。

（1）从几何特性来讲，点云数据具有 $x$、$y$、$z$ 三个方向的特性，不同类型地物均具有几何形态，但是不同地物之间的完整清晰的边界特征表现不明显。

（2）从结构上讲，点云数据是离散分布的、非结构化数据，可利用一定的专业软件或算法构建点与点之间的结构关系。

（3）点云数据具有一定的物理或者生化特性、光谱特征、反射强度信息等。

（4）点云数据由于扫描遮挡问题，存在数据缺失，且只能得到目标物的表面信息，只有少数情况有内层信息，比如穿透植被或玻璃情况下。

## 二、数字露头数据采集和处理

本书地面三维激光雷达扫描仪选用 RIEGL VZ-400，下面重点介绍地面激光雷达数据采集方案设计、数据处理、建模和纹理映射等技术方法。

### 1. 采集方案设计与野外作业

野外地质露头数据采集是一项基础和重要的工作，数据采集设备主要包括三部分：地面三维激光雷达扫描仪（图 1-1），获取用于精确描述露头表层空间信息的三维点云；差分 GPS，获取露头的精确地理坐标信息；高分辨率数码相机，获取露头的高精度纹理影像（图 1-2）。

a. 数码相机

b. 差分GPS

图 1-2　数据采集部分设备

根据大量野外实验，地面激光雷达数据采集主要根据露头规模设定地面激光雷达扫描站点位置（图 1-3 中 Pos3）以及点密度。采集方案如图 1-3 所示。扫描距离一般设置为 10~200m，扫描密度 1mm~2cm。针对于大目标需要进行分站扫描，为了便于多站数据拼接以及弥补漏洞，相邻扫描站之间设置 30%~50% 的扫描数据重叠，且事先在露头上安置高反光片作为控制点（图 1-3 中 Control P1），保证相邻扫描站至少有 3 个公共控制点，而且公共控制点不能安置在一条水平直线上。每一站扫描范围选择正对着目标左右 45° 视角之间。在露头扫描区域选择 5 个不在一条直线上的特征点作为 GPS 控制点，进行差分 GPS 采集，用于将点云数据转换为真实大地坐标。对露头进行激光雷达扫描的同时，利用高分辨率数码相机采集露头高清照片，尽量在激光扫描站点处并正对露头拍照，相邻照片确保 15% 以上的重叠区。

由于 RIEGL 扫描仪倾斜补偿 ±10°，所以扫描仪布设时扫描仪三角架倾斜角度不要超过 10°，扫描仪尽量架设在制高点上，视野比较开阔，扫描仪与露头之间不要有遮挡物。数据采集时，首先将扫描软件与扫描仪连接，连接方式有无线连接和有线连接两种，无线连接比较便捷，有效距离在 10m 以内。

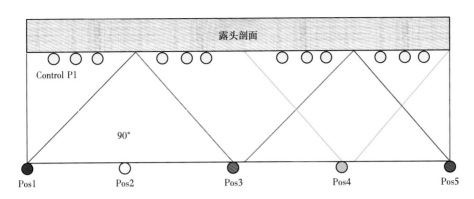

图 1-3    地面激光雷达数据采集方案示意图

扫描过程中，扫描仪首先进行 360° 全方位预扫描，预扫描之后再精确选择目标区域，并设定扫描精度与扫描距离进行精细扫描。由于精细扫描数据下载到本地传输比较慢，一般野外作业时可以选择外部 USB 存储。在扫描过程中，需要做好站点及 GPS 记录，以及露头简要的素描，以便于后续数据处理。

**2. 点云数据处理**

通常露头规模较大，由多站扫描完成，需要将每站点云数据进行合并处理，形成一个整体。点云数据处理主要包括多站数据拼接和坐标转换等。

1）多站数据拼接

地面激光雷达扫描露头得到的是多站三维海量点云数据，每站数据都有以扫描仪位置为中心的工程坐标系，为了将多站数据合并为统一坐标，需要对数据进行多站点云拼接。点云数据拼接主要是利用 RIEGL VZ-400 地面激光雷达扫描仪对应的点云解析软件 Riscan-Pro，Riscan-Pro 能够展示点云的二维视图、三维视图和全景视图，对于点云数据拼接十分方便快捷，拼接流程如图 1-4 所示。

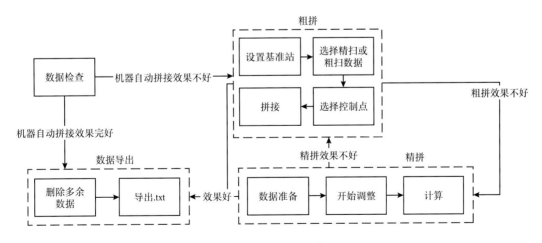

图 1-4    多站点云数据拼接流程图

（1）粗拼。在相邻两站点云数据选取对应的 4~6 对控制点，如图 1-5 所示。利用 Riscan-Pro 的拼接功能，设置点距阈值（tolerance）和最少点数（minimum $N$），即可完成两站数据的粗拼。若拼接效果不好，需要重新选取控制点进行优化拼接。

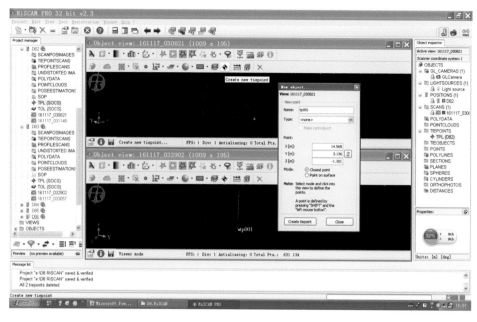

图 1-5  点云数据粗拼

（2）精拼。精拼是在粗拼数据的基础上优化两站参数，使其达到精细拼接。Riscan-Pro 软件精拼原理是由中心向外发射的球形投影模型，逐步调整两站参数，使两站点云拼接点距达到正态分布，如图 1-6 所示。

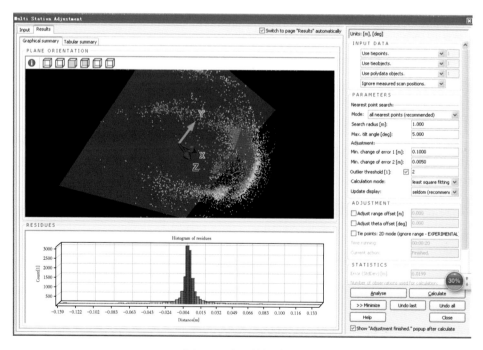

图 1-6  点云数据精拼

2）坐标变换

坐标变换是将工程坐标的数据转换为真实地理坐标。首先将野外实测的差分 GPS 控制点数据按照一定规则整理为 .txt 文本格式（格式为：点号、$x$、$y$、$z$），然后在点云数据上人工找到相应控制点的位置并标记，最后利用扫描仪数据处理软件 Riscan-Pro 中的坐标转换算法，自动计算点云数据整体的偏移原点和旋转矩阵，使得每个点云数据都具有真实的地理坐标。

数据处理后，得到具有真实地理坐标的完整剖面点云数据，为点云数据建模提供了基础数据。

## 三、数字露头建模和纹理映射

目前大致有三种建模方法：一是利用三维编辑软件建模，原理是将一些基本的几何元素，通过一系列几何操作，来构建复杂的几何场景，主要是用于虚拟场景的构建以及三维模型的再加工；二是通过仪器设备测量建模，主要利用三维扫描仪对实际物体进行扫描，将物体立体彩色信息转换为数字信号，最后输出包含物体表面每个采样点的三维空间坐标和色彩的数字模型文件，可直接用于二次加工利用；三是利用图像或者视频建模，即利用二维图像恢复景物的三维几何结构，需要使用多张多角度图片自动匹配、分解、拼合，还原三维结构，包括网格及纹理信息。

数字露头建模是将采集的野外露头海量离散的点云数据建立不规则三角网模型，并融合高精度纹理影像，形成具有真实纹理的地质露头仿真模型，实现把地质露头搬回家，为地质学家提供室内研究手段。

### 1. 点云三角网构建

传统的三角网建模都是将点投影到水平面建网，这种方法不适用于地质露头垂向信息丰富的建网需求。本书提出了最佳趋势面三角网建模方法，首先建立八叉树分割海量点云，将点云向各个方向进行投影，选择投影面积最大方向的平面作为最佳趋势面；然后将所有点云投影到此最佳趋势面上，在该平面上建立不规则三角网（TIN，Triangulated Irregular Network）；最后再把该平面三角网通过高程值还原到三维空间中，完成快速逼真地建立地质露头的表层三角网模型（图 1-7），清晰地表达露头立体几何的结构特征。本书的点云三角网构建采用 POLYWORK 和 GEOMAGIC 软件辅助实现。

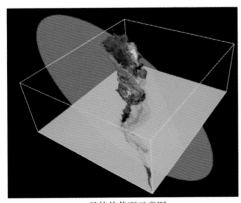

a. 最佳趋势面示意图

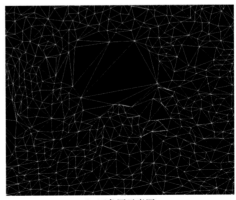

b. 三角网示意图

图 1-7　最佳趋势面和三角网示意图

点云三角网构建的模型露头结构体内部乃至表面均会附着一些其他噪点的干扰，如植被等，此时需要删除这些噪点；同时模型体内部会出现一些孔洞，需对这些内部进行填充；最后对填充后的模型进行边界修补，形成野外露头的三维白膜模型，流程如图 1-8 所示。

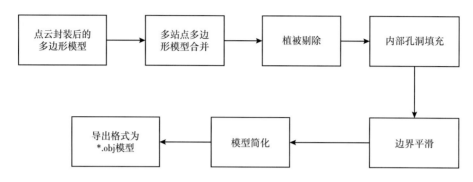

图 1-8　点云三角网构建工作流程图

### 2. 模型纹理映射

点云三角网模型代表露头的几何结构，本身没有颜色信息，需要将野外拍摄的数码照片贴图到三角网模型上。三角网模型与二维照片配准难度比较大。利用人工手动选择照片与三角网模型的匹配点，用最小二乘法和广义逆矩阵方法确定三维空间点云和照片像素点的关系，自动计算配准参数并纠正照片，实现模型的影像融合（图 1-9）。模型纹理映射采用贴图大师软件辅助实现。

图 1-9　模型的纹理映射

经过以上点云数据处理、模型构建和纹理映射等流程，建成具有真实纹理的仿真数字露头模型（图 1-10），模型包括 *. pol 或 *. obj 等格式的三维骨架模型和一系列 *. jpg 的纹理照片数据。

图 1-10　仿真数字露头模型

# 第二节　基于无人机遥感的数字露头采集与建模

无人机遥感（Unmanned Aerial Vehicle Remote Sensing），即是利用先进的无人驾驶飞行器技术、遥感传感器技术、遥测遥控技术、通信技术、GPS 差分定位技术和遥感应用技术，快速获取具有自动化、智能化、专用化土地、资源、环境等空间遥感信息，完成遥感数据处理、建模和应用分析的应用技术。无人机遥感系统由于具有快速、经济等优势，已经成为世界各国争相研究的热点课题，现已逐步从研究开发阶段发展到实际应用阶段，成为未来的主要航空遥感技术之一。

针对地形复杂、较大规模、较大范围野外地质露头的数据采集，利用低空微型或轻型无人机对野外露头进行多角度、高重叠度倾斜摄影，运用先进的智能化建模软件将高清影像大数据重构为三维露头模型。无人机立体采集建模技术突破了地形和空间限制，野外采集自动高效、技术先进，可实现"一键式"全自动高速三维建模，具有显著的大数据和智能化技术特性，技术优势明显。

## 一、无人机遥感系统

无人机遥感系统由三部分组成：无人机平台、遥感传感器和数据处理系统。

### 1. 无人机平台

无人机平台通常由机架机身、动力系统、飞行控制系统、遥控系统和辅助系统五部分组成。无人机平台根据机身分为固定翼无人机和旋翼无人机。无人机平台选择的依据主要有面积覆盖范围、距离基地的距离、飞行时间、机上传感器类型、地形条件等，最后是任务目标和所需的信息类型。一般来说，固定翼无人机更稳定，可以在更高的速度下飞行更长的时间，在一次任务中可以覆盖更大的区域。因此，固定翼无人机被认为是空中调查（如摄影测量）、测绘和监测线性目标的理想选择（Allen et al., 2008）。然而，固定翼无人机不像旋转翼无人机那样灵活，需要一条跑道来方便起飞和降落。相比之下，大多数旋转翼无人机飞行速度较低、飞行范围较小，但可以携带更重的有效载荷，并拥有更好的机动性和在恒定高度飞行的能力，使其在强风条件下保持正常功能（Toth et al.，2016），因此可作为高光谱或激光雷达成像的遥感平台。当前市面上固定翼无人机主要有深圳飞马机器人公司的 F300，瑞士 SenseFly 公司的 eBee，美国 Trimble 公司的 US5，美国 Prioria 公司的 Maveric 等；旋转翼无人机包括深圳大疆创新公司的 DJI M300 RTK、Matrice200，深圳飞马机器人公司的 D1000，中国香港 Yuneec 公司的 Typhoon H Plus，法国 Parrot 公司的 Anafi。

**2. 无人机传感器**

无人机传感器是指在无人机上安装的用于收集地理空间数据的传感器，如光学相机、红外相机和激光雷达等。无人机传感器技术位于传统机载 / 空载遥感和便携式手持传感器 / 探测器的交叉点（Colomina et al.，2014）。根据无人机平台的尺寸大小、载重能力及遥感任务需求，搭载不同类型传感器，其中最为常见的是光学数码相机，其采集的影像序列经特征选取、影像匹配和点云生成等一系列处理生成遥感数据成果，被称为无人机摄影测量。常见的传感器主要有被动传感器和主动传感器两种。被动传感器测量由目标材料反射或发射的自然辐射。可见光数码相机是迄今为止在无人机上使用最广泛的被动传感器。无人机安装的相机通常应该有 1000 万像素（Mp）分辨率，如 DJI 幻影 4（12mm）、GoPro 系列（12mm）、iLook（13mm）、理光 GR2（16mm）、佳能 5D Mark Ⅲ（20mm）、DJI 禅思（20mm）、索尼 RX100（20mm）和佳能 5d（50mm）等。这些相机中的大多数都可以用来在白天拍摄静止图像或视频图像。主动传感器需要一个自己的电源为发出信号提供能量，因此主动传感器在与无人机集成方面不如被动传感器那样通用。目前可用于无人机的主动传感器包括激光荧光传感器、激光气体探测器、激光雷达（激光成像检测和测距）和合成孔径雷达（SAR）等。

**3. 数据处理系统**

数据处理系统是指用于处理、分析和储存遥感数据的软件和硬件。数据处理系统是无人机遥感系统中非常重要的一部分，它可以通过自动化的方式进行大量数据处理和分析，并且可以提取出有用的信息，从而为决策者提供有效的信息支持。无人机数据处理软件主要包括以下功能。

1）图像处理

可以对无人机获取的图像进行校正、增强、裁剪、去噪等操作，以提高图像质量和准确性。

2）三维重建

通过对无人机获取的图像进行特征提取、点云生成和表面模型构建，生成高精度的三维模型和地形数据。

3）数据拼接和摄影测量

可以将多个图像拼接成大范围的地图或镶嵌图像，通过精确的摄影测量算法计算出地面上的位置和尺度信息。

4）数据分析和测量

可以进行测量、体积计算、轨迹分析、目标识别与分类等操作，帮助用户提取有用的信息。

目前市场上主流的无人机数据处理软件见表 1-5。

表 1-5　主流的无人机数据处理软件

| 软件名称 | 厂家 | 国家 | 官网 |
| --- | --- | --- | --- |
| 大疆智图 | 大疆 | 中国 | https：//www.dji.com/ |
| Pix4Dmapper | Pix4D | 瑞士 | https：//www.pix4d.com/ |
| Agisoft Metashape（Photoscan） | Agisoft LLC | 俄罗斯 | https：//www.agisoft.com/ |
| DroneDeploy | DroneDeploy | 美国 | https：//www.dronedeploy.com/ |
| ContextCapture（Smart3D） | Bently | 美国 | https：//www.bentley.com/ |
| UASMaster | Trimble | 美国 | https：//geospatial.trimble.com/ |

**4. 无人机数据产品**

1）照片和视频

照片和视频是无人机最基本的数据成果，能够把人们无法看到的视角展现出来，在影视媒体中被广泛使用。多用于海洋监测、电力巡检、公路巡查、林业调查等；还可以通过近红外相机或者多光谱相机获取遥感数据，能够获取很多植物长势或病虫害、自然灾害等方面的数据，帮助高效检测农作物健康。

2）数字正摄影像（DOM，Digital Orthophoto Map）

数字正摄影像（DOM）是对航空航天像片进行数字纠正和数字镶嵌生成的影像数据，具有地图几何精度和影像特征，精度高、信息丰富、直观真实，多应用于土地利用详查及动态监测、国土资源环境动态监测、城市规划设计、河道巡查、矿产监测、GIS 系统的背景信息等。

3）数字高程模型（DEM，Digital Elevation Model）

数字高程模型（DEM）是一种表示地形高程信息的数字模型。它通常用来表示地表高程，用网格或三维点云来描述高程值，为地形分析、地质勘查、工程规划、灾害监测、地形图生成等应用提供基础数据。

4）数字表面模型（DSM，Digital Surface Model）

数字表面模型（DSM）涵盖了除地面以外的其他地表信息的高程，主要应用在森林地区，可以用于检测森林的生长情况；在城区，DSM 可以用于检查城市的发展情况；特别是众所周知的巡航导弹，它不仅需要数字地面模型，而更需要的是数字表面模型，这样才有可能使巡航导弹在低空飞行过程中，逢山让山，逢森林让森林。

5）实景三维模型

实景三维模型是根据一系列二维相片，或者一组倾斜影像，自动生成高分辨的，带有逼真纹理贴图的三维模型。其主要应用于数字城市、交通管理、消防救护、国土资源、地质勘探等各方面。

随着科技的进步与不断发展，无人机遥感技术逐渐应用于各个行业中，如地震灾害监测、气象监测、测绘、生态环境监测等，为野外地质任务提供更通用、高效的数据收集平台。

本节主要介绍将无人机遥感技术应用于三维地质露头建模。在三维地质露头建模中，无人机遥感技术可以快速、精确地收集地形和地貌数据。通过使用高分辨率的光学相机或激光雷达等传感器，可以从不同角度和高度采集大量数据，并使用数据处理系统进行三维重建。

无人机遥感技术在三维露头建模中的应用有以下优势。

（1）高分辨率。无人机遥感技术可以提供高分辨率的三维模型，使得露头细节能够更好地呈现。

（2）精确度高。无人机遥感技术可以使用高精度的 GPS 和 IMU 等设备，确保数据的精确度。

（3）成本低。相比传统的地面测量方式，无人机遥感技术可以大大降低成本。

（4）安全性高。无人机可以在危险或难以到达的地区进行采集，提高了安全性。

## 二、无人机数据立体采集

对于地质露头来说，无人机立体采集方式可以一次性获取单个或者多个三维露头模型，甚至获得几十平方千米范围内地质露头群的三维模型（图 1-11），具有建模范围大、精度高、纹理真的优势，同时还能获得高清正射影像和数字高程模型。低空无人机倾斜摄影和地面激光雷达扫描是优势互补的三维采集建模方式，地质露头三维数据采集建模可以将二者有机结合，组合使用。

 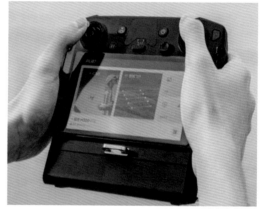

图 1-11　无人机立体采集实景和操作界面

### 1. 无人机与倾斜摄影相机选择

1）无人机类型选择

对于地质露头的无人机倾斜摄影数据采集任务，一般视露头的规模大小选择微型或轻型多旋翼无人机，因多旋翼无人机起降条件要求低，飞行姿态灵活，还可以空中悬停多角度拍摄露头的重点或遮挡部位。有些地形起伏较小的地质露头群可以采用小型固定翼无人机进行倾斜摄影，飞行姿态稳定，体积小，效率高，除了获取数字露头模型，还可同时获取露头群区域的数字表面模型、数字高程模型、正射影像等数字产品。总之，无人机的选择应根据露头采集任务的具体目的和要求进行分析研究，在综合考虑的基础上选用合适机型。

大疆 DJI M300 RTK 无人机是大疆公司开发的高性能专业级的行业应用多旋翼无人机，非常适合油气勘探数字露头高精度数据采集工作，在实际采集作业中得到了应用。DJI M300 RTK 无人机具有地质露头数据采集的多项优良性能，DJI M300 RTK 拥有 55 分钟的续航能力，支持热插拔，可以在不关机的情况下更换电池；双目视觉和红外传感器确保机身的六方向避障，系统更安全、稳定、高效，三桨迫降模式可使无人机在某个机翼意外折断的情况下安全降落；配备了多重冗余系统，冗余备份能迅速自动克服某个突发故障；可抵抗 6~7 级大风，防水防尘能力强。DJI M300 RTK 还搭载了全新的专业版图传系统，控制距离达到 15km，支持双频通信，提供下置双云台与上置单云台；全新的飞行辅助界面将飞行参数、导航、障碍物地图等多维度信息整合至同一界面，智能化飞行控制极大提高了作业效率和采集质量。

2）倾斜摄影相机选择

倾斜摄影相机是搭载于无人机云台上，用于多角度，多航高拍摄地质露头高清数码照片的光学传感器。从建模效果来看，要想获得可高精度量测的三维模型，地质露头倾斜影像的空间分辨率一般要达到 2~3cm，照片的平均重叠度要达到 30% 以上。理论上，拥有下视、前视、后视、左视、右视固定式五镜头的倾斜摄影相机最为理想，但专业对比实验得出的结论是，建模效果与相机数量无关，与照片数量和相邻航线飞行的间隔时间相关；下视相机不是必须的，真正投射影像是由三维模型的正投影生成；倾斜相机的角度在 20°~30° 较合适；双镜头摆动式倾斜摄影系统是较好选择之一。大疆禅思 P1 是大疆公司开发的集成全画幅图像传感器与三轴云台的倾斜摄影系统，可用于对地质露头进行专业倾斜摄影数据采集。该系统搭配大疆 DJI M300 RTK 和大疆智图软件，形成了高精度、高效率、一体化的无人机倾斜摄影数据采集解决方案。禅思 P1 具有全画幅传感器，影像分辨率达 4500 万像素；三轴云台智能摆动拍摄，大幅提升倾斜摄影效率，免像控平面精度 3cm，高程精度 5cm，单架次作业面积 3km$^2$；飞行任务完成后，立即生成外业检查报告，快速获取照片位置、照片数量、RTK 定位状态与精度等信息，在现场就可确认外业数据质量。针对地质露头立面或斜面的拍摄任务，在安全距离范围内，能够高效获取超高分辨率的影像数据，精准还原露头的精细纹理、结构和特征。

**2. 采集方案设计与野外作业**

油气勘探需要研究的地质露头种类多、分布广，并且地质露头的样貌和规模差异很大，露头周边地形各不相同，所以要根据研究的需要和露头的实际情况确定数据采集和建模方案，可选地面激光扫描方式或者无人机方式，而无人机方式又可选多旋翼或者固定翼，有时可能需要两种或多种方式搭配使用。

无人机露头采集一般有两种情况，一种是单个地质露头数据采集，另一种是带状或面状分布的露头群组的采集，采集方案要在现场踏勘的基础上进行科学合理设计。现场踏勘要仔细观察分析地形条件，根据露头的环境、面积、高度、坡度进行设备的选型，还要识别发现危险源如高压线、禁飞区等。高度和坡度较大而面积较小的单个露头，一般需要手动控制进行倾斜摄影，可选用大疆 DJI M300 RTK、Falcon（猎鹰）8 号等多旋翼无人机，采用环绕扫描方式进行贴近飞行，定时拍照，采集大量高重叠度的露头高清图像。如果单个露头或露头群面积较大，坡度较小，既可采用多旋翼无人机如大疆 DJI M300 RTK、飞马 D2000 等，也可采用固定翼无人机如飞马 F200 等，进行航线设计和野外采集作业。

航线规划设计首先要根据飞行范围划定航飞区域，然后按露头模型精度要求，设定飞行高度、速度、航向、旁向重叠率和相机快门速度等，根据露头范围调整航向；还要按要求进行像控点布设，像控点呈网状布设并可有效控制飞行范围（图 1-12）。因为露头数据采集目的是建立露头三维模型，所以航线参数设定要提高影像分辨率和重叠度，一般航向重叠率 80%~85%，旁向重叠率 70%~75%；倾斜摄影作业航飞区至少外扩一个航线，使用等距拍摄的效果优于等时拍摄。

外业采集作业实现了自动化、智能化，一键起飞进行倾斜摄影采集，任务完成后无人机自动返航。飞行作业过程中要实时观察无人机的飞行姿态，尽量在视距内飞行，保持电脑与飞机之间的通讯，全程监控无人机的方位、高度、速度、电池电压、即时风速风向、实时图传、任务时间等重要状态，以确保野外作业安全。无人机返航后还要对影像数据进行检查和预处理，在保证影像拼接完整的情况下，对影像数据进行初步筛选。

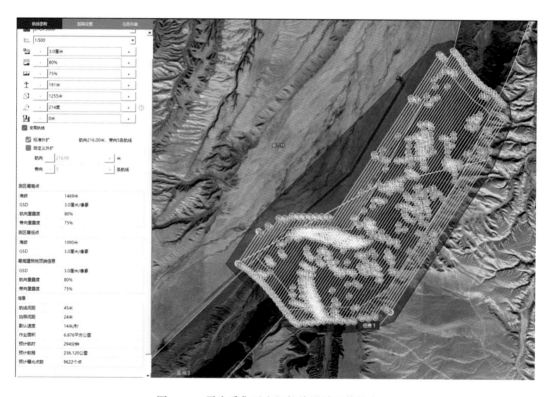

图 1-12　露头采集无人机航线设计及像控布设

## 三、无人机数字露头建模

无人机倾斜摄影采集的地质露头多方向、多角度、多重叠度的多视影像具有全方位信息和地理信息，是三维建模的基础数据。无人机三维建模技术流程（图 1-13）包括空三加密、几何校正、多视影像联合平差、多视影像像元密集匹配和 Mesh 三角网模型构建。通过 Mesh 三角网模型可以得到 DSM（数字表面模型）、DEM（数字高程模型）和TDOM（真正射影像）。

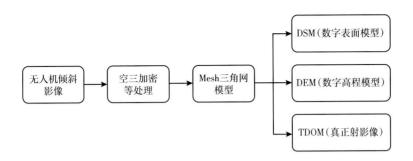

图 1-13　倾斜摄影三维建模技术流程图

　　随着三维建模市场需求的快速增长，国内外相继涌现出多种三维建模软件，其中应用较多的主流实景建模软件是美国 Bentley 公司开发的 Context Capture 软件（简称 CC、原名 Smart3D），高阶版本为 Context Capture Center（简称 CCC）。CC 软件功能强大，可由建模对象的数码相片或点云自动生成三维实景模型，相片或点云数据源可来自普通数码相机、无人机搭载的数码相机、智能手机、激光扫描仪等，再加入各种可选的辅助数据如相机拍摄参数、相片位置和姿态参数等，无须人工干预，软件可以很快计算出高分辨率三角网格模型，也就是 Mesh 模型，进而获得带有真实纹理的三维实景模型，模型能准确、精细地还原建模对象的真实色彩、纹理结构和空间形态。

　　无人机倾斜摄影建模技术大大提升了数字露头建模效率和水平，CC 软件更是让三维数字露头建模实现了自动化和智能化。数据处理和建模的过程主要包括三个步骤：首先导入无人机搭载的专业数码相机采集的大量高清数码相片，这些具有高重叠度的相片包含了拍摄相机的空间位置、姿态参数和摄影参数；其次进行自动空中三角测量解算，并通过添加控制点和编辑连接点对空中三角测量结果进行校正，从而提高几何和地理空间精度；最后在空中三角测量计算完成后，在空三成果上进行倾斜三维模型的构建，将成果数据切块，提取密集点云构建不规则三角网格模型，再将高清相片作为真实纹理贴到模型表面，这样就最终完成了地质露头的三维实景建模（图 1-14）。

图 1-14　无人机数字露头模型

# 第三节　基于高分遥感的数字露头数据获取与处理

## 一、高分辨率卫星遥感

自 20 世纪 70 年代第一颗陆地资源卫星升空以来，遥感技术获得了空前的发展，逐步由多光谱向高光谱、低分辨率向高分辨率的延伸，一个全方位、全天候、多层、立体的对地观测网已经形成。

### 1. 常用高分辨率卫星

常见的高分辨率遥感数据有陆地卫星系列、QB（快鸟）、WorldView、IKONOS、SPOT 系列、ALOS、ASTER、IRS 系列、尖兵系列、COSMO-Skymed、GeoEye、RadarSat、ERS 等，其中 WorldView、GeoEye、IKONOS、ALOS、QB 和 IRS 系列的 IRS-P5 是专为制图设计的，搭载有前后视全色高分辨率传感器，通过适当的处理获取的 DEM 精度优于 1∶25000 精度，应用 QB 和 WorldView 可以获取更高精度的 DEM 数据产品。

中国在高分辨率卫星方面也取得了较大发展（Li D. et al., 2021），现有的观测体系包括高分一号、高分二号、高分三号（雷达卫星）、高分五号（高光谱卫星）、高分六号、资源系列卫星、环境系列卫星、高景一号、天绘卫星等。中国主要高分辨率遥感卫星主要参数见表 1-6。

表 1-6　中国主要高分辨率遥感卫星参数

| 系列 | 卫星名称 | 重访周期/天 | 传感器主要参数 | | | |
|---|---|---|---|---|---|---|
| | | | 传感器名称 | 波段数 | 分辨率/m | 扫描幅宽/km |
| 资源系列 | 资源一号 02B | 3 | HR（高分辨率相机） | 1 | 2.36 | 27 |
| | 资源一号 02C | 3 | HR（高分辨率相机）<br>P/MS（全色和多光谱相机） | 1<br>4 | 2.36<br>5/10 | 54<br>60 |
| | 资源一号 02D | 3 | P/MS（全色和多光谱相机） | 9 | 2.5/10 | 115 |
| | 资源三号 01 | 5 | TLC（前后视和正视三线阵相机）<br>MS（多光谱相机） | 1<br>4 | 2.1/3.5<br>6.8 | 52<br>52 |
| | 资源三号 02 | 3~5<br>3 | TLC（前后视和正视三线阵相机）<br>MS（多光谱相机） | 1<br>4 | 2.1/2.5<br>5.8 | 51<br>51 |
| 高分系列 | GF-1 | 4 | P/MS（全色和多光谱相机） | 5 | 2/8 | 60 |
| | GF-2 | 5 | P/MS（全色和多光谱相机） | 5 | 0.8/3.2 | 45 |
| | GF-3 | 3 | SAR（合成孔径雷达） | 1 | 1~500 | 5~650 |
| | GF-6 | 4 | P/MS（全色和多光谱相机） | 5 | 2/8 | 90 |
| | GF-7 | 5 | DLC（两线阵立体相机）<br>MS（多光谱相机） | 1<br>4 | 0.8/0.65<br>3.2 | 20<br>20 |

| 系列 | 卫星名称 | 重访周期/天 | 传感器主要参数 | | | |
|---|---|---|---|---|---|---|
| | | | 传感器名称 | 波段数 | 分辨率 /m | 扫描幅宽 /km |
| 天绘系列（TH） | 天绘一号卫星 01/02/03 星 | 1 | P/MS（全色和多光谱相机） TLC（前后视和正视三线阵相机） | 5 1 | 2/10 5 | 60 60 |
| 北京二号 | 01/02/03 | 1 | P/MS（全色和多光谱相机） | 5 | 0.8/3.2 | 24 |
| 吉林一号 | 高分 03A | | P/MS（全色和多光谱相机） | 5 | 1.06/4.24 | 18.5 |
| | 高分 02A/B | | P/MS（全色和多光谱相机） | 5 | 0.75/3.0 | 40 |
| | 宽幅 01A/B | | P/MS（全色和多光谱相机） | 5 | 0.75/3 | 150 |
| 高景一号 | 01/02/03/04 | 4 | P/MS（全色和多光谱相机） | 5 | 0.5/2 | 12 |

### 2. 数据处理与信息提取

由于高分辨率遥感影像数据量庞大，处理难度大，因此需要开发相应的软件来提高数据处理效率。通用遥感软件（如 ENVI 和 ERDAS 等）可以对高分辨率遥感影像进行处理和分析，例如图像增强、分类、变换、建模等。然而，在高分辨率遥感影像地质应用中，这些通用软件仍然存在一些不足之处，通常并不直接面向地质应用，而是适用于多个领域，不能提供专门针对地质应用的高级算法和分析工具，因此需要开发专门的软件来满足特定的需求，提高地质解译的准确性和效率。

岩性识别是高分辨率遥感影像地质应用中的一个重要方向，通过对岩石表面颜色和纹理的分析，识别出地表岩石的种类，为后续地质勘探提供重要参考。目前，岩性识别方法主要包括传统的图像分类方法和深度学习方法。传统的图像分类方法主要包括基于像元光谱特征的监督分类和非监督分类方法。这些方法的优点是简单易用，但是精度较低，对于复杂地质环境下的岩性识别效果不佳。而深度学习方法则可以通过构建卷积神经网络模型实现高精度的岩性识别。例如，VGG（Visual Geometry Group，视觉几何组）、AlexNet（Alex Network）和 ResNet（Residual Network，残差网络）等模型在岩性识别方面都取得了不错的效果。同时，由于深度学习方法具有很强的自适应性和泛化能力，可以根据数据进行自动调整。

随着计算机图像处理、人工智能的发展，复杂地质体和构造的自动识别方法也得到了快速发展。现有的多数 GIS 软件、遥感图像处理软件都支持基础的矢量编辑功能并集成了常用图像自动分类算法，计算机支持下的人机交互式解译和图像自动分类得到广泛应用。遥感图像分类算法主要有基于传统数学统计的方法，经典机器学习的方法和深度学习方法。传统数学统计算法有最小距离法、马氏距离法、最大似然法等；经典机器学习方法主要有支持向量机、随机森林等；深度学习方法有卷积神经网络等。在实际应用中，基于光谱的分类方法需要进行大量的光谱库建设和光谱匹配工作。此外，基于光谱特征的方法也受到许多因素的影响，如大气和云层的影响，地形和植被的影响等，因此其识别精度也较为有限。针对基于光谱特征的方法存在的局限性，近年来出现了一些基于机器学习的岩性识别方法。这些方法通过训练算法来提取遥感图像中的特征，从而实现对地表岩石的识别。例如，深度学习算法中的卷积神经网络（CNN）在岩性识别中有着广泛的应用。CNN可以有效地提取遥感图像中的空间特征，并对不同的岩石类型进行分类，具有较高的识别精度和稳定性（Shirmard H., Farahbakhsh E. et al., 2022）。此外，还有一些基于组合特征的方法，如融合多光谱和全色数据，以及融合光学和雷达数据的方法，这些方法能够提高岩性识别的精度和稳定性（Han W., Li J. et al., 2022）。

高分辨率遥感影像在地质应用领域中具有广泛的应用前景。未来随着遥感技术的不断发展和深入应用，高分辨率遥感影像将在地质学领域中发挥越来越重要的作用。

## 二、高光谱遥感

高光谱遥感是指利用很多很窄的电磁波波段（光谱分辨率通常小于10nm），波段数通常为数十个至数百个窄波段，从感兴趣的物体获取光谱数据（童庆禧，2006）。因波段数量多，每个像元只能产生一条完整而近乎连续的光谱曲线，也被称为"图谱合一"技术，即在二维图像的基础上多了一维光谱信息。高光谱遥感正是利用"图谱合一"的特点，研究感兴趣物体的成分、含量、存在状态和动态变化与光谱反射率或发射率的对应关系的科学。

高光谱遥感研究的光谱波长范围包括可见光、近红外、短波红外、中红外和热红外波段。与传统的多光谱遥感比较，高光谱遥感为利用遥感的技术手段进行对地观测，监测地表的环境变化提供了更充分的信息，使本来在宽波段遥感中不可探测的物质，在高光谱中能被探测，大幅提升遥感地物识别能力，同时促进了数据处理技术的发展。

近二十年来，高光谱遥感技术迅速发展，它集探测器技术、精密光学机械、微弱信号检测、计算机技术、信息处理技术于一体，已成为当前遥感领域的前沿技术之一。

### 1. 常用高光谱传感器

高光谱传感器按照数据的显示形式不同，可以分为非成像光谱仪和成像光谱仪。

#### 1）非成像光谱仪

非成像光谱仪指传感器接收的目标地物地磁辐射信号不能转换为图像，最后获取的资料为数据或曲线图。非成像光谱仪主要应用在研究各种不同地物在自然条件下的光谱特征，为遥感理论研究提供基础数据支持。非成像光谱仪每次只收集目标物上某点或者很小区域发射的光谱信号，无法同时获得目标物体整个表面的光谱信息。非成像光谱仪的优点是方便携带、成本低、光谱分辨率高；不足是只能对目标物进行单点或多点的抽样检测。目前主要应用的光谱分析技术有：光谱吸光度测量、光谱反射率测量、近红外光谱仪测量与原子发射光谱测量等。

常用于野外露头测量的非成像光谱仪中主要有测量地物反射光谱信息和发射光谱信息两类仪器。主要有美国ASD、美国Agilent（安捷伦）、美国102F和德国Bruker等。

（1）ASD便携式野外地物光谱仪。ASD便携式野外地物光谱仪由美国ASD公司（Analytical Spectral Devices）生产。该仪器较轻，便于操作和携带、获取数据速度快、同时保证测量光谱的质量、对测量物体没有损坏，可以测量辐射能量（辐射亮度和辐射照度）。无论是在不同的方位测量还是不同的环境下，灵活耐用的ASD都能带来如同实验室实验结果的质量。

ASD 地物光谱仪有多种型号，能够捕获可见光到近红外光谱。其光谱范围为 350~2500nm，可见光区间光谱分辨率 3nm，短波红外光谱分辨率 10nm。作为野外光谱采集仪器，对各种地物，如植被、建筑物表面、水体、岩石等进行光谱数据采集，同时也能为相关研究领域的光谱数据库的建立提供原数据等。近二十年，ASD 已经广泛应用于野外和实验室岩石和矿物调查以及地球化学分析等。

（2）Agilent 手持式傅里叶变换红外光谱仪。Agilent 手持式傅里叶变换红外光谱仪为了解决色散元件棱镜存在制造困难、分辨率低且要求严格恒温恒湿的问题，采用光栅作为色散元件，弥补了棱镜红外光谱仪的缺点，使仪器性能得到很大提高。安捷伦手持式傅里叶变换红外光谱仪的波谱范围为 400~4000cm$^{-1}$（2.5~25μm），分辨率为 4~16cm$^{-1}$。该仪器配备高灵敏度 DTGS 检测器，采用独特 Nano 型干涉仪设计，实现了现场快速、无损分析。近几年在地质勘探和资源调查等领域有大量应用案例，例如在土壤资源调查方面，该仪器可以在现场对土壤进行实时数据采集，分析和预测土壤相关参数（Hutengs，2019）。

（3）102F 热红外光谱仪。102F 热红外光谱仪，波谱范围在 2~16μm，测量物体的辐射亮度、发射率（比辐射率）和温度。该仪器由具有专利的微型迈克尔逊干涉仪、采样镜头及相应的黑体、光学组件及电子仪器、锑化镓和碲镉汞（MCT）复合探测器等组成，具有结构坚固紧凑、便携、扫描速度快的特点。其已较多的应用于地质学、遥感学、军事、大气监测、大气污染测量和工业在线监测等。

2）成像光谱仪

高光谱成像光谱仪是新一代传感器，是遥感发展中的新技术。在一定的波长范围内，传感器的探测波段可达 100 多个，在非常窄的波段范围几乎组成连续的光谱段。目前成像光谱仪的工作波段为可见光、近红外和短波红外，成像光谱数据也受大气、遥感平台姿态、地形等因素的影响，会产生几何畸变及边缘辐射效应等。因此，数据在提供给用户使用之前必须进行预处理，预处理的内容主要包括平台姿态的校正、沿飞行方向和扫描方向的几何校正以及图像边缘辐射校正。

目前高光谱成像光谱仪主要应用于航空遥感，在航天遥感领域也开始应用，像天宫二号多角度宽波段高光谱成像仪，碳卫星、高分五号可见光到短波红外高光谱相机、航空全谱段多模态成像光谱仪。并且以其独特的优势用于地物的光谱分析与识别上，高光谱遥感对于特殊的矿产探测及海洋水色调查也非常有效，尤其是矿化蚀变岩在短波红外具有诊断性光谱特征。

成像光谱仪主要有两种，色散型成像光谱仪和傅里叶变换型成像光谱仪，目前国内外用的主要是色散分光方式。常用的成像光谱仪主要有挪威的 Hyspex、芬兰的 Specim、美国的 Headwall、美国的 Resonon、加拿大的 Itres 等。国内也有一些科研单位研发高光谱仪器如卓立汉光、双利合谱、南京高垦特、北京欧普特等公司。其中大部分公司生产的光谱仪系列产品除了适用于野外测量，还有适合于实验室高光谱分析的仪器。成像光谱仪覆盖的光谱范围主要是可见光和短波红外，仪器已经广泛应用于机载应用、地质遥感找矿、农业遥感监测、林业遥感监测和海洋遥感监测等。

**2. 高光谱遥感数据特点**

1）波段多

每个像元有几十个、数百个甚至上千个波段。图像上每一个像元的灰度值按照波长排列都可以得到一条影像波谱曲线，如果加上时间维，每一个像元即可定义为一个影像波谱曲面（图 1-15）。

2）光谱分辨率高

高光谱传感器采样的间隔小，一般为 10nm 左右。精细的光谱分辨率反映了地物光谱的细微特征，使得在光谱域内进行遥感定量分析和研究地物的化学分析成为可能。

3）数据量大

随着波段数的增加、数据量呈指数相对增加。

4）信息冗余增加

由于相邻波段的相关性高，信息冗余也相对增加。

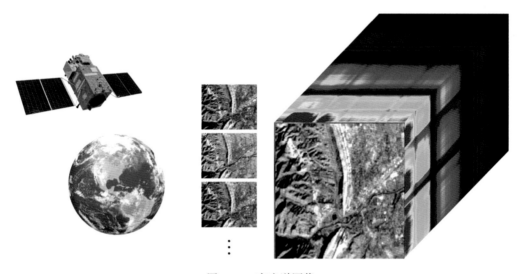

图 1-15　高光谱图像

### 3. 数据处理与信息提取

高光谱遥感数据波段数量特别多，波段采样间隔窄，数据量大。因此常规的遥感数据处理方法不能适应高光谱数据的需求，需要发展新的技术和方法，如数据压缩、特征提取和目标识别等。

1）高光谱数据处理常用方法

（1）去连续统方法。连续统相当于光谱曲线的"外壳"，因为实际的光谱曲线由离散的样点组成，所以用连续的折线段近似光谱曲线的包络线。通过对连续统的消除，可以有效突出光谱曲线的吸收、反射和发射特征，并将其归一到一个一致的光谱背景下，有利于特征参数的比较。

（2）导数光谱法。导数光谱法是利用数学方法对光谱数据进行不同阶数的微分值，可迅速确定光谱数据中的极大值和极小值。通过导数算法，可以消除背景的干扰，能提高分辨率和灵敏度。

2）高光谱数据常用的信息提取方法

（1）基于局部波形的特征提取方法。高光谱遥感数据信息丰富，有助于地物的识别，然而，数据量大的同时也带来数据处理复杂性的加剧。因此特征提取技术通常被应用在高光谱遥感数据预处理过程中。特征提取技术既要求降低数据的维度，又要求保留数据中的主要信息。基于局部波形的特征提取技术主要是提取高光谱遥感数据在部分光谱区间波形的特征，如吸收谷的波长位置、宽度、深度、对称度和面积等参数。局部特征匹配是以光谱吸收特征参数为基础的识别方法，该方法对光谱间微小差异比较敏感，但特征选择比较单一，稳定性较差，受图像信噪比、光谱重建精度等因素影响较大。针对某种矿物的光谱特征，使用特定的光谱特征参数来实现目标矿物类型的识别，常用的方法有 SFF（Spectral Feature Fitting，光谱特征拟合）。

（2）基于全波形的匹配识别方法。全波形匹配识别技术是获得的高光谱数据中所有波段都参与处理，将获得的高光谱遥感数据转换为地物波谱曲线与波谱库中波谱曲线匹配分析比较，计算其相似程度，进行类别划分。相似程度的计算常用方法有基于距离匹配、基于角度匹配等。此类方法受大气、光谱定标和光谱重建的影响较小，但对混合光谱、光谱间微小差异不够敏感，稳定性较差；其次高光谱数据在增加特征细节的同时也增加了数据的冗余度，降低了最终识别精度。常用的全波形匹配识别方法有 SAM（Spectral Angle Mapper，光谱角）、SM（Spectrum Matching，光谱匹配）和 SI（Spectral Irradiance，光谱照度）等。

（3）基于光谱分解的分类方法。高光谱图像数据具有高的光谱分辨率，相比较而言空间分辨率较差，图像像元记录了该面积内所有地物光谱信号的混合结果，称为混合像元。混合像元内的所有地物会彼此影响，光谱典型特征被减弱。如果用常规的遥感图像分类方法进行硬分类，势必会带来大量误差，降低分类精度。光谱分解法能按照某种数学规则将混合光谱分解，得到组成成分与比例（即所谓的端元与丰度）。光谱解混方法分为线性混合模型和非线性混合模型。线性光谱混合模型假设太阳入射辐射只与一种物质表面发生作用，物体间没有相互作用，最终得到的光谱是所有物质反射的信号叠加。非线性光谱混合模型强调多种物质之间反射作用是相互的，最终得到的光谱是从一个或多个物体上散射，然后被其他物体反射，最终信号叠加被传感器收集到。一般来讲，大尺度的光谱混合可以被认为是一种线性混合，而小尺度的内部物质混合是非线性的。常用的光谱分解方法有 LSMM（Linear Spectral Mixing Model）、Hapke 和 BMM（Bilinear Mixing Model）等。

（4）基于机器学习的分类方法。随着计算机技术的发展，人工智能技术已经在众多领域有广泛的应用。机器学习作为人工智能技术的核心，致力于使用计算机真实地模拟人类学习方式，利用已有的数据，得出某种模型，并利用此模型预测未来。随着高光谱遥感技术的发展，卫星分辨率越来越高且幅宽也越来越大，高光谱图像数据量急剧增加，受限于星地链路传输带宽，高分辨率的光谱图像传输极其困难，另外，高光谱图像数据样本数量少。针对以上在高光谱遥感图像领域内的现状，将机器学习与高光谱遥感影像结合起来，通过对高光谱遥感图像深层次特征的提取挖掘，实现探索将光谱维度信息与空间维度信息相结合的高精度分类技术。

首先，将机器学习和高光谱数据处理相结合，用机器学习算法，快速地从海量的高光谱数据中提取特征，构建模型，能大大提高高光谱遥感数据处理效率。其次，机器学习可以挖掘浅层和深层的特征，有些特征人都没法识别出来，准确的特征也提高了结果的精度。将机器学习与高光谱图像结合已经有广泛的应用。目前存在的主要问题就是缺少训练数据，而训练数据对分类结果影响非常大，因此这方面需要进一步找到合适的解决方法。

　　高光谱遥感能提供更多的精细光谱信息，已被广泛应用在地质、植被和水环境等研究领域。本书主要介绍的应用方向是地质领域，重点是野外露头岩性识别。高光谱在地质领域应用包括矿物识别与填图、重金属污染探测、地质成因环境探测、油气资源及灾害监测、矿产资源勘探等方面（甘甫平，2018）。各种岩石和矿物在高光谱图谱上显示的诊断性光谱特征可以帮助识别不同矿物成分，利用岩石和矿物的吸收、反射等诊断性特征，进行岩石矿物的分类、填图和矿产勘查。

　　近年来，露头数据的采集和应用取得了许多进展，地面高光谱仪已经成为地质露头应用的一项重要手段。地面高光谱仪距离露头较近，可以收集光谱范围较广的遥感数据，许多岩石矿物在光谱的不同部分表现出来不同的特征性质，因此可以成为露头成分分析的一种有效的定量化方法。目前将激光扫描仪和地面高光谱仪结合对地面露头进行数据采集已经成为一项较为成熟的技术。通过集成激光雷达数据和高光谱图像来增加露头信息量，能够在生成数字露头的基础上，区分更细微的矿物。

　　在野外地质调查中，对野外样品岩性识别和矿物含量估算的需求日益增加。传统的岩性识别方法是野外取样，回实验室通过对样品光谱数据做相应的处理分析，识别样品的岩石属性或矿物含量情况。基于高光谱数据的实验室岩性和矿物识别已经被广泛应用，随着高光谱传感器体积变小和重量变轻，使基于高光谱的野外岩性识别变为可能。本书主要应用方向是基于波形特征的野外露头岩性识别和基于特征选择的机器学习的野外露头岩性识别。

# 第二章　激光强度影响因素与校正

地面激光雷达（LIDAR）是一种主动的单波段遥感技术，与传统测量方式相比，LIDAR 可以获取目标的几何信息，还可以记录目标对激光后向散射的回波强度。几何信息表达了目标的三维形态信息；回波强度也称激光强度，反映目标对激光的反射光谱特性。几何信息和激光强度信息均可用于点云分类与地物识别。然而激光强度不仅受露头岩石物质成分与结构特征的控制，还会受到露头采集过程中大气环境、扫描几何条件以及其他外部因素干扰，为了获取有效的激光强度信息，需要明确地面激光雷达几何特征和属性特征进行地物分类的原理，分析影响因素，建立相应的激光强度校正方法。

其中几何特征数据受控于地面激光三维扫描数据采集过程控制和后期数据拼接处理操作。激光强度属性特征包括激光反射强度、相对反射率和颜色，其影响因素较多，包含激光点云采集作业过程的环境因素（例如天气、空气质量等）影响，采集作业操作方式（扫描距离、扫描角度范围）影响，还受控于露头本身的结构特征（例如露头平整程度、风化程度、岩性发育类型等）影响。

本章阐述了基于地面激光雷达几何特征和属性特征进行地物分类的原理。对激光强度的影响因素展开分析，明确露头激光强度属性的影响因素和主控因素。针对不易校正的影响因素，提出数据采集作业建议，尽量规避干扰；针对可以校正的因素，提出校正思路并建立了对应的激光强度校正方法，从而提高数字露头激光强度数据的质量，为后续基于激光强度的地质特征提取奠定基础。

## 第一节　激光强度地物分类原理

地面激光雷达（LIDAR）以激光为载体，通过激光束的高速发射与接收可以获取扫描目标表面高密度的三维几何信息和属性特征。本节重点介绍基于激光点云几何特征和属性特征进行地物分类的原理。

### 一、基于激光点云几何特征的地物分类

基于高精度、高密集的激光点云数据进行地物提取识别和三维重建，首要任务是对扫描的激光点云进行分类处理，以区分出不同类别地物。激光扫描数据分类可以更好地进行地物特征识别和提取、定位与分析。分类的准确性直接影响后续任务的有效性，因此，对点云数据进行处理具有十分重要的意义。

通过激光扫描技术获取的原始数据，主要是离散的三维激光点的平面位置和该点的高程。得到的激光点数据是不规则的，需要进行数据滤波和分类处理，分离出地面点和地物点。如果要提取地物，必须在此基础上进一步进行地物点的分类，从而区分人工地物和自

然地物；有时地面点也要进行进一步的分类，如要进行道路的提取。激光扫描剖面分类如图 2-1 所示。

现有可利用的点云分类算法，大都是基于扫描数据中的几何信息，通过几何信息求取点云的距离变化、高程差异、法向变化、曲率变化、密度大小等，在此基础上实现点云的去噪与分类。通常获取的点云数据量非常大，借助几何信息进行海量点云数据分类计算量大、效率较低，对算法本身与硬件系统都提出了很高的要求。尤其是当各类地物目标间几何差异较小时，借助单一的几何信息往往无法对点云进行精细分类。另一种常用的方法就是将几何信息生成距离（深度）图像，借助数字图像处理的方法对点云进行边缘提取与分类，这种方法需要实现点云从三维到二维再到三维的转换，转换过程较为烦琐，也会引起数据质量降低与某些细节损失。

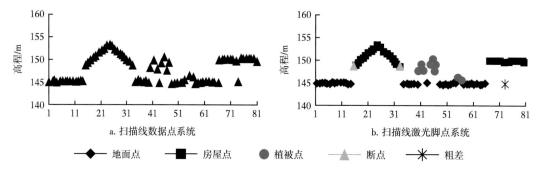

图 2-1　激光扫描剖面分类示意图（据刘经南等，2005）

单一的基于激光点云几何特征的分类方法，极大地受限于激光扫描的精度，也就是点云中点与点之间的扫描间隔步长。对于大尺度的地质特征，例如典型地层界面、大尺度的断层和裂缝、表面粗糙程度差异较大的不同岩性，可以基于激光点云几何特征分类进行信息的提取。但对于地质上小尺度的地层单元、缝洞、岩性等信息提取，由于点云扫描间隔步长尺度往往大于需要分类提取的信息的尺度，无法发挥有效作用，所以在具体分类时，还得充分考虑激光点云的属性特征信息。

## 二、基于激光点云属性特征的地物分类

激光强度是目标对发射激光光束的后向散射回波的功率，能反映目标的物理化学性质。地面三维激光扫描仪发射出一定功率的激光束，经大气传输后到达目标表面，与目标表面发生作用，散射后再经大气衰减被接收机接收。Höfle B. 等（2007）将地面激光雷达测距方程表示为：

$$P_r = \frac{P_t D_r^2 \rho}{4R^2} \eta_{atm} \eta_{sys} \cos\alpha \qquad (2-1)$$

其中，$P_r$ 为激光接收功率，W；$P_t$ 为激光发射功率，W；$D_r$ 为接收孔径，m；$R$ 为激光测距值，m；$\eta_{atm}$ 为单程大气传输效率；$\eta_{sys}$ 为光学系统效率；$P$ 为目标反射率；$\alpha$ 为发射激光束到目标表面的入射角。

在接收机内部激光强度 $I$ 通常被表示为接收信号的峰值振幅。假设激光强度与接收信号功率之间存在简单的线性关系，则：

$$I = CP_r = C\frac{P_t D_r^2 \rho}{4R^2}\eta_{atm}\eta_{sys}\cos\alpha \qquad (2\text{-}2)$$

其中，$C$ 为常数。从式（2-2）中可以看出，激光强度的影响因素有激光发射功率 $P_t$、接收孔径 $D_r$、目标反射率 $\rho$、距离 $R$、单程大气传输效率 $\eta_{atm}$、光学系统效率 $\eta_{sys}$ 及入射角 $\alpha$。对于某一特定的地面激光雷达系统，接收孔径 $D_r$ 和光学系统效率 $\eta_{sys}$ 均为常数，并且当测量模式固定时，激光发射功率 $P_t$ 也为常数。与机载三维激光扫描相比，地面三维激光扫描距离较短，在几十米至几百米，大气状况良好的情况下，$\eta_{atm}$ 可忽略不计。因此把以上常数作为 $C_1$，即 $C_1 = \dfrac{CP_t D_r^2 \eta_{sys}}{4}$，则公式（2-2）可化简为：

$$I = C_1\frac{\rho\cos\alpha}{R^2} \qquad (2\text{-}3)$$

因此，激光强度反映了目标反射率，但同时也受激光测距值和激光入射角的影响。地面介质表面的反射系数决定了激光回波能量的多少，地面介质对激光的反射系数取决于激光的波长、介质材料以及介质表面的明暗黑白程度。反射介质的表面越亮，反射率就越高。实验表明，沙土等介质自然表面的反射率一般为 10%~20%；植被表面的反射率一般为 30%~50%；冰雪表面的反射率一般为 50%~80%，表 2-1 给出了一些常见介质对激光的反射率。

表 2-1　不同介质对激光的反射率值（据刘经南等，2005）

| 材质 | 反射率 |
|---|---|
| 白纸 | 接近于 100% |
| 形状规则的木料（干的松树） | 94% |
| 雪 | 80%~90% |
| 啤酒泡沫 | 88% |
| 白石块 | 85% |
| 石灰石，黏土 | 接近 75% |
| 有印迹的新闻纸 | 69% |
| 棉纸 | 60% |
| 落叶树 | 典型值 60% |
| 松类针类常青树 | 典型值 30% |
| 碳酸盐类沙（干） | 57% |
| 碳酸盐类沙（湿） | 41% |
| 海岸沙滩，沙漠裸露地 | 典型值 50% |
| 粗糙木料 | 25% |
| 光滑混凝土 | 24% |
| 带小卵石沥青 | 17% |
| 火山岩 | 8% |
| 黑色氯丁（二烯）橡胶 | 5% |
| 黑色橡皮轮胎 | 2% |

注：表中给出了不同介质对波长为 0.9μm 的激光的反射率值。

由于反射率取决于表面介质材料，不同地物具有不同的反射介质表面，自然地物表面（如植被）对激光的反射能力要强于人工地物（如沥青和混凝土）介质表面对激光的反射能力，高反射率介质对应强激光回波信号，据此有可能开辟出利用激光回波强度影像获取信息的新领域（图2-2）。黑色表面（黑色沥青、黑色瓦片屋顶）对激光信号有吸收效应，反射信号很弱。相反，对于光亮的表面，激光照射到该表面会形成较强的漫反射。对于平静的湖面或镜面，只有在扫描角为［-3°，+3°］时，系统才可能接收到激光回波信号。高反射率的介质表面有光亮表面、草、树、水面（波纹）；低反射率的介质表面一般为黑暗表面、沥青、炭屑、铁的氧化物、潮湿表面、泥巴、平静水面等；对于同一种介质表面，影响其反射率的因素有激光发射点到反射点间的距离、反射方位、介质成分和密度等。对于机载激光扫描测高系统来讲，物体表现的光谱特性接近于激光波长范围时，该物体对激光具有强反射性；反之，该物体对激光具有弱反射性。

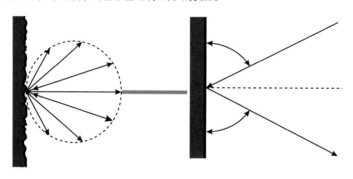

图 2-2　激光照射到不同介质表面形成的不同反射

当相邻地物间介质属性区别较明显时，通过分析激光回波强度信息，能比较容易地区分出不同的地物，如道路和道路两边的植被（树和草皮）、房屋和房屋周围的树木、庄稼地和非庄稼地等。

但大量研究表明，激光强度受到扫描仪特性、大气传输特性、目标反射光谱特性、探测器与放大电路噪声、扫描几何体形状等多种因素的影响，存在较大偏差，同一目标测得的激光强度可能不同，不同目标测得的激光强度可能相同，导致同物异谱、异物同谱现象的存在。

# 第二节　激光强度影响因素

## 一、激光点云数据质量影响因素

Soudarissanane S. 等（2011）的研究表明，影响激光点云数据中各个点质量的四个主要因素是：扫描仪机制、大气条件和环境、对象属性、扫描几何体形状。

### 1. 扫描仪机制

扫描仪机制影响因素包括硬件属性、校准和设置，例如镜中心偏移和万向轴轴失准的识别影响（Hanqi Zhuang，1995），以及光束宽度发散和角分辨率对点云质量的影响（Lichti D. D.，2006），以及反射信号的检测过程影响（Adams M.D. et al.，1996；Teza G. et al.，

2008）。此外，扫描仪设置（例如点间距和最大范围）会影响采集质量。

### 2. 大气条件和环境

大气条件和环境误差主要包括湿度、温度、压力变化和环境光线和扫描环境（Höfle B. et al.，2007；Voisin S. et al.，2007）。环境光线包括黑暗、人造光或自然阳光等；扫描环境例如室内或室外（Deva K. Borah et al.，2007）。

### 3. 对象属性

对象属性影响因素是指表面性质，它涉及光反射的各向异性，该各向异性取决于表面材料相对于扫描仪波长的反射率和粗糙度（Leader J. C.，1979；Boehler W. et al.，2003；Kersten T. P. et al.，2005；Höfle B.，2007；Kaasalainen S. et al.，2009）。

### 4. 扫描几何体形状

地面激光扫描相对于扫描几何体的位置和方向决定了对表面采样的激光点的局部入射角、局部范围和局部点密度（Křemen T. et al.，2006；Schaer P. et al.，2007；Salo P. et al.，2008；Sylvie Soudarissanane et al.，2011）。

仪器设备、扫描几何体对激光强度数据产生较大影响，但因为各仪器采用的激光波长和探测器不同导致了各仪器获取的激光强度数据具有较大的差异性，难以用一个统一的模型同时描述四个因素的作用。

表 2-2 总结了这四方面主要影响因素。

**表 2-2　激光强度主要影响因素**

| | | |
|---|---|---|
| 仪器设备 | 发射能量 | 接收到的目标后向散射能量与发射能量相关。发射能量与发射激光的峰值功率与脉冲宽度相关 |
| | 天线孔径 | 孔径越大，接收到的后向散射回波越多 |
| | 近距离亮度减小器 | 某些扫描系统会对近距离（如小于10m）测得的激光强度进行减少处理 |
| | 低反射表面放大器 | 某些扫描仪会对低反射表面的激光强度进行放大处理 |
| 外界环境 | 大气衰减 | 激光能量在大气中传播会受到衰减，大气衰减受湿度、温度、气压等的影响 |
| | 湿度 | 湿润的目标可以吸收更多的激光能量，导致回波强度减弱 |
| 对象属性 | 反射率 | 目标反射率越大，接收到的回波功率越大 |
| | 色调 | 色调越浅（如白色），激光强度越大 |
| | 颜色 | 目标物颜色的光谱特性越接近激光波长范围，则激光强度越高 |
| | 粗糙度 | 目标表面粗糙度决定反射类型（如漫反射和镜面反射） |
| | 含水量 | 目标物含水量越大，激光强度越小 |
| 扫描几何体 | 距离 | 激光强度理论模型显示，激光强度随距离增大而降低，且与距离平方成反比，但实验结果并非如此，距离对激光强度的影响受仪器影响较大 |
| | 入射角 | 理论上激光强度随入射角增大，激光强度减小，但文献指出，目标不同，入射角对激光强度的影响不同 |

29

## 二、激光强度影响因素分析

野外露头扫描过程，受限于场地的地理条件，使得扫描仪架设存在距离、角度差异；扫描过程环境温度也可能发生明显变化；地质露头还可能局部受地表水浸润，导致同一岩性区块呈现干湿不同的差异。为了消除外因对激光强度的干扰，需要开展实验研究，明确不同外部干扰因素对激光强度的影响规律。

因此，本书针对地质露头激光扫描过程中激光强度的外部干扰因素开展研究，对不同岩性样品，从扫描距离、扫描角度、温度、水浸四个方面设计对应的实验方案进行激光强度数据采集，运用实验对比分析方法研究各方面因素对不同岩性岩石激光强度的影响，并基于对干扰因素的研究认识，针对地质露头野外扫描作业的特征，提出地质露头野外采集的技术规范与流程；为后期研究激光强度校正公式提供事实依据和理论支撑。

选取了两组实验材料，分别为实验室岩石样品和长江三峡地层标本长廊岩石标本。实验室岩石样品有碳酸盐岩和碎屑岩两组，每组又包含若干不同岩性样品，图 2-3a 为部分实验室岩石样品，图 2-3b 为长江三峡地层标本长廊三维模型，该地质长廊包含有 240 对从太古宇至新近系的不同岩性岩石标本，每对岩石标本上部分为 20cm×40cm 的磨光面，下部分为 20cm×20cm 的自然断面，两部分岩石表面粗糙程度存在较大差异，能代表各类野外露头的基本状态。

a. 实验室部分岩石样品　　　　　　　　b. 长江三峡地层标本长廊

图 2-3　激光强度干扰因素实验材料

### 1. 外界环境影响

1）温度的影响

选择两种温度，一种是在晴天下午 2 点，温度为 30℃，另一种是在夜晚 8 点，温度为 20℃。将扫描仪架设在距离扫描台中心 7m 0° 处，分别对实验室岩石样品进行测量，对比在两种温度条件下的激光强度变化规律，得到不同温度下的岩样激光强度变化规律（图 2-4）。由图 2-4 可知，同一岩性岩石在两种温度条件下的激光强度几乎相同，表明岩石对环境温度变化不敏感，图中呈现的细微差异可能是人为读值引起的误差，并无任何规律。Penasa L. 等（2014）研究证明激光雷达设备记录的激光强度在 60 分钟内是稳定的。此后由于设备内部温度升高，激光强度在 150 分钟后会出现高达 20% 的增加。由于我们的所有采集持续不到一小时，因此在两种温度下激光强度无差异。

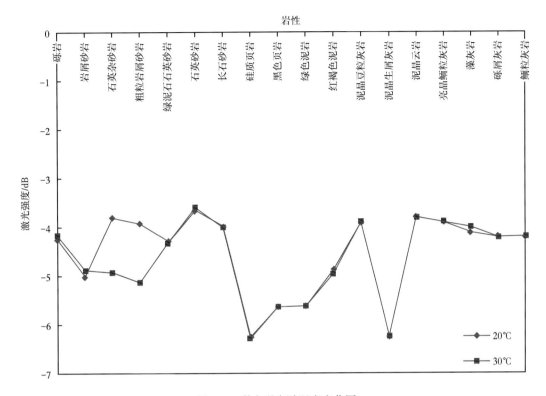

图 2-4　激光强度随温度变化图

2）光照的影响

分别在天气晴朗的下午光线充足和夜晚完全昏暗时，将扫描仪架设在距离扫描台中心 7m 0° 处，分别对实验室岩石样品进行测量，得到不同光照下的岩样激光强度变化规律（图 2-5）。图 2-5 中用反射率表示激光强度时，均表现出负值。这是由于 RIEGL VZ-400 规定反射率为 100% 的目标物体的反射强度为 0dB，岩石的反射率小于 100%，因此激光强度为负值。由图 2-5 可知，同一岩性岩石在两种光照条件下的激光强度近似相同，表明岩石激光强度对环境光照变化不敏感。由于激光是一种特殊的人造光，因其特殊光学特性，不易与阳光发生干涉叠加，因此影响可以忽略不计，且 RIEGL VZ-400 扫描仪中配备了一个主动传感器，使激光强度数据独立于目标的光照条件，因此光照条件不会对激光强度产生干扰。

3）含水性的影响

将仪器架设在 7m 0° 处，分别在实验室岩石样品干燥时和经水浸泡 30 分钟后进行测量，对比在干燥和水浸条件下激光强度变化规律，得到干燥和水浸条件下的岩样激光强度变化规律（图 2-6）。由于水会吸收近红外波段激光，当使用近红外波段激光扫描岩石表面时，会产生能量衰减，导致同一岩石经水浸后的激光强度低于干燥时。因此由激光强度提取地质特征时，需要考虑水对近红外波段吸收产生的能量衰减效应。

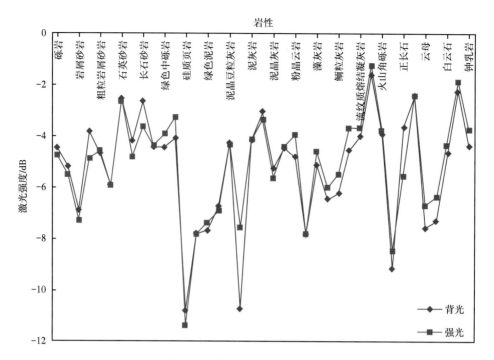

图 2-5 激光强度随光照变化图

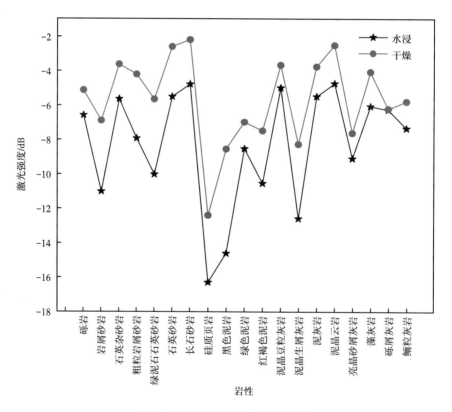

图 2-6 激光强度随含水量变化图

4）风化作用的影响

将仪器架设在 7m 0° 处，分别在实验室岩石样品清洗干净后和未经清洗时测量，对比在清洁后和未清洁两种条件下激光强度变化规律，得到不同风化条件下的岩样激光强度变化规律（图 2-7）。对不同岩性在不同风化条件下激光强度对比分析可以看出，同一岩石，风化（未清洁）和未风化（清洁后）激光强度有差异，但影响较小，这是因为采集样品表面浮土和风化物相对较少，具体影响规律还有待进一步探究。

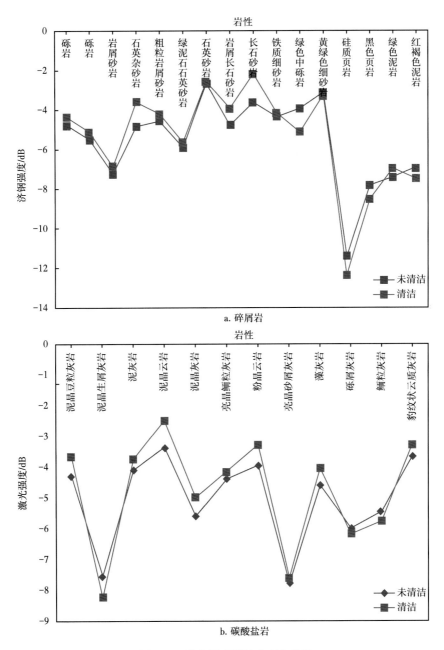

图 2-7  激光强度随风化度变化图

## 2. 扫描作业方式影响

### 1）扫描距离的影响

以实验室岩石样品为材料，将扫描仪始终架设在正对扫描台中心垂向方向，按 3m、5m、7m、9m、11m、13m、15m、17m、19m、21m 移动。如图 2-8 所示，激光强度先随距离的增大而增大，后随距离的增大而减小，表现出分段特性。这是因为三维激光扫描仪是一种测距优先的仪器（苍桂华，2014），为了提高测距精度，有的测距仪器有信号衰减或放大器，将近距离反射的强回波信号衰减或将低反射返回的弱回波信号放大，造成激光强度与实际反射的回波信号能量的非线性关系。

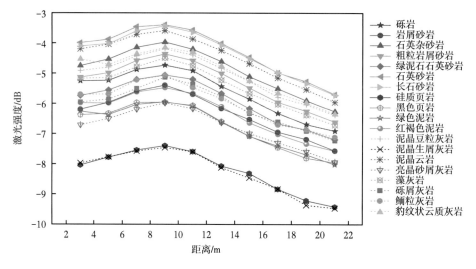

图 2-8　激光强度随距离变化图

### 2）扫描角度和粗糙程度的影响

以实验室岩石样品为材料，将 RIEGL VZ-400 扫描仪始终保持在 7m 处，绕旋转轴按 0°、10°、20°、30°、40°、50°、60°、70° 移动仪器，得到不同扫描角度下的岩样激光强度变化规律（图 2-9a）。同时为了对比粗糙程度不同的岩石表面激光强度随入射角变化，又选取长江三峡地层标本长廊中的部分岩石标本为实验材料，由于仪器架设存在场地限制，因此选取左侧的四对碳酸盐岩和右侧五对碎屑岩为扫描对象，扫描距离始终保持在距扫描台中心位置 7m 处，再以 0°、20°、40°、60° 移动仪器，得到磨光面和粗糙面随角度的变化规律（图 2-9b）。

图 2-9a 表明，在小于 40° 时，岩石激光强度保持平稳状态；大于 40° 时，激光强度随入射角度的增大而缓缓变小。该实验室岩石样品表面为自然断面，未经切割打磨，粗糙程度分布较为均匀，由于粗糙度是粒度的另一种表现，因此表面较为粗糙，即粒度较小的岩石，在各个方向光辐射通量分布较为均匀，受角度影响较小。由图 2-9b 对比分析得到，入射角对粗糙面的影响相对较小，但对磨光面影响显著。当岩石表面为粗糙面时，入射角小于 40° 时，激光强度随角度增大缓慢变小；入射角大于 40° 时，激光强度随角度增大而逐渐变小。磨光面在 20°~40° 之间，激光强度随角度的增大而缓慢减小，磨光面在小于 20° 和大于 40°，激光强度随扫描角度增大而快速变小。

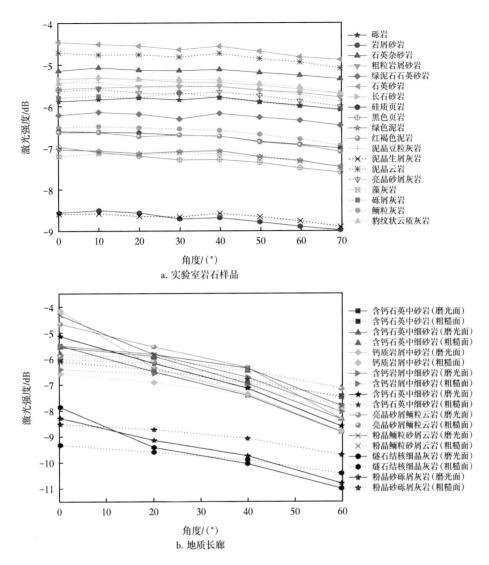

图 2-9　激光强度随角度变化图

基于以上实验分析认为：

（1）外界环境中的温度和光照对激光强度影响有限，但大气的通透性也会造成较大干扰，在扫描作业时，应避免雾霾、雨雪等极端天气，除了这类恶劣天气状况，一般在应用激光强度数据时可以忽略外界环境的影响。

（2）水浸会对露头激光强度造成较大干扰，且岩性类型不同，干扰差异大，规律性差，不方便校正，应尽量避免利用水浸的露头激光强度进行岩性识别。

（3）风化对露头激光强度影响也较大，需要明确评判风化等级，进行相应校正。

（4）对于相对平整的岩面，角度对激光强度的干扰比较明显，需要进行校正，但对于比较粗糙的岩面，角度的干扰可以忽略不计。

（5）距离会对接收到的激光强度有明显的反相关性，随着距离变大，激光强度会减弱，需要对距离进行校正。

综合来说，风化、距离和角度是应用激光强度数据时需要考虑的主要因素。因此下面将具体对这三方面因素展开校正实验。

**3. 物质结构自身影响**

受控于不同岩性岩石的成分组成和结构特征，使得不同岩性具有不同的反射率。图 2-10 为碎屑岩矿物成分分类方案，碎屑岩主要由石英、长石、岩屑等主要的颗粒组成，含有多种其他矿物，颗粒之间还充填有杂基，共同控制着岩石的颜色。矿物颗粒的物理结构大小、杂基含量和成岩固结风化程度又会影响岩石的表面结构特征。不同的岩石颜色和表面结构特征表现出不同的光学反射率特征，为我们基于激光强度的岩性分类提供了可能。

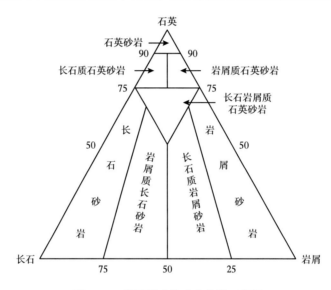

图 2-10　碎屑岩矿物成分分类三角图

岩石的颜色主要有继承色、自身色和次生色（表 2-3），受控于岩石成分组成、成岩和风化作用。而不同的颜色表现出不同的反射率，由白色、红橙黄绿青蓝紫、到黑变化，反射率逐步减弱。

**表 2-3　主要岩石的颜色控制因素**

| | | | |
|---|---|---|---|
| 继承色 | 斜长石 | 灰白色 | 油脂光泽 |
| | 钾长石 | 肉红色 | 油脂光泽 |
| | 石英 | 白色 | 玻璃光泽 |
| | 岩屑 | 芝麻糊状灰黑色 | 火山岩与变质岩岩屑为主 |
| 自生色 | 填隙物 | 灰黑色（还原环境）<br>棕红色（氧化环境） | 杂基、胶结物 |
| 次生色 | 岩石风化后的颜色，受岩石组分影响 | | |

为了论证此认识，特选取不同岩性碎屑岩岩石样品开展了实验研究。基于表 2-4 和图 2-11 的分析得到认识：颜色对激光强度影响巨大，而颜色又受控于岩石本身的矿物成分组成；岩石表面结构特征对激光强度存在影响，例如粗粒岩屑砂岩大于岩屑砂岩。

表 2-4　不同岩石类型激光强度

| 样品号 | 岩性 | 颜色 | 激光强度 /dB |
|---|---|---|---|
| C-Ⅰ-3 | 石英杂砂岩 | 灰白色 | -3.833 |
| C-Ⅰ-8 | 石英砂岩 | 灰白色 | -2.5522 |
| C-Ⅰ-12 | 长石砂岩 | 肉红色 | -2.66002 |
| C-1 | 砾岩 | 灰色 | -4.44871 |
| C-Ⅰ-2 | 岩屑砂岩 | 灰色 | -6.86218 |
| C-Ⅰ-4 | 粗粒岩屑砂岩 | 灰色 | -4.67436 |
| C-Ⅰ-22 | 铁质细砂岩 | 灰色 | -4.42454 |
| C-Ⅱ-10 | 红褐色泥岩 | 红褐色 | -6.722 |
| C-Ⅱ-8 | 绿色泥岩 | 灰绿色 | -7.66958 |
| C-Ⅱ-4 | 硅质页岩 | 黑色 | -10.75208 |
| C-Ⅱ-5 | 黑色页岩 | 黑色 | -7.80588 |

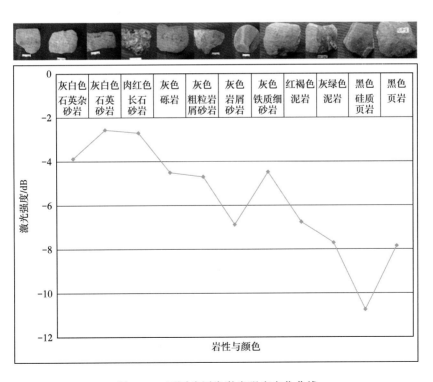

图 2-11　不同碎屑岩激光强度变化曲线

# 第三节　激光强度校正

在激光扫描过程中，激光强度受到仪器设备、对象属性和扫描几何体等多种因素的影响，因此使用激光强度数据前需要校正，才能使激光强度真实反映目标反射特性。

激光强度数据校正是指分析激光强度的影响因素，建立相应的模型对各种影响因素进行校正或消除，将仪器测量得到的原始激光强度数据转换为一个与目标反射率相关的值（Kaasalainen S. et al.，2011）。近年来，国内外学者都对激光强度数据校正进行了大量的研究，围绕激光强度数据的大气衰减、距离效应、入射角效应及仪器系统效应等提出了多种激光强度数据校正方法（谭凯等，2014；Kashani A. et al.，2015）。目前，激光强度校正的方法主要有三种（程小龙等，2017；韩磊，2021）：第一种方法是基于描述激光发射功率与激光接收功率关系的激光雷达理论模型，当目标为非朗伯表面时，激光强度与入射角不遵循朗伯散射定律，这种方法就无法适用，同时这种方法无法校正 LIDAR 在近距离处不遵循激光雷达方程的情况；第二种方法采用同质样本建立经验模型来探究角度、距离等相关影响因素（Höfle B.，2007），可以更好地顾及 LIDAR 近距离效应引起的激光强度异常，但费时费力；第三种方法是参考目标模型，基于参考目标来获取参考目标激光强度随入射角变化的规律（Sanna K.，2009；Xu T. et al.，2017；程小龙，2017），对于不同目标使用相同校正模型进行激光强度校正，缩短了测量时间的同时节省了测量精力。

以上三种校正方法均是针对具有完美漫反射表面的朗伯反射体提出，并不适用岩性发育丰富、岩面结构复杂的地质露头，对此本书基于色彩卡纸良好的漫反射特性，从激光雷达测距方程出发，结合参考目标模型构建在参考角度和参考距离下的简化校正公式。

## 一、激光强度校正原理

谭凯等（2014）提出在假定入射角、扫描距离和目标物体反射率的影响相互独立时，入射角校正后的激光强度 $I_{\theta_{corr}}(\rho, d)$ 和扫描距离校正后的激光强度 $I_{d_{corr}}(\rho, \theta)$ 可以表示为式（2-4）：

$$\begin{cases} I_{\theta_{corr}}(\rho,d) = I(\rho,\theta,d) \cdot \dfrac{\sum\limits_{i=0}^{N_2}\left(\alpha_i \theta_{refer}^i\right)}{\sum\limits_{i=0}^{N_2}\left(\alpha_i \theta^i\right)} \\[4ex] I_{d_{corr}}(\rho,\theta) = I(\rho,\theta,d) \cdot \dfrac{\sum\limits_{i=0}^{N_3}\left(\beta_i d_{refer}^i\right)}{\sum\limits_{i=0}^{N_3}\left(\beta_i d^i\right)} \end{cases} \tag{2-4}$$

式中，$\rho$ 为目标体反射率，$\theta$ 为入射角，$d$ 为距离；$I(\rho,\theta,d)$ 为原始激光强度（振幅表示）；$\sum\limits_{i=0}^{N_2}\left(\alpha_i \theta_{refer}^i\right)$ 为参考角度下的激光强度，为一个常数；$\sum\limits_{i=0}^{N_2}\left(\alpha_i \theta^i\right)$ 为入射角和激光强

度的多项式拟合函数，$\sum_{i=0}^{N_3}\left(\beta_i d_{\text{refer}}^i\right)$ 为参考距离下的激光强度，为一个常数；$\sum_{i=0}^{N_3}\left(\beta_i d^i\right)$ 为距离和激光强度的多项式拟合函数。

## 二、角度校正模型

校正实验通过扫描相同材质的目标体时改变扫描角度实现。实验目标体是覆盖在扫描台上的色彩卡纸，色彩卡纸具有良好的漫反射特性，可近似视为朗伯反射表面（Biavati G. et al.，2011）。实验时扫描仪架设在距离扫描台中心 9m 处，入射角从 0° 开始改变，每隔 10° 移动扫描仪，直至旋转至 60° 结束（图 2-12）。实验时利用角度与距离的函数关系来控制旋转角，通过三维坐标系进行精确入射角计算；然后通过入射角和原始激光强度之间的关系计算式（2-4）中的多项式拟合参数；最后通过在各个角度处的原始激光强度和 0° 处的参考角度值计算得到式（2-5）的多项式角度校正公式。实验时利用单一变量法，只改变入射角，其余参数均保持不变。

图 2-12　角度扫描实验图

利用点云解析软件 Riscan-Pro 对扫描获得的点云数据进行处理，得到如图 2-13a 所示的色彩卡纸原始激光强度随入射角变化图。观察可知，不同颜色卡纸的原始激光强度随入射角变化趋势整体相同，均随入射角增大而减小。

利用式（2-4）中 $\sum_{i=0}^{N_2}\left(\alpha_i \theta^i\right)$ 对不同阶数的多项式拟合，对比发现三阶多项式是最合适的拟合阶数，七种颜色卡纸的相关系数 $R^2$ 均在 0.999 以上。将七种颜色卡纸各个参数的均值作为最终角度拟合多项式的参数，表 2-5 为角度拟合函数的各个参数数值。

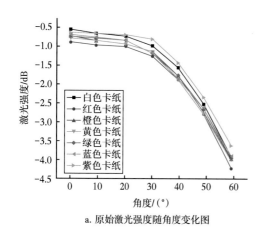
a. 原始激光强度随角度变化图

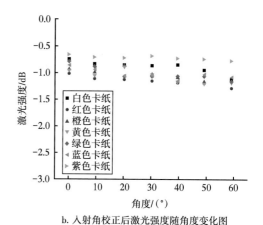
b. 入射角校正后激光强度随角度变化图

图 2-13　角度校正前后效果对比

**表 2-5　入射角多项式校正参数**

| 系数 | $N_2$ | $\alpha_0$ | $\alpha_1$ | $\alpha_2$ | $\alpha_3$ |
|---|---|---|---|---|---|
| 值 | 3 | -0.543 | -0.0045 | -0.0002 | -0.00002 |

　　将入射角三次拟合函数代入式（2-4）中，得到在参考角度为 0° 下入射角校正公式（2-5），其中 -0.543dB 为参考角度为 0° 时的激光强度。利用该公式对原始色彩卡纸进行校正，得到入射角校正后激光强度随入射角变化图（图 2-13b），由图可知，经入射角校正后，激光强度不随入射角增大而改变，同一颜色卡纸随角度变化的激光强度差异得到了校正。

$$I_{\theta_{corr}}(\rho,d) = I(\rho,\theta,d) \cdot \frac{-0.543}{-2 \times 10^{-5}\theta^3 + 0.0002\theta^2 - 0.0045 \cdot \theta - 0.563} \qquad (2-5)$$

　　式中，$I_{\theta_{corr}}(\rho,d)$ 为角度校正后的激光强度；$I(\rho,\theta,d)$ 为原始激光强度。在实际应用时，可以根据具体状况自行选定距离和设定参考角度，获取在该情况下的激光强度。

## 三、距离校正模型

　　在扫描色彩卡纸时通过改变距离实现扫描距离校正实验。实验时扫描仪架设在距离扫描台中心 0° 处，扫描距离从 3m 开始，每隔 2m 移动扫描仪，直至平移至 25m 处（图 2-14）。实验时利用卷尺来测量扫描距离，之后通过三维坐标系进行精确距离量算，然后由距离和原始激光强度之间的关系计算式（2-4）中的多项式参数，最后通过在各个距离处的原始激光强度和 8.5m 参考距离处的参考激光强度计算得到式（2-4）的多项式距离校正公式。实验时利用单一变量法，只改变扫描距离，其余参数均保持不变。

　　图 2-15a 为色彩卡纸原始激光强度随距离变化图。观察可知，不同颜色卡纸的原始激光强度随距离变化趋势整体相同，通过激光强度与距离的关系分析表明激光强度随距离呈现出分段特性，激光强度随距离的增大呈现先变大后减小的趋势，因此需要明确分段的断点。

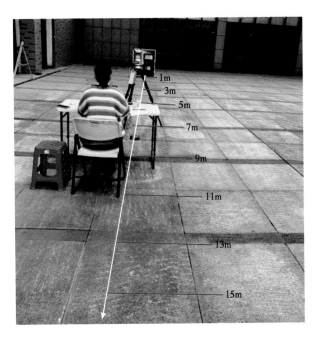

图 2-14　距离扫描实验图

函数拐点出现在 9m，选取 5~13m 区间内的激光强度和距离进行三次函数拟合，计算出拟合函数极值点为 8.5m，因此将 8.5m 作为分段函数断点，同时将 8.5m 作为参考距离，利用式（2-4）中 $\sum\limits_{i=0}^{N_3}\left(\beta_i d^i\right)$ 采用分段三阶多项式分别对 3~8.5m 和 8.5~25m 两段距离处拟合，七种颜色卡纸的拟合函数在 3~8.5m 段的相关系数 $R^2$ 均为 1，在 8.5~25m 段的相关系数 $R^2$ 均在 0.998 以上。将七种颜色卡纸在每段处的每个参数的均值作为最终距离拟合多项式的参数（表 2-6）。

表 2-6　距离多项式校正参数表

| 分段 ＼ 系数 | $N_2$ | $\beta_0$ | $\beta_1$ | $\beta_2$ | $\beta_3$ |
|---|---|---|---|---|---|
| 3~8.5m | 2 | 1.4 | −0.2786 | 0.0239 | |
| 8.5~25m | 3 | 2.3478 | −0.0569 | −0.0187 | 0.0004 |

并将距离分段三次拟合函数代入式（2-4）中，得到分段距离校正公式（2-6），利用得到的距离校正函数对原始色彩卡纸进行校正，得到经距离校正后激光强度随距离变化图（图 2-15b），由图可知，经距离校正后，激光强度不随距离的增大而改变。

$$I_{d_{corr}}(\rho,\theta)=\begin{cases} I(\rho,\theta,d)\cdot\dfrac{0.7587}{0.0239d^2-0.2786d+1.4} & (d\leqslant 8.5) \\[3mm] I(\rho,\theta,d)\cdot\dfrac{0.7587}{0.0004d^3-0.0187d^2-0.0569d+2.3478} & (d>8.5) \end{cases} \quad (2\text{-}6)$$

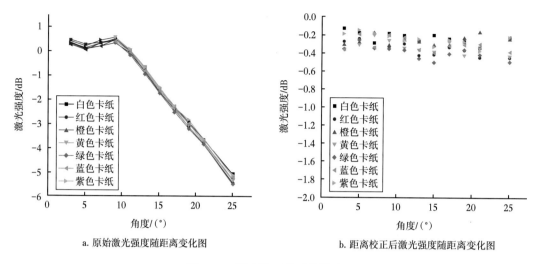

a. 原始激光强度随距离变化图　　　　　b. 距离校正后激光强度随距离变化图

图 2-15　距离校正前后效果对比

通过图 2-13b、图 2-15b 表明建立的角度校正模型和距离校正模型能有效降低角度和距离对激光强度的影响。

## 四、校正模型检验

对不同岩性的岩石样品进行扫描测量，不同岩性原始激光强度如图 2-16a 所示。由于不同岩性原始激光强度同时受到入射角和距离的影响，激光强度出现大幅震动，较为分散，无稳定性，原始激光强度存在"同物异值"现象，因此需要进行入射角和距离校正，使激光强度能真实的反映物体的反射率。

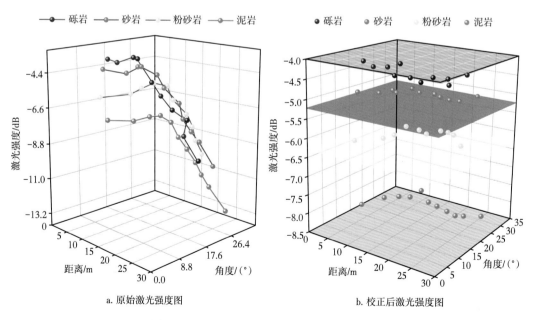

a. 原始激光强度图　　　　　　　b. 校正后激光强度图

图 2-16　不同岩性岩石样品校正前后效果对比

利用式（2-5）先进行入射角校正，再利用式（2-6）对经入射角校正后的激光强度进行距离校正，得到最终校正后的不同岩性激光强度图（图2-16b）。砾岩、砂岩、粉砂岩、泥岩的激光强度分别在 -4dB、-5.2dB、-6.3dB 和 -8.5dB 上下波动。相较原始激光强度，校正后的强度趋于一致，仅在岩性平面上下较小范围内波动，波动范围在 0.5dB 之内，分布更为集中；且不同岩性的激光强度得到了分离，各岩性平面分层明显，说明具有有效的区分度，适用于岩性识别。

表 2-7 为计算得到的校正前后激光强度的变异系数。变异系数是数据标准差与数据均值间的比值，用于反映数据的离散程度，可定量评估经入射角和距离校正后的效果，变异系数值越大表明数据的离散程度越大。

表 2-7　校正前后激光强度的变异系数

| 数据源 | 砾岩 | 砂岩 | 粉砂岩 | 泥岩 |
| --- | --- | --- | --- | --- |
| 原始激光强度 | 0.06572 | 0.06751 | 0.04876 | 0.07117 |
| 距离校正后激光强度 | 0.00764 | 0.00821 | 0.00870 | 0.01239 |
| 角度校正后激光强度 | 0.04129 | 0.04253 | 0.03157 | 0.04558 |
| 距离和角度同时校正后激光强度 | 0.00522 | 0.00743 | 0.00462 | 0.00591 |

由表 2-7 可知，经距离校正后砾岩、砂岩、粉砂岩和泥岩的变异系数分别下降88.38%、85.17%、82.16% 和 82.59%；经入射角校正后四类岩石的变异系数分别下降38.85%、37.00%、35.25% 和 35.96%。其中距离校正效果显著，均在 82% 以上，角度校正后变异系数下降幅度较小，这是因为实验时岩石样品的扫描角度整体变化较小，每类岩石样品的变化幅度在 20° 以内，取得的校正效果不显著。经入射角和距离校正后四类岩石的变异系数分别下降了 92.06%、88.99%、90.53% 和 91.70%，变异系数下降百分比均超过88%。四类岩石样品验证后的结果表明基于色彩卡纸构建的校正模型对岩石具有较好的适用性，取得的校正效果较为理想，准确率较高。

## 五、露头校正

为更深入地检验激光强度的校正效果，使校正后的激光强度能更好地进行实际应用，再以准噶尔盆地南缘月牙湾露头扫描数据进行检验。月牙湾露头从下至上依次发育细砂岩、砾岩、泥岩和粉砂岩薄互层，其中底部的细砂岩连续性好、厚度稳定、均质性强，岩面较为光滑，使得激光强度受角度影响较大，需进行距离和角度校正；细砂岩之上的砾岩、粉砂岩和泥岩薄互层等受角度影响相对较小，只需对这几类岩层进行距离校正。

针对露头数据量的庞大性和岩面结构的复杂性，本书提出了一种地质露头非规则岩面激光强度窗口分割校正方法（图2-17），并将校正后的激光强度应用于准南月牙湾露头岩性分割中。

首先在 Riscan-Pro 中将露头点云数据以 .txt 格式导出，利用数据库技术对导出的无序数据排序，基于数据采样间隔和露头岩层发育特征确定分割窗口大小，对排序后的数据按照边长 1cm 的正方形窗口进行数据分块，得到多个点云块；然后根据块号提取点云块，并采用随机采样一致算法（Random Sample Consensus，RANSAC）对这些点云块进行平面拟合，获得每个点云块的拟合特征参数，其中包括曲率、法矢；最后根据曲率和法矢构成的结构特征参数判断每个点云块的岩面结构，将其划分为光滑岩面和粗糙岩面，结合校正模型，对光滑岩面同时进行距离和角度校正，对粗糙岩面仅进行距离校正。校正后的效果如图 2-18 所示。

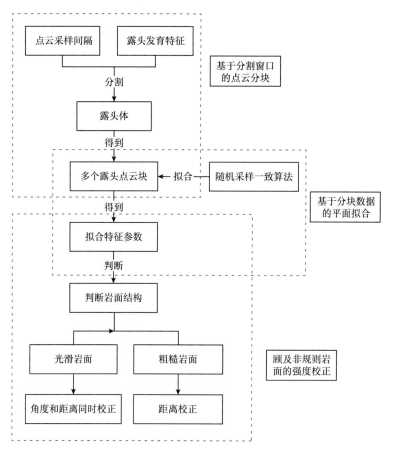

图 2-17　露头非规则岩面激光强度校正流程图

a. 露头原始点云分布　　　　　　　　b. 激光强度校正后露头点云分布

图 2-18　露头激光强度校正效果对比

　　与原始点云（图2-18a）相比，激光强度校正后，露头上岩层分布规律更为明显。露头原始点云中，底部细砂岩受到岩层坡度和坡向的影响，激光强度具有各向异性，同时受到距离的影响，两侧的点云距离扫描仪较远，导致激光强度低，与砾岩的激光强度相近，点云颜色与砾岩点云颜色相近，四种岩性激光强度交叉性强，区分度较弱。激光强度校正后的点云中，底部细砂岩独立于距离和岩面的结构特征，均表现出了相同的色调；砾岩层厚度不稳定，呈现出由左侧向右侧变细的透镜体，在垂向上相互叠置并向下加积，在细砂岩层可见明显的砾岩冲刷面；泥岩和粉砂岩薄互层相互覆合，整个露头上坡积物（浮土）被较好的还原出来。针对地质露头非规则岩面的激光强度校正方法对露头的校正效果较好，校正后露头上四种岩层激光强度得到了有效统一，较好还原露头岩性分布特征，呈现出"纵向分层"的构造特征，但由于粉砂岩和细砂岩的激光强度分布较为接近，即使校正后，激光强度仍无法有效区分开。

# 第三章 碎屑岩数字露头地质信息提取

碎屑岩是沉积岩最为重要的类型之一。不同岩石类型在颜色、成分、结构、抗风化能力等方面存在差异，在露头剖面上也表现出不同的特征，这为数字露头地质特征提取方法的研究提供了较好的理论基础。

本章介绍基于露头激光强度和高清影像的碎屑岩岩性快速识别、基于激光强度的砂岩孔隙度估算和烃源岩 TOC 估算等方法。

## 第一节 基于激光强度的碎屑岩岩性识别

### 一、基于激光强度的岩性识别可行性分析

激光强度信息在地球科学的多个领域得到应用。例如，在土地覆盖分析中，激光强度用于湿地和植被的检测和分类（Donoghue N. D. et al.，2007）；在冰川学中，激光强度用于冰川表面反射率定量分析（Joerg P. C. et al.，2015）；在地质考古学中激光强度用于寻找遗迹的位置（Challis K. et al.，2011）；许多研究表明可以应用激光强度数据来区分岩石类型（Bellian J.A.et al.，2005；Buckley S. J. et al.，2010；Burton D. et al.，2011；Franceschi M. et al.，2009）。

在野外地质露头的不同岩层上共采集 36 块砂岩和泥岩样品，其中 5 块泥岩，31 块砂岩。36 块样品激光强度分布如图 3-1 所示。

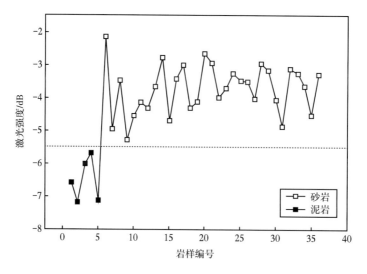

图 3-1 样品激光强度分布图

从图 3-1 中可以看出，不同岩层的样品激光强度有差异，砂岩激光强度全部大于泥岩激光强度。综上认为砂岩和泥岩激光强度具有可分离性，利用激光强度进行野外露头砂岩和泥岩识别是可行的。

## 二、基于激光强度的 $K$—均值聚类和支持向量机岩性识别

由于激光雷达反映目标的反射率信息，不同成分的岩性具有不同的激光强度。因此在分析砂岩和泥岩的激光强度相关性基础上，建立了砂岩和泥岩激光强度分类图版；进而采用 $K$—均值聚类和基于支持向量机两种方法对露头剖面模型进行砂岩和泥岩识别。

### 1. 基于激光强度的砂岩和泥岩识别图版

收集了 33 块陆源碎屑岩样品，基于样品薄片鉴定明确样品的岩石类型，同时利用 RIEGL VZ-400 地面激光扫描仪测得激光强度，不同岩石类型的激光强度如图 3-5、表 3-1 所示。根据样品分析，不同的岩石类型具有不同的成分及粒度，则具有不同的光谱反射特性，因此具有不同的激光强度。

表 3-1 不同碎屑岩岩石类型激光强度

| 编号 | 岩石类型 | 激光强度 /dB | 编号 | 岩石类型 | 激光强度 /dB | 编号 | 岩石类型 | 激光强度 /dB |
|---|---|---|---|---|---|---|---|---|
| 1 | 砾岩 | -1.326 | 12 | 灰绿色细砂岩 | -4.8 | 23 | 灰绿色粉砂岩 | -6.42 |
| 2 | 细砾岩 | -1.49 | 13 | 黄绿色细砂岩 | -4.02 | 24 | 灰绿色粉砂岩 | -6.35 |
| 3 | 中砾岩 | -2.276 | 14 | 灰绿色细砂岩 | -4.59 | 25 | 灰绿色泥（页）岩 | -7.13 |
| 4 | 细砾岩 | -2.281 | 15 | 灰绿色细砂岩 | -5.24 | 26 | 灰绿色泥（页）岩 | -7.11 |
| 5 | 中砾岩 | -2.243 | 16 | 灰绿色中砂岩 | -3.81 | 27 | 灰绿色泥（页）岩 | -7.04 |
| 6 | 黄绿色细砂岩 | -4.56 | 17 | 黄绿色细砂岩 | -4.61 | 28 | 灰绿色泥（页）岩 | -6.56 |
| 7 | 黄绿色细砂岩 | -5.21 | 18 | 黄绿色细砂岩 | -5.18 | 29 | 灰绿色泥（页）岩 | -6.5 |
| 8 | 灰绿色细砂岩 | -4.86 | 19 | 黄绿色中砂岩 | -4.34 | 30 | 灰绿色泥（页）岩 | -6.8 |
| 9 | 灰绿色细砂岩 | -5.22 | 20 | 黄绿色细砂岩 | -4.37 | 31 | 灰绿色泥（页）岩 | -7.55 |
| 10 | 灰绿色细砂岩 | -5.68 | 21 | 黄绿色中砂岩 | -4.33 | 32 | 灰绿色泥（页）岩 | -7.95 |
| 11 | 黄绿色中砂岩 | -5.35 | 22 | 灰绿色粉砂岩 | -5.26 | 33 | 灰绿色泥（页）岩 | -7.28 |

表 3-1 清楚表明，不同岩石类型的激光强度有明显的分布规律，粒度越大激光强度越大（图 3-2）。基于此建立碎屑岩不同岩石类型激光强度识别图板：砾岩的激光强度均值为 -1.33dB，细—中砾岩激光强度均值为 -2.07dB，细—中砂岩激光强度均值为 -4.87dB，粉砂岩激光强度均值为 -6.01dB，泥（页）岩激光强度均值为 -7.10dB。

### 2. 砂岩和泥岩识别方法

在研究砂岩和泥岩激光强度分布规律的基础上，设计了基于 $K$—均值聚类和基于支持向量机两种砂岩和泥岩识别方法。

1）基于 $K$—均值聚类的砂岩和泥岩识别

$K$—均值是一种无监督学习的聚类算法，在此聚类方法中，要求事先给定类别数 $K$ 及 $K$ 个初始聚类中心，目的是识别出砂岩和泥岩，故 $K=2$。初始聚类中心的选择对分类精度和运算速度的影响很大。将实验区砂岩和泥岩激光强度进行距离改正，根据砂岩和泥岩激光强度的分布模板，选取砂岩和泥岩激光强度分布峰值作为两个初始聚类中心。

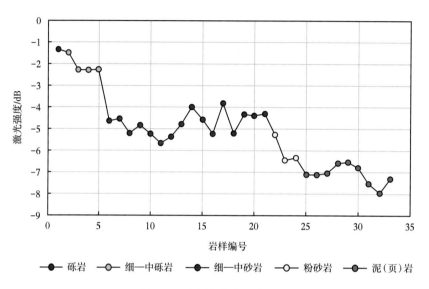

图 3-2 碎屑岩激光强度图版

2）基于支持向量机的砂岩和泥岩识别

利用支持向量机（Support Vector Machines，SVM）进行岩性识别的思路是利用核函数把非线性的岩性激光强度数据映射到高维特征空间，继而在高维特征空间构造最优分类超平面，将岩性成功分开。支持向量机岩性分类方法包括样本选择、样本训练和待分类数据判别三部分。

（1）样本选择。对于岩性分布不均匀的露头，岩性训练样本选择会有误差存在，因此在岩性训练样本选择后，利用上述的岩性激光强度分布模板筛选掉不在此分布范围内样本，以保证训练样本的可靠性。选择的训练样本可能存在误差，本书根据砂岩和泥岩激光强度数据范围对样本进行筛选。假定最终训练数据由 $n$ 个样本组成（$x_i$, $y_i$），其中 $i=1$，$2$, $\cdots$, $n$，把训练样本砂岩类别标记为 1，泥岩类别标记为 -1。

（2）样本训练。样本训练的目的是获得最优判别函数，其中核函数和参数的选择非常重要。目前常用核函数类型有线性核、多项式核、高斯核、Sigmoid 核，本书采用核函数类型是灵活性较高的高斯核函数，即

$$\kappa\left(x_i, x_j\right) = \exp\left(-\frac{\left\|x_i - x_j\right\|^2}{2\sigma^2}\right) \tag{3-1}$$

SVM 分类器的两个基本参数是惩罚参数 $C$ 和间隔 $\gamma$，相比于核函数类型，$C$ 和 $\gamma$ 对分

类结果的影响更大，是决定支持向量机分类器性能的关键因素。由于露头点云数据量大，目前常用的基于交叉验证的网格参数寻优方法运算时间长。因此本书按照网格参数寻优的思想，不进行 $C$ 和 $\gamma$ 取值的迭代运算，仅仅将选定的一组 $C$ 和 $\gamma$ 作为输入参数，进行三折交叉验证，得到本组 $C$ 和 $\gamma$ 的验证分类准确率。测试若干组 $C$ 和 $\gamma$，将验证分类准确率最高的那组 $C$ 和 $\gamma$ 作为参数，得到最优判别函数为：

$$f(x) = \mathrm{sgn}\left[ \sum_{i=1}^{n} \alpha_i^* y_i \kappa \langle x_i, x \rangle + b^* \right] \tag{3-2}$$

其中 $\alpha_i^*$ 和 $b^*$ 是与惩罚参数 $C$ 和间隔 $\gamma$ 有关的系数。一般 $C$ 选择 1，$\gamma$ 选择类别的倒数。$\alpha_i^*$ 为最佳 $C$ 和 $\gamma$ 下，根据 Karush-Kuhn-Tucker 最优化条件计算拉格朗日乘子的最优解，$b^*$ 为常数项。

（3）待分类数据判别。将待分类离散点的激光强度 $x_i$ 代入判别函数，通过判断判别函数的正负即可确定其所属的类别。当 $f(x_i) > 0$ 时，该点为砂岩；当 $f(x_i) < 0$ 时，该点为泥岩。

**3. 露头剖面砂岩和泥岩分类及精度分析**

图 3-3 是鄂尔多斯盆地延长组谭家河露头剖面，是采用三维激光扫描仪 RIEGL VZ-400 对露头进行扫描，扫描距离约 26m，获取的数据包括露头的三维坐标和激光强度，数据点间距为 1cm。

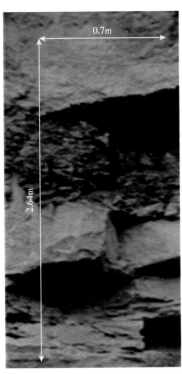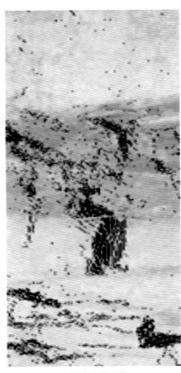

a. 局部露头照片　　　　　　　　　b. 激光强度图像

图 3-3　露头照片和激光强度

对激光强度数据进行改正后，利用上述两种方法进行砂岩和泥岩识别。采用 $K$—均值方法时，以欧式距离作为相似性度量，参数 $K=2$，两个初始聚类中心分别为 -6.5dB 和 -3dB，重复聚类次数 4 次。由于研究区露头长时间受到风化淋滤作用，露头剖面砂岩局部颜色发生变化，利用支持向量机方法，兼顾风化面和新鲜面选取砂岩、泥岩样本，并按照砂岩和泥岩激光强度分布模板进行样本筛选，分类器采用高斯核函数，分别确定最佳 $C$ 和 $\gamma$。

根据野外踏勘，将露头从上到下划分为砂岩、泥岩、砂岩，共 3 层，如图 3-3a 所示。将露头点云数据按激光强度进行显示，上下两砂岩层颜色较亮，中间泥岩层颜色较暗，并且在视线方向的立面上点云数据稀疏，出现黑色的空洞，如图 3-3b 所示。

为评价两种方法的分类效果，以泥岩层走向方向为 $x$ 轴（三层岩层的岩层走向近似），以竖直方向为 $y$ 轴，绘制坐标系，坐标系一个单位代表实际点云工程坐标下的 1dm。将 $K$—均值分类类别、支持向量机分类类别进行显示的结果图在该坐标轴下进行对比，显示结果分别如图 3-4a 和图 3-4b 所示。

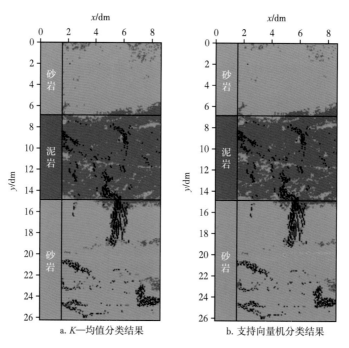

a. $K$—均值分类结果  　　　　b. 支持向量机分类结果

图 3-4 岩性分类结果

从图 3-4a 和图 3-4b 中可以看出，$K$—均值和支持向量机识别出的岩性都能与照片很好地对应，两种方法都能有效地识别出砂岩和泥岩。该坐标系下岩层竖直方向厚度与真实岩层厚度相对应，但由于最上面砂岩层的下部部分表面覆盖少量泥土，$K$—均值和支持向量机的识别结果的岩层界线不接近于直线，因此结合露头照片，用黑色实线标示出最能代表岩层界线的两个位置。在竖直方向从上到下砂岩层，泥岩层，砂岩层的厚度分别为地面激光雷达工程坐标下的 0.68m、0.80m、1.16m。在露头上层砂岩的上部，由于风化作用岩石颜色发生变化，两种方法都存在少部分将风化砂岩错分成泥岩的情况，但支持向量机错分的数据点较少。

采用 $K$—均值方法和支持向量机方法分类混淆矩阵如表 3-2 所示。$K$—均值方法中砂岩的分类精度为 87.65%，支持向量机方法中砂岩的分类精度为 90.59%，高于 $K$—均值方法。两种识别方法都达到了较高的识别精度，为后续研究提供精确的岩性信息。

表 3-2　分类混淆矩阵

| 岩性 | $K$—均值 | | 支持向量机 | |
|---|---|---|---|---|
| | 砂岩分类精度 /% | 泥岩分类精度 /% | 砂岩分类精度 /% | 泥岩分类精度 /% |
| 砂岩 | 87.65 | 12.35 | 90.59 | 9.41 |
| 泥岩 | 7.39 | 92.61 | 11.33 | 88.67 |

## 三、基于激光点云的多因子岩性分类

选取准噶尔盆地南缘清水河月牙湾剖面作为碎屑岩激光点云多因子岩性分类方法的实验对象。基于露头地质勘查，明确了该露头发育扇三角洲前缘与滨浅湖沉积，从粒度结构特征，识别出了砾岩、砂岩、粉砂岩、泥岩四类岩性。

为了提高 $K$—均值法和支持向量机岩性分类的自动化水平，本书进一步从激光点云中挖掘有效信息，自动提取识别对象并进行岩性分类。单一的激光点包含的信息比较有限，主要包含三维坐标、激光相对反射率和振幅等信息。其中，振幅是扫描仪接收到反射回的激光强度，为原始数据。相对反射率主要受控于被扫描对象的材质和表面特征，是由仪器内置算法基于振幅计算获得。由露头采集的数据可以看出（图 3-5），当表面风化比较严重以及岩性外观差别不大情况下，单一的振幅或相对反射率都没有明显的规律性，岩性识别难度较大。

a. 不同类型岩性露头照片

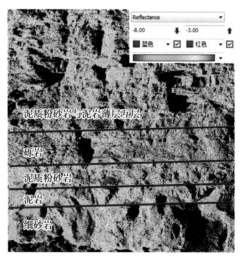

b. 不同类型岩性露头激光强度图像

图 3-5　露头岩性与激光强度对应关系

**1. 露头点云数据分块预处理**

使用 RIEGL VZ-400 对露头进行地面激光雷达扫描，采集了 6 站激光点云数据，在此基础上，结合高清影像数据建立了数字露头模型（图 3-6）。

岩性识别窗口的大小，需要结合目标地质露头地层厚度发育特征决定，既要能包含足够数量的激光点构成激光点集，满足岩石识别特征值的计算提取，也不能大于需要识别的岩性层最小厚度。例如可以按 10×10、20×20、50×50 等方案分块，具体分块方案，需要根据点云采样点间隔步长和理想识别窗口大小决定。理想的识别窗口大小，需要根据地层发育特征决定。理论上识别窗口越大，包含的点数越多，则无论是属性统计特征还是几何特征，都会比较有代表性；反之则包含的点数较少，代表性变差。但识别窗口过大，就会影响对较薄地层的识别，对于较薄的地层，为了识别精度，识别窗口尺寸应较小；较厚地层，识别窗口就可以较大。月牙湾露头原始点云采样点间隔步长为 5mm，为了保证识别效果，权衡后选择的识别窗口为 10×10，尺寸为 5cm，适合识别 10cm 以上厚度的岩性层。

图 3-6　准南清水河组露头激光点云数据与数字露头模型

在点云分块预处理过程中，需要根据岩性识别窗口的大小进行临近空间内激光点的搜索。采用数据库技术实现海量点云数据的存储管理，并借助其索引排序等技术，在数据库表内对点云数据行列号排序，实现高效的数据检索，并运用 SQL 编程实现对排序后的点云数据，按识别窗口大小进行分块预处理。

**2. 激光点云块特征参数提取**

对分块激光点云数据挖掘其隐含的信息用于岩性分类。一方面，基于激光点云块挖掘激光点集属性（相对反射率、振幅）的统计特征值；另一方面，根据空间坐标获取点集表征岩面特征的几何特征值。

1）反射率统计特征参数提取

在分块激光点云提取的基础上，针对激光点云块数据，计算每个岩性识别窗口对应数据块的点集激光反射属性（振幅、相对反射率）统计特征值，包括最大值、最小值、极差、平均值、中值、标准差、偏态系数、峰态系数、变异系数 9 个属性统计特征参数。

其中变异系数反应的激光点集反射激光属性的非均质程度，可以基于该岩性识别窗口对应的激光点云块数据中包含的激光点集反射属性制作统计直方图，并利用峰态系数和偏态系数来刻画其分布特征。峰态系数反应了样本的集中程度，峰态系数大于 3 表示样本数据较聚敛，反之则较为分散。偏态系数反应了样本值向高值区和低值区偏离的状态（图 3-7 至图 3-9，表 3-3）。

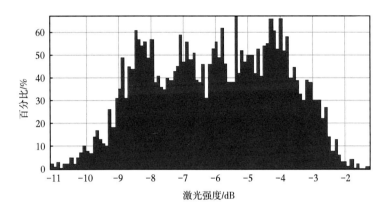

图 3-7　数据块反射率分布特征

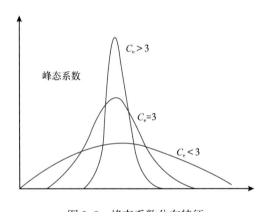

图 3-8　峰态系数分布特征

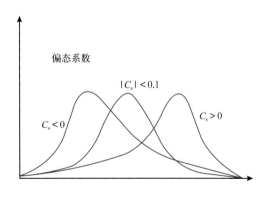

图 3-9　偏态系数分布特征

**表 3-3　偏态系数参数**

| $|C_s| < 0.1$ | 对称 |
|---|---|
| $0.1 \leqslant |C_s| \leqslant 0.5$ | 轻微不对称 |
| $|C_s| > 0.5$ | 不对称 |
| $C_s < 0$ | 负偏 |
| $C_s > 0$ | 正偏 |

2）激光点云块几何特征参数提取

由于激光点云模型是一个三维模型，可以进一步挖掘由点集空间位置表征出的几何特征参数，例如曲率、法向量等。

根据实验区的特征，可以看出在三维空间中植被激光点云块的激光点在三维空间波动较为剧烈，而岩石表面则表现得相对平整。砾岩、砂岩、粉砂岩、泥岩等四类岩性中，砾岩表面较为粗糙，对应激光点云块的点波动最大；砂岩固结程度高，表面较为平整，对应的激光点云块的点波动最小；粉砂岩和泥岩因为较易风化，表面也相对粗糙，对应激光点云块的点波动较大。为了辅助岩性的自动识别，构建了表征激光点云块点波动系数计算提取方法。

（1）波动系数。本次实验按照30×30的大小进行分块，针对岩性识别窗口对应的激光点云块，设计了一种表征三维空间中扫描目标体表面凸凹不平粗糙程度的评价参数——波动系数。具体计算提取方法如下：

首先，利用最小二乘法对每个激光点云块进行平面的拟合，获取一个激光点云块对应的中心平面方程。对于这个平面方程，我们都可以用方程 $z=ax+by+c$ 来表示。利用离散点云拟合平面，实际上就是求解方程，表达式为：

$$\begin{vmatrix} x_1 & y_1 & 1 \\ x_2 & y_2 & 1 \\ x_3 & y_3 & 1 \\ \vdots & \vdots & \vdots \\ x_m & y_m & 1 \end{vmatrix} \times \begin{vmatrix} a \\ b \\ c \end{vmatrix} = \begin{vmatrix} z_1 \\ z_2 \\ z_3 \\ \vdots \\ z_m \end{vmatrix} \qquad (3-3)$$

其中，$x$、$y$、$z$ 为点云坐标，$a$、$b$ 为平面方程的系数，$c$ 为常数。

上述方程可以用 $AX=B$ 来表示，由于 $A$ 是一个 $m×n$ 的矩阵，可以将等式两边分别乘以 $A$ 的转置矩阵，使系数矩阵变成 $n×m$ 的方阵，表示为：

$$X = \left( AA^{\mathrm{T}} \right)^{-1} A^{\mathrm{T}} b \qquad (3-4)$$

然后求取该激光点云块内的每个激光反射点到中心平面的距离，表示为：

$$d = \frac{|Ax_0 + By_0 + Cz_0 + D|}{\sqrt{A^2 + B^2 + C^2}} \qquad (3-5)$$

其中：$A$、$B$、$C$、$D$ 为已知常数，且不同时为 0。

计算获取激光点云块内全部激光点到中心平面方程的距离，并计算累积距离，用波动系数来表示，计算距离的标准差，用波动系数标准差表示。平面相对平整的波动系数标准差相对小，反之，标准差变大。

选取识别块数据如图 3-10a 所示，利用该激光点云块生成最佳拟合平面如图 3-10b 所示，然后计算波动系数及其标准差。

（2）曲率。曲率是描述激光点云几何特征的一个重要参数，曲率大小能够清楚地表示曲面的弯曲程度，进而表示激光点云在空间中的分布特征。激光点云数据在三维空间中都是离散分布，点与点之间没有拓扑关系，因此在激光点云空间中构建二次曲面拟合，进而得到曲率反映激光点云的分布特征。

在一个空间曲面中，假定曲面上任意一点 P，那么曲面经过点 P 的曲线理论上有无数条，每个曲线经过点 P 时都会有一个切向量，且每一个经过 P 点的曲线也能计算出一个曲率，则可以计算获得经过 P 点的 $N$ 个曲率值，把该 $N$ 个曲率值的集合记为 $K$，在 $K$ 中会有一个最大值曲率值 $K_1$ 和最小值曲率值 $K_2$。而高斯曲率则是 $K_1 K_2$，记为 $K_G$。平均曲率为 $(K_1+K_2)/2$，记为 $K_H$。

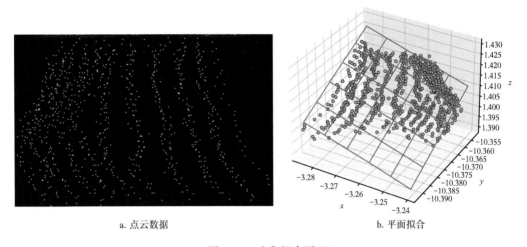

a. 点云数据　　　　　　　　　b. 平面拟合

图 3-10　点集拟合平面

具体计算步骤如下：

激光点云数据集合为 $P=\{P_i=(X_i, Y_i, Z_i)\in \mathbb{R}|i=(1, 2, \cdots, N)\}$，对每个点云集合 $P_i$ 周围 $K$ 个领域为内点构建曲面。

曲面的空间直角坐标系方程为：

$$F(x, y, z)=0 \qquad (3-6)$$

化为抽象参数方程为：

$$x = x(u,v)$$
$$y = y(u,v)$$
$$z = z(u,v)$$

$$r = r(u,v) = \{x(u,v), y(u,v), z(u,v)\} \qquad (3-7)$$

其中，$u$、$v$ 为参数。

则高斯曲率以及平均曲率为：

$$K_G = K_1 K_2 = \frac{LN - M^2}{GE - F^2}$$

55

$$K_H = \frac{1}{2}(K_1 + K_2) = \frac{EN + LG - 2MF}{2(GE - F^2)} \tag{3-8}$$

式中，$E = x_u'^2 + y_u'^2 + z_u'^2$；$F = x_u' x_v' + y_u' y_v' + z_u' z_v'$；$G = x_v'^2 + y_v'^2 + z_v'^2$；

$$L = \left(\frac{d^2 x}{du^2}\right) \times n\_x + \left(\frac{d^2 y}{du^2}\right) \times n\_y + \left(\frac{d^2 z}{du^2}\right) \times n\_z;$$

$$M = \left(\frac{d^2 x}{dudv}\right) \times n\_x + \left(\frac{d^2 y}{dudv}\right) \times n\_y + \left(\frac{d^2 z}{dudv}\right) \times n\_z;$$

$$N = \left(\frac{d^2 x}{dv^2}\right) \times n\_x + \left(\frac{d^2 y}{dv^2}\right) \times n\_y + \left(\frac{d^2 z}{dv^2}\right) \times n\_z;$$

其中，$\frac{d^2 x}{du^2}$、$\frac{d^2 y}{du^2}$、$\frac{d^2 z}{du^2}$ 分别表示参数 $u$ 对应的二阶偏导数；$\frac{d^2 x}{dudv}$、$\frac{d^2 y}{dudv}$、$\frac{d^2 z}{dudv}$ 分别表示参数 $u$ 和 $v$ 的混合二阶偏导数；$\frac{d^2 x}{dv^2}$、$\frac{d^2 y}{dv^2}$、$\frac{d^2 z}{dv^2}$ 分别表示参数 $v$ 对应的二阶偏导数；$E$、$F$、$G$ 称为曲面的第一基本不变量；$L$、$M$、$N$ 称为曲面的第二基本不变量。

$n\_x$、$n\_y$、$n\_z$ 是曲面在某点处的单位法向量

$$n\_x = \frac{\left(\dfrac{d[y(u,v)]}{du} \times \dfrac{d[z(u,v)]}{dv} - \dfrac{d[z(u,v)]}{du} \times \dfrac{d[y(u,v)]}{dv}\right)}{\sqrt{\left[\left(\dfrac{d[x(u,v)]}{du}\right)^2 + \left(\dfrac{d[y(u,v)]}{du}\right)^2 + \left(\dfrac{d[z(u,v)]}{du}\right)^2\right]}}$$

$$n\_y = \frac{\left(\dfrac{d[z(u,v)]}{du} \times \dfrac{d[x(u,v)]}{dv} - \dfrac{d[x(u,v)]}{du} \times \dfrac{d[z(u,v)]}{dv}\right)}{\sqrt{\left[\left(\dfrac{d[x(u,v)]}{du}\right)^2 + \left(\dfrac{d[y(u,v)]}{du}\right)^2 + \left(\dfrac{d[z(u,v)]}{du}\right)^2\right]}}$$

$$n\_z = \frac{\left(\dfrac{d[x(u,v)]}{du} \times \dfrac{d[y(u,v)]}{dv} - \dfrac{d[y(u,v)]}{du} \times \dfrac{d[x(u,v)]}{dv}\right)}{\sqrt{\left[\left(\dfrac{d[x(u,v)]}{du}\right)^2 + \left(\dfrac{d[y(u,v)]}{du}\right)^2 + \left(\dfrac{d[z(u,v)]}{du}\right)^2\right]}}$$

通过波动系数与曲率二者相比较，波动系数相对于曲率，计算量较小，计算效率更高。在本次实验中优先采用波动系数辅助植被剔除与岩性分类。

经过计算波动系数之后，对各个样本进行统计分析，部分样本结果示例如表 3-4 所示。从表 3-4 统计分析可以得出各个类别波动系数范围如表 3-5 所示。

经多个样本统计，粉砂岩的波动系数标准差范围一般为 0.0027~0.0079，砾岩的波动系数标准差范围一般为 0.0020~0.0050，泥岩的波动系数标准差范围一般为 0.0020~0.0086，砾岩的波动系数标准差范围一般为 0.0010~0.0085，植被的波动系数标准差范围一般为 0.0050~0.0228。

表 3-4　不同岩性典型样本波动系数（标准差）计算

| 点云块编号 | 岩性 | 波动系数 | 波动系数标准差 |
|---|---|---|---|
| 1 | 粉砂岩 | 8.42277 | 0.0079482 |
| 2 | 粉砂岩 | 4.03557 | 0.00271007 |
| 3 | 粉砂岩 | 3.38474 | 0.002867206 |
| 4 | 粉砂岩 | 7.51627 | 0.006766917 |
| 5 | 砾岩 | 2.12672 | 0.002032496 |
| 6 | 砾岩 | 3.74725 | 0.003678851 |
| 7 | 砾岩 | 4.75648 | 0.003538755 |
| 8 | 砾岩 | 5.54572 | 0.004882294 |
| 9 | 泥岩 | 11.83561 | 0.008634688 |
| 10 | 泥岩 | 3.19556 | 0.003291723 |
| 11 | 泥岩 | 10.79381 | 0.00824198 |
| 12 | 泥岩 | 2.51779 | 0.002223541 |
| 13 | 砂岩 | 1.39863 | 0.00120209 |
| 14 | 砂岩 | 8.05806 | 0.007441984 |
| 15 | 砂岩 | 4.39876 | 0.004406398 |
| 16 | 砂岩 | 10.8865 | 0.008460298 |
| 17 | 植被 | 7.57928 | 0.005229947 |
| 18 | 植被 | 25.58624 | 0.021812294 |
| 19 | 植被 | 9.96749 | 0.005838032 |
| 20 | 植被 | 10.50938 | 0.014888755 |

表 3-5　不同岩性波动系数（标准差）分布特征

| 编号 | 岩性 | 波动系数标准差范围 |
|---|---|---|
| 1 | 粉砂岩 | 0.0027~0.0079 |
| 2 | 砾岩 | 0.0020~0.0050 |
| 3 | 泥岩 | 0.0020~0.0086 |
| 4 | 砂岩 | 0.0010~0.0085 |
| 5 | 植被 | 0.0050~0.0228 |

3）典型识别窗口激光点云块特征值计算

在明确了激光点云块属性特征参数和几何特征参数计算方法后，针对月牙湾露头剖面扫描站点进行分块处理。其分块编号的分布特征如图 3-11 所示，划分出了 24599 块识别窗口，图上数字表示分块编号。分别对分块后的 24599 个窗口的点集进行属性统计特征（最大值、最小值、极差、平均值、中值、标准差、偏态系数、峰态系数）和几何特征计算（波动系数、波动系数标准差），获取岩性识别的多因子（表 3-6）。基于地质认识，挑选出其中岩性已明确的 215 块典型岩性区域，统计其计算结果见表 3-7，用于岩性识别多因子选取。

图 3-11　月牙湾剖面分块窗口分布特征

表 3-6　识别窗口激光点集属性统计特征与几何特征计算结果样例

| 点数 | 100 |
| --- | --- |
| 振幅最大值 | 31.72 |
| 振幅最小值 | 28.79 |
| 振幅极差 | 2.93 |
| 振幅标准差 | 0.61 |
| 振幅平均值 | 30.27 |
| 振幅中位数 | 30.28 |
| 振幅变异系数 | 2.01% |
| 振幅偏态系数 | −0.05 |
| 振幅峰态系数 | 4.01 |
| 反射率最大值 | −2.23 |
| 反射率最小值 | −5.13 |

| 反射率极差 | 2.90 |
|---|---|
| 反射率标准差 | 0.61 |
| 反射率平均值 | -3.66 |
| 反射率中位数 | -3.66 |
| 反射率变异系数 | -16.59% |
| 反射率偏态系数 | -0.06 |
| 反射率峰态系数 | 4.00 |
| 三维点集空间波动系数 | 2.37 |
| 三维点集空间波动标准差 | 0.02 |

表 3-7　典型岩性区域激光点云块特征值计算结果

| 区域编号 | 岩性 | 点数 | 最大 /dB | 最小 /dB | 均值 /dB | 中值 /dB | 标准差 | 变异系数 | 偏态系数 | 峰态系数 |
|---|---|---|---|---|---|---|---|---|---|---|
| 8440 | 粉砂岩 | 100 | -2.31 | -6.10 | -3.97 | -3.75 | 0.91 | -22.85% | -0.48 | 3.93 |
| 8680 | 粉砂岩 | 100 | -2.05 | -6.51 | -4.20 | -4.23 | 0.88 | -20.84% | 0.03 | 4.25 |
| 8920 | 粉砂岩 | 100 | -1.99 | -5.50 | -3.36 | -3.32 | 0.68 | -20.29% | -0.84 | 5.60 |
| 10600 | 粉砂岩 | 100 | -1.81 | -5.49 | -3.26 | -3.19 | 0.70 | -21.57% | -0.29 | 4.41 |
| 10620 | 粉砂岩 | 100 | -1.58 | -6.57 | -4.10 | -4.02 | 1.11 | -26.94% | -0.19 | 3.71 |
| 10630 | 粉砂岩 | 100 | -1.98 | -5.36 | -3.29 | -3.29 | 0.74 | -22.47% | -0.57 | 4.59 |
| 8000 | 浮土 | 100 | -1.74 | -5.91 | -4.23 | -4.28 | 0.71 | -16.78% | 0.46 | 5.67 |
| 9420 | 浮土 | 100 | -2.33 | -6.44 | -4.63 | -4.68 | 0.72 | -15.45% | 0.11 | 4.75 |
| 9900 | 浮土 | 100 | -2.61 | -7.07 | -4.27 | -4.20 | 0.79 | -18.42% | -0.53 | 4.93 |
| 10000 | 浮土 | 100 | -2.03 | -6.45 | -4.08 | -4.03 | 0.97 | -23.66% | 0.08 | 3.60 |
| 13640 | 浮土 | 100 | -2.18 | -5.89 | -3.97 | -3.86 | 0.72 | -18.15% | -0.27 | 4.63 |
| 21963 | 浮土 | 100 | -2.38 | -5.61 | -3.75 | -3.74 | 0.65 | -17.21% | -0.25 | 4.31 |
| 21965 | 浮土 | 100 | -2.38 | -6.95 | -4.85 | -4.90 | 0.98 | -20.24% | 0.06 | 3.56 |
| 22230 | 浮土 | 100 | -1.98 | -5.14 | -3.62 | -3.71 | 0.67 | -18.51% | 0.31 | 4.10 |
| 23822 | 浮土 | 100 | -1.91 | -6.36 | -4.06 | -3.96 | 0.84 | -20.73% | -0.44 | 4.55 |
| 13500 | 砾岩 | 100 | -2.75 | -8.55 | -5.58 | -5.42 | 1.19 | -21.40% | -0.39 | 4.20 |
| 13550 | 砾岩 | 100 | -2.29 | -6.51 | -4.19 | -4.00 | 1.01 | -24.03% | -0.50 | 3.58 |
| 13555 | 砾岩 | 100 | -2.10 | -7.91 | -4.45 | -4.40 | 1.15 | -25.89% | -0.43 | 4.28 |

| 区域编号 | 岩性 | 点数 | 最大/dB | 最小/dB | 均值/dB | 中值/dB | 标准差 | 变异系数 | 偏态系数 | 峰态系数 |
|---|---|---|---|---|---|---|---|---|---|---|
| 19170 | 砾岩 | 100 | -2.85 | -10.94 | -5.59 | -5.45 | 1.61 | -28.69% | -0.76 | 4.67 |
| 19180 | 砾岩 | 100 | -3.17 | -10.41 | -5.55 | -5.38 | 1.50 | -26.98% | -0.83 | 4.81 |
| 21030 | 砾岩 | 100 | -2.18 | -10.35 | -4.95 | -4.66 | 1.61 | -32.48% | -0.99 | 5.37 |
| 1920 | 泥岩 | 100 | -1.77 | -5.42 | -3.31 | -3.25 | 0.79 | -23.90% | -0.52 | 4.34 |
| 4495 | 泥岩 | 100 | -2.04 | -5.18 | -3.42 | -3.43 | 0.64 | -18.75% | -0.12 | 4.03 |
| 9850 | 泥岩 | 100 | -2.22 | -6.12 | -3.95 | -3.99 | 0.90 | -22.73% | -0.05 | 3.57 |
| 10035 | 泥岩 | 100 | -2.34 | -7.15 | -3.98 | -3.83 | 0.92 | -23.02% | -0.91 | 5.31 |
| 10700 | 泥岩 | 100 | -2.22 | -6.86 | -4.22 | -4.12 | 0.94 | -22.23% | -0.40 | 4.07 |
| 21000 | 砂岩 | 100 | -2.74 | -6.88 | -4.53 | -4.41 | 0.80 | -17.77% | -0.45 | 4.38 |
| 21005 | 砂岩 | 100 | -2.55 | -6.20 | -4.30 | -4.19 | 0.78 | -18.14% | -0.39 | 4.06 |
| 21600 | 砂岩 | 100 | -2.58 | -6.60 | -4.63 | -4.60 | 0.76 | -16.51% | -0.07 | 4.18 |
| 21650 | 砂岩 | 100 | -5.35 | -8.15 | -6.94 | -6.96 | 0.68 | -9.78% | 0.15 | 3.42 |
| 21660 | 砂岩 | 100 | -2.92 | -6.18 | -4.48 | -4.42 | 0.80 | -17.81% | -0.11 | 3.39 |
| 21670 | 砂岩 | 100 | -2.93 | -6.68 | -4.80 | -4.90 | 0.75 | -15.56% | 0.10 | 3.84 |
| 21900 | 砂岩 | 100 | -2.48 | -6.55 | -4.28 | -4.28 | 0.70 | -16.33% | -0.13 | 4.74 |
| 21950 | 砂岩 | 100 | -2.11 | -7.93 | -3.99 | -3.81 | 1.10 | -27.50% | -1.20 | 6.17 |
| 22000 | 砂岩 | 100 | -2.53 | -6.58 | -4.17 | -4.05 | 0.82 | -19.57% | -0.48 | 4.25 |

**3. 基于激光点云的岩性识别模型建立**

本次岩性识别模型建立过程中，以激光相对反射率属性和激光点云块几何特征作为岩性识别的主要参数来源，并从中筛选出能表征岩性差异的多因子，建立岩性识别模型。

1）相对反射率统计特征参数筛选与岩性区分标准

对215块样本的识别多因子计算结果进行分析（表3-8）：

最大值与最小值：特征参数中最大值、最小值无明显规律，对岩性分类识别作用不大，因此从岩性分类因子中剔除。

标准差：极差与标准差表征了数据集合离散度，标准差相对稳定可靠，不易受个别异常值影响，因此岩性识别时选取更为可靠的标准差作为岩性分类的多因子。

中值：平均值与中值表征了数据集合的代表值，但中值不易受极端变量值的影响，因此岩性识别时选取中值作为岩性分类的多因子。

偏差系数：表征了数据集合分布特征，在研究区岩性分类中能起到区分作用，选用作为岩性分类的多因子。

峰态系数：表征了数据集合聚集程度，但研究区不同岩性之间峰态系数区分度不明显，因此从岩性分类因子中剔除。

综合以上分析，在属性特征参数方面，选取有明显区分作用的激光相对反射率属性进行统计计算，获得中值、标准差、偏差系数作为岩性分类因子。可以看出，粉砂岩、泥岩与浮土区分较困难，考虑通过中值的差异性大致区分，结合地质上分布特征加以修正。

表 3-8　不同类型岩性反射率统计特征

| 岩性 | 极差（$R$） | 平均值（$M$） | 中值（$M_d$） | 标准差（$\sigma$） | 偏态系数（$C_s$） | 峰态系数（$C_e$） |
|---|---|---|---|---|---|---|
| 砾岩 | 6.68 | −5.27 | −5.11 | 1.39 | −0.52 | 4.51 |
| 砂岩 | 3.93 | −4.80 | −4.78 | 0.79 | −0.09 | 4.30 |
| 粉砂岩 | 3.80 | −4.01 | −3.97 | 0.79 | −0.27 | 4.28 |
| 泥岩 | 4.16 | −4.05 | −4.06 | 0.88 | −0.39 | 4.20 |
| 浮土 | 4.10 | −4.22 | −4.20 | 0.81 | −0.17 | 4.63 |
| 植被 | 8.27 | −4.50 | −4.33 | 1.59 | −0.65 | 6.04 |

（1）中值—标准差岩性分类二维图版。基于 215 块样本统计值制作中值—标准差区分图版（图 3-12），可以看出：①砾岩区分度较明显。②砂岩、粉砂岩与泥岩样品重叠区较多，区分效果不理想，中值上表现出砂岩较小，粉砂岩较大的特点。③浮土与泥岩分布区重叠，无法区分开，可以考虑在后期通过几何形态加以区分。④植被区分度差，可以考虑结合激光点云三维分布特征加以区分。在此认识上获取中值—标准差岩性区分标准（表 3-9）。

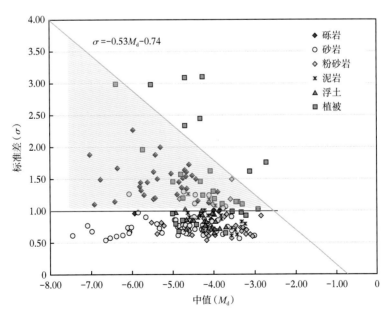

图 3-12　不同岩性反射率中值—标准差区分图版

表 3-9　中值—标准差岩性区分标准

| 岩性 | 判别标准 | 效果 |
|---|---|---|
| 砾岩 | $\sigma \geq 1$ 和 $\sigma \leq -0.53M_d - 0.74$ | 好 |
| 植被 | $\sigma \geq 1$ 和 $\sigma \geq -0.53M_d - 0.74$ | 较差 |
| 砂岩 | $\sigma \leq 1$ 和 $M_d \leq -4.2$ | 较好 |
| 粉砂岩 | $\sigma \leq 1$ 和 $M_d \geq -3.8$ | 较差 |
| 泥岩与浮土 | $\sigma \leq 1$ 和 $-3.8 > M_d > -4.2$ | 较差 |

（2）中值—偏态系数岩性分类二维图版。基于 215 块样本统计值计算结果制作中值—偏态系数区分图版（图 3-13），可以看出：①砾岩区分度较明显。②砂岩、粉砂岩与泥岩样品重叠区较多，区分效果不理想，中值上表现出砂岩较小，粉砂岩较大的特征。③浮土与泥岩分布区重叠，无法区分开，可以考虑在后期通过几何形态加以区分。④植被区分度差，可以考虑结合点云三维分布特征加以区分。

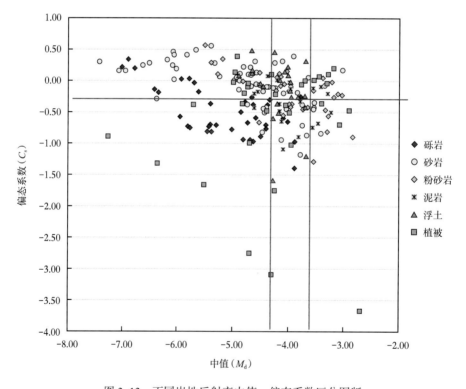

图 3-13　不同岩性反射率中值—偏态系数区分图版

（3）标准差—偏态系数岩性分类二维图版。基于 215 块样本统计值计算结果制作标准差—偏态系数区分图版（图 3-14），可以看出：①总体上砾岩、粉砂岩与泥岩偏态系数表现出负偏特征，砾岩绝对值相对较大，砂岩偏态系数表现出对称特征，绝对值较小，偏态系数仅可用作辅助分类参数。②植被的区分度差。

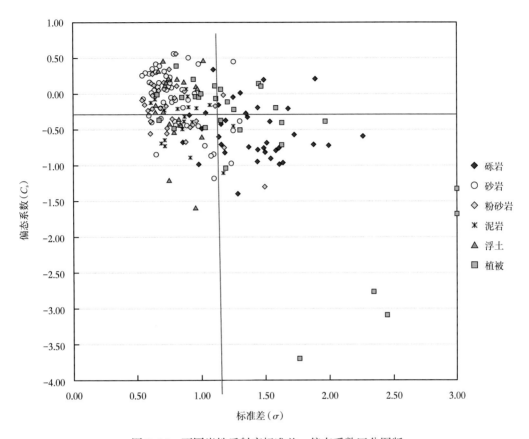

图 3-14 不同岩性反射率标准差—偏态系数区分图版

（4）中值—标准差—偏态系数岩性分类三维图版。基于 215 块样本统计值制作中值—标准差—偏态系数三维区分图版（图 3-15），同时结合前述二维区分图版，可得出以下认识：①砾岩区分较明显，表现出高标准差（＞1）、低中值（＜-5.0）、低偏态系数（＜-0.5），其中标准差最为典型。②浮土与泥岩区分效果差，先统一识别为泥岩，在后处理过程中基于分布几何形态特征加以识别剔除。③砂岩、粉砂岩与泥岩标准差接近，分布范围 0.5~1，可以借助中值和偏态系数进行区分。表现出砂岩低中值（＜-3.8），对称—正偏；粉砂岩高中值（＞-4.0），轻微不对称；浮土与泥岩中等中值（-4.6＜$M_d$＜-3.5），浮土轻微不对称，泥岩轻微负偏。④由于植被类型多样化，统计特征参数无法区分，可考虑借助其他方法。

2）识别思路与模型建立

在典型样本特征与岩性分类标准图版建立的基础上，制定了基于移动窗口的岩性多因子分类方案。

基于识别窗口几何特征值波动系数快速识别剔除植被和浮土覆盖，采用以下流程对未覆盖区域进行岩性区分。

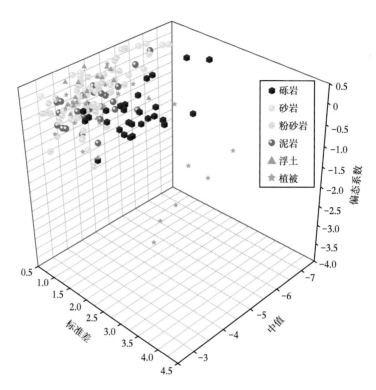

图 3-15　不同岩性反射率中值—标准差—偏态系数区分图版

（1）运用中值—标准差图版划分出砾岩（图 3-16）。

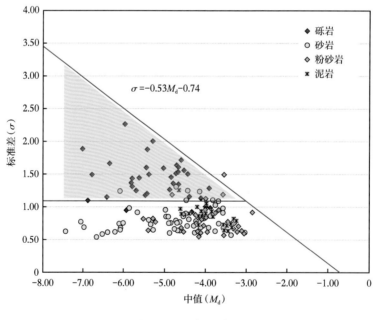

图 3-16　砾岩识别图版

（2）运用中值—偏态系数图版划分出砂岩（图 3-17）。

（3）运用标准差—偏态系数图版划分出粉砂岩，剩余的则默认为泥岩（图 3-18）。

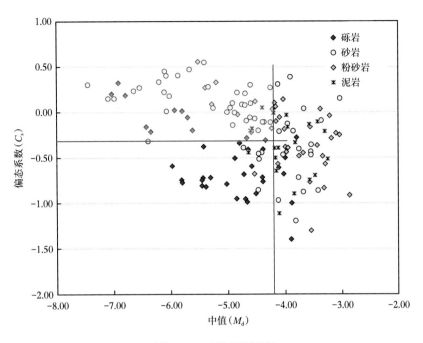

图 3-17 砂岩识别图版

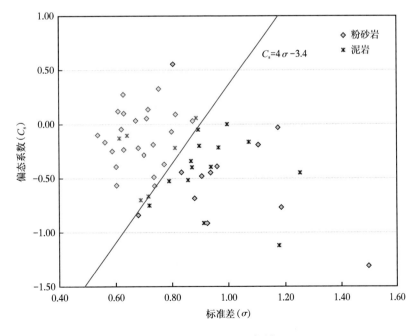

图 3-18 粉砂岩识别图版

3）识别模型的实现

针对此识别思路和模型，将其转换为计算机识别处理算法流程如图 3-19 所示。并利用 Python 编程实现，对月牙湾露头剖面激光点云数据进行岩性识别，结果如图 3-20 所示。可以看出岩性识别结果基本符合地质研究认识，但岩性连续性较差，还需要进行后续处理，增强连续性，更加准确刻画出岩性的发育特征。

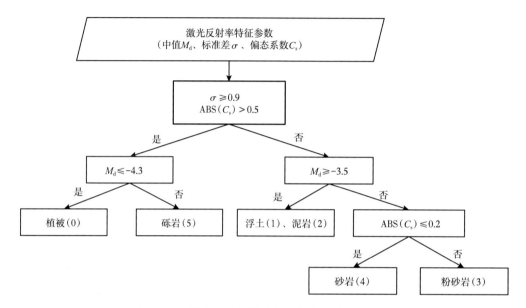

图 3-19　激光点云多因子岩性分类识别处理流程

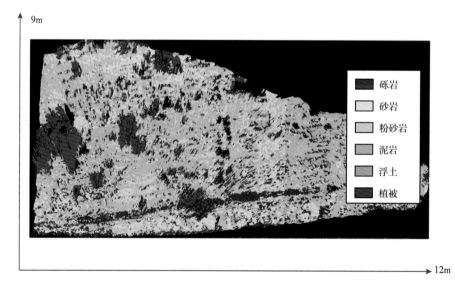

图 3-20　5cm 尺寸识别窗口激光点云多因子岩性分类结果

月牙湾露头剖面第一次采集点间隔步长为 5mm，识别窗口为 10×10，包含 100 个点，识别窗口尺寸为 5cm，效果如图 3-20 所示，虽然能很好识别出砾岩、砂岩，但粉砂岩、泥岩的薄互层几乎无法识别出来。为了对比分析不同窗口、不同扫描精度岩性识别效果，对月牙湾露头剖面进行了第二次扫描采集，采集点间隔步长精度提高到 1mm，修改识别窗口为 30×30，将识别窗口尺寸降低到 3cm，以适应更薄的地层识别，识别效果如图 3-21 所示。

当选取行列点数为 10，精度为 0.005 的激光点云数据进行分块分类后，窗口大小为 5cm×5cm，由于识别窗口尺寸过大会无法对较薄地层进行岩性识别。当选取行列宽点数为 30，精度为 0.001 的激光点云数据进行分块分类后，窗口大小为 3cm×3cm，对于薄层状地层岩性具有较好的识别效果，但在识别砾岩等非均质性强的地层，因为识别窗口小，对宏观分布特征表征差，识别效果相对较差。综合分析得到以下认识：

（1）相对较大尺寸的识别窗口，对砾岩、砂岩等较厚地层识别效果更好。

（2）相对较小尺寸的识别窗口，对较薄的粉砂岩识别效果较好。

（3）泥岩和浮土容易误判混淆，拟在后处理阶段基于几何形状特征区分。

图 3-21 3cm 尺寸识别窗口激光点云多因子岩性分类结果

### 4. 岩性识别结果后处理

研究表明，基于激光点云的多因子分类方法可以进行岩性的监督分类，但分类结果受植被、风化、浮土等干扰，分类结果相对离散，虽然整体上已经能够刻画岩性分布的规律性，但与地质应用需求还存在一定差距，需要进行后处理。需要将地层发育特征（厚度、产状等）应用于激光强度岩性分类，进行分类结果的后处理，使岩性分类结果更加连续，更加符合地质规律。

本书拟定了岩性识别后处理的思路与方法（图 3-22）：基于三维地层界线拟合平面方程，表达地层产状；判断激光点云识别窗口数据是否穿越该平面，从而运用平面方程，建立在三维空间中提取同一地层上的激光点云识别窗口数据的方法；结合砂体横向发育规模等地质特征数据约束，提取一系列同一地层的识别窗口数据，进行概率统计，对识别窗口分类结果进行聚合处理，使其沿地层方向更加连续，更加符合地质规律。

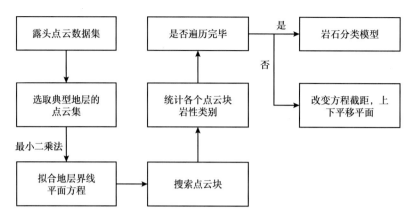

图 3-22 岩性分类结果聚合后处理思路

1）同一地层识别窗口提取方法

先根据地层的倾向输入一个三维地层界线，基于此三维地层分界线，拟合建立代表地层产状的平面方程（图 3-23），然后对所有点云区块进行遍历，判定该平面与点云空间中所有点的空间关系。当一个点云块中有部分点在平面上方并且还有部分点在平面下方时，可以认为该平面贯穿该区域块。在提取时，需要参考地层横向岩性发育规律，根据识别窗口尺寸，设置合理的横向提取范围提取连续条带状分布的识别窗口点云块数据，实验区设计为每次提取 50 个窗口，约 2.5m 的横向范围。

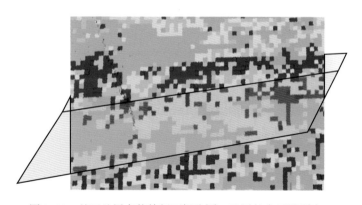

图 3-23 基于地层产状特征面提取同一地层的点云识别窗口

2）基于概率统计的岩性聚合处理

当提取到某一地层一定横向范围内条带分布的识别窗口集合后（图 3-24），就可以统计这些识别窗口不同岩性识别结果的概率。运用主成分法，选取概率最高的一种岩性，作为这些识别窗口的最终识别岩性，认为其他识别窗口的岩性判别为误判，对其他不是该岩性的识别窗口的识别结果进行改写，从而增强其连续性和聚集性。如果最大概率的判别结果为植被，且植被的占比为 70% 以下，可以选择仅次于植被概率的岩性类型作为该第二占比的岩性类别，从而对植被覆盖区域的岩性进行预测，一定程度上消去植被对岩性判别的影响。

　　当对代表某一地层的平面方程横向识别窗口遍历提取处理完毕后，则按照识别窗口大小，垂直方向移动平面方程，按照特征的横向规模重新提取识别窗口。依次类推，直到移动的平面遍历完整个露头区域，即完成后处理。

　　以实验区为例可以看出，虽然原始的岩性分类结果已能基本表达不同岩性的分布情况（图 3-21），也基本符合地质认识，但结果过于离散，不利于后期岩性发育特征的定量分析。经过后处理后岩性变得更为连续，更加符合地质认识，且对植被覆盖不太明显区域具有一定的岩性预测作用（图 3-25）。后处理的岩性识别结果，更加有利于后期地质应用时，对不同岩性发育特征的定量刻画。

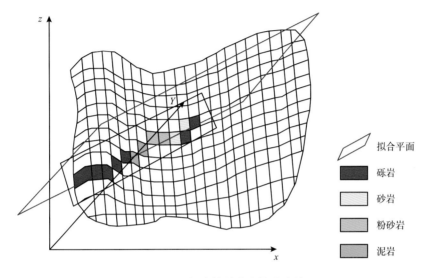

图 3-24　基于概率统计的岩性聚合处理

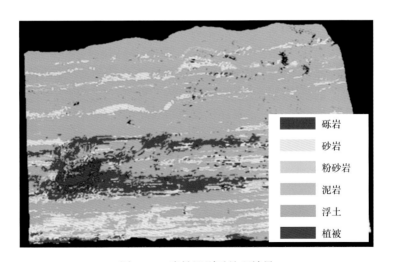

图 3-25　岩性识别后处理效果

## 第二节　基于影像的碎屑岩岩性识别

基于影像进行岩性识别，早期是在遥感矿物识别基础上发展起来的（钱建平等，2013；赵小星，2017；张磊等，2020）。该方法主要采用光谱信息（Timothy Bowers，2002；Timothy Bowers，2003；高慧等，2013；柯元楚等，2018）、空间特征（潘蔚等，2009；Claudio A. Perez et al.，2011）、复合多源信息（Ernst M. Schetselaar et al.，2000；Engdawork Admassu Bahiru et al.，2016）及随机森林、支持向量机等方法进行岩性识别。

随着深度学习的发展，基于卷积神经网络、迁移学习进行图像的岩石自动识别得到发展（程国建等，2017；张野等，2018；冯雅兴等，2019）。基于深度学习语义分割模型，能从海量数据中挖掘更高级特征，且模型大小适中，如 U-Net、FCN、SegNet、PSPNet、DeepLab V1/V2/V3/V3+ 等，通过对图像进行像素级分割，实现更快速、有效的岩性智能化识别。

基于深度学习方法的图像分割技术在地球科学领域应用日益成熟。Andrew 将传统的图像分割方法与基于机器学习的岩石分析方法进行了比较（Andrew M. et al.，2018），他提到，机器学习方法可能会改变我们从图像中提取信息的能力。许振浩等提出一种基于岩石图像迁移学习的岩性智能识别方法，在制作数据集时利用目标检测网络获取岩石位置并自动裁剪，利用残差网络和迁移学习等深度学习技术实现岩性快速智能识别（许振浩等，2022）。

本节主要介绍针对地面照片、无人机影像和卫星影像三种不同尺度的影像数据源，应用深度语义分割技术进行碎屑岩岩性智能识别。

### 一、基于高清地面照片的岩性智能识别

#### 1. 岩性识别技术流程

岩性识别技术流程如图 3-26 所示。对高清地面照片进行预处理（如拼接、裁剪等），同时利用仿射变换进行高清地面照片扩增，对处理和扩增后的高清地面照片，按照粒度标准结合目视判别进行碎屑岩岩性样本库的建立，并将样本库按照一定的比例划分为训练集和测试集，输入到合适的语义分割模型中进行训练，将测试数据输入到模型中进行岩性识别预测，同时不断优化模型，与人工解译结果进行对比分析与精度评价，经过识别结果的后处理，得到岩性分布图。

#### 2. 样本集建立

样本集建立流程如图 3-27 所示，通过野外考察获得的照片数据，对照片进行预处理，利用 ArcGIS 软件按照碎屑岩粒度大小（结合地质人员指导）进行标签真值制作，主要分为砾岩（颗粒直径＞2mm）、砂岩（颗粒直径 0.1~2mm）、粉砂岩（颗粒直径 0.01~0.1mm）与泥岩（颗粒直径＜0.01mm），将数据集进行重采样与标准化之后，利用仿射变换（如缩放、裁剪、旋转、位移等）方式将数据集进行样本扩增，将扩增后的样本集按照 9∶1∶1 划分为训练集、验证集和测试集，完成最终样本集的建立（图 3-28），其中训练集 3600 张，验证集 400 张，测试集 400 张，图像大小均为 256×256 像素。

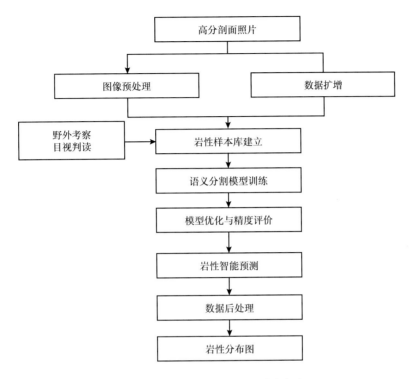

图 3-26 高清地面照片岩性识别技术流程

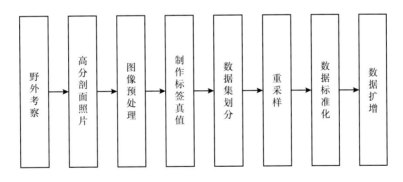

图 3-27 样本集制作流程

### 3.DeepLab V3+ 模型

DeepLab V3+ 在 DeepLab V3 的基础上引入了 Encoder-Decoder 结构，利用解码器进行深层特征的上采样，来恢复在下采样过程中丢失的空间信息；同时将解码器的输入设计为 ASPP（Atrous Spatial Pyramid Pooling）结构后，经过 1×1 卷积细化的多尺度融合特征，与主干特征提取网络的浅层特征的融合，将高维特征和低维特征融合来提升分割精度。改进 Xception 网络，利用 Xception 作为主干网络的模型性能要略高于 ResNet 模型，Xception 模型中将卷积进行分解，分解为 Depthwise Conv 和 Pointwise Conv，大大减少了参数数量和计算量。Deeplab V3+ 网络结构如图 3-29 所示。

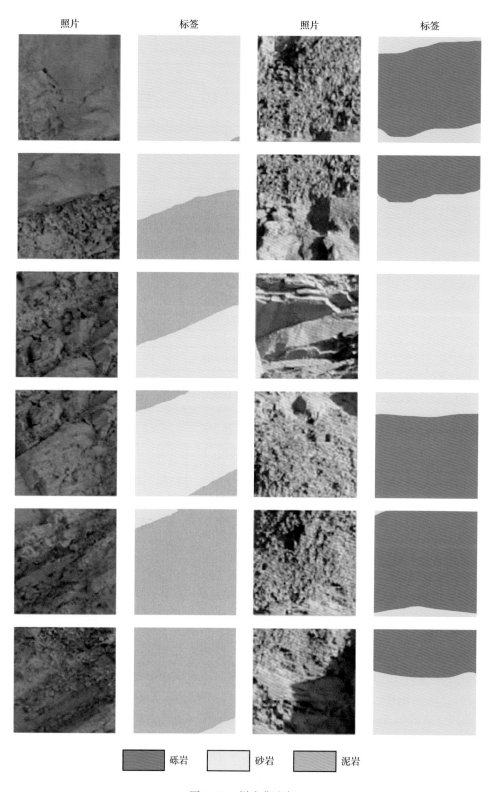

图 3-28　样本集实例

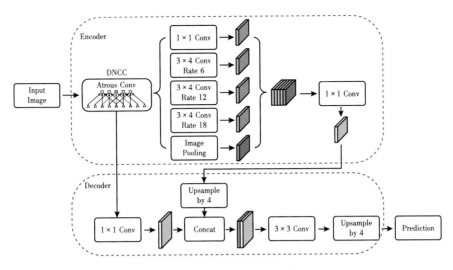

图 3-29　DeepLab V3+ 网络模型

将建立好的样本集输入到 DeepLab V3+ 模型（图 3-29）中进行训练，其中优化参数选择 RMSprop（学习率：0.0001，动量：0.9，权重衰减因子：1e-8），Batch Size：4，迭代次数为 20000 次；损失函数由两部分构成：

$$L = 0.5 \times (L_{Dice} + L_{CE}) \quad\quad （3-9）$$

$$L_{CE} = \frac{1}{N} \sum_i L_i = -\frac{1}{N} \sum_i \sum_{c=1}^{M} y_{ic} \lg(p_{ic}) \quad\quad （3-10）$$

$$L_{Dice} = 1 - \frac{2|X \cap Y| + smooth}{|X| + |Y| + smooth} \quad\quad （3-11）$$

其中 $M$ 为类别的数量，$y_{ic}$ 为样本 $i$ 的真实类别，等于 $c$ 取 1，否则取 0，$p_{ic}$ 为观测样本 $i$ 属于类别 $c$ 的预测概率，$|X|$ 和 $|Y|$ 表示分割的真实值集合和预测值集合。图 3-30 是 DeepLab V3+ 模型的训练损失曲线，从训练结果来看，模型能学习到碎屑岩岩性特征。

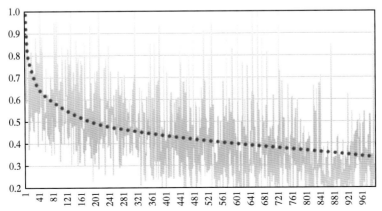

图 3-30　DeepLab V3+ 模型的训练损失曲线

## 4. 岩性识别精度评估

选择 A、B 两个区域利用 DeepLab V3+ 模型进行岩性识别，结果如图 3-31 所示。

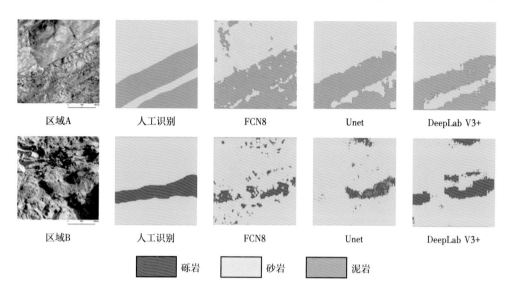

| 区域A | 人工识别 | FCN8 | Unet | DeepLab V3+ |

| 区域B | 人工识别 | FCN8 | Unet | DeepLab V3+ |

砾岩　　砂岩　　泥岩

图 3-31　DeepLab V3+ 模型岩性识别结果图

精度评估使用平均交并比（$mIOU$）、像素精确度（$PA$）和总体精度（$OA$）作为岩性识别精度的评价指标。$mIOU$ 表示模型每类预测值与真实值的交并集的比值；$PA$ 表示正确分类的像素占整张图片所有像素的比例；$OA$ 代表模型在所有测试集上预测正确的与总体数量之间的比值，其计算公式如下：

$$mIOU = \frac{1}{1+k}\sum_{i=0}^{k}\frac{p_{ii}}{\sum_{j=0}^{k}p_{ij}+\sum_{j=0}^{k}p_{ji}-p_{ii}} \qquad (3-12)$$

$$PA = \frac{\sum_{i=0}^{k}p_{ii}}{\sum_{i=0}^{k}\sum_{j=0}^{k}p_{ij}} \qquad (3-13)$$

$$OA = \frac{TP+TN}{PT+FN+FP+TN} \qquad (3-14)$$

其中，$k$ 表示标签标记的种类，$k+1$ 表示包括背景的总类别；$p_{ii}$ 表示真实为 $i$ 类预测也为 $i$ 类的像素数量，$p_{ij}$ 表示真实为 $i$ 类预测分为 $j$ 类的像素数量，$p_{ji}$ 则表示真实为 $j$ 类预测为 $i$ 类的像素数量；$TP$ 表示分类正确的正样本，$FN$ 表示分类错误的正样本，$FP$ 表示分类错误的负样本，$TN$ 表示分类正确的负样本。将识别结果与人工标注结果进行精度对比（表 3-10）。DeepLab V3+ 模型总体识别精度达 89.52%。对不同岩性来说，砂岩识别精度最高，精度达 96.12%。

表 3-10　识别精度评价表

| 模型 | 岩性类别 | 精确度（PA） | 总体精度（OA） | mIOU | 时间 /ms |
|---|---|---|---|---|---|
| DeepLab V3+ | 砾岩 | 65.04% | 89.52% | 49.96% | 32 |
| | 砂岩 | 96.12% | | | |
| | 泥岩 | 78.46% | | | |

　　将 DeepLab V3+ 模型应用于野外露头，岩性预测结果如图 3-32 所示。识别结果能够较好的还原岩性分布情况，同时保证岩性在空间上的连续性，符合地质构造岩层发育的特征。

图 3-32　野外露头岩性识别结果图

## 二、基于无人机影像的岩性智能识别

　　无人机影像具有多模态特征，既包含二维纹理特征又有三维空间信息。在无人机影像中砂岩通常处于相对突起的位置，泥岩处于相对凹入的位置，三维空间信息为砂岩、泥岩的识别提供了另一种解决思路。因此本节提出一种多模态深度学习语义分割模型 SE-DeepLab V3+，实现利用无人机影像识别碎屑岩岩性。

### 1.SE-DeepLab V3+ 模型

　　SE-DeepLab V3+ 模型是以 DeepLab V3+ 为主干网络加入注意力机制改进后的深度学习模型。采用该模型进行无人机影像的岩性识别，主要考虑到以下优点：一是无人机影像与自然图像相比具有多模态的特性，利用 8 位的三通道 DOM 影像数据和 32 位的单通道 DSM 数据，对碎屑岩岩性进行智能识别。其次由于野外露头的复杂性，识别过程中噪声较多，引入空洞卷积，可以保留目标的边界细节信息，增加感受野（Receptive Field，RF），进而提升影像分割效果。

SE-DeepLab V3+ 完整网络结构如图 3-33 所示，该模型进行岩性识别具体实现分为以下几步：首先，对无人机倾斜摄影获取的数字正射影像（DOM）和数字地表模型（DSM）进行预处理。其次，将预处理后的数据成对输入到 SE-DeepLab V3+ 网络中，经过编码器的深度卷积神经网络提取的特征图，一部分与 DSM 影像通过注意力模块 SE 编码得到的特征向量进行通道级（Channel-Wise）乘法得到新的特征作为网络低级特征，传入 DeepLab V3+ 解码器中，用来保存细节信息；另一部分经过并行的空洞卷积进行特征提取后，将其合并同时进行 1×1 卷积压缩，得到的特征图与 DSM 影像通过 SE 模块得到的特征向量进行通道级乘法获得提供语义信息的高级特征。之后，将低级特征经 1×1 卷积降维压缩与经过采样 4 倍处理得到的高级特征进行有效融合，得到既包含 DOM 影像的高级语义信息又包含 DSM 影像的深度信息的新特征图。最后，将新特征图经过 3×3 卷积、双线性插值以及上采样，恢复影像的空间信息，最终得到与原输入大小一致的分割结果图。

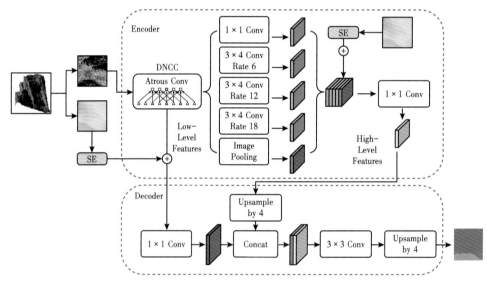

图 3-33　SE-DeepLab V3+ 网络结构

SENet（Squeeze-and-Excitation Networks）作为一种图像识别结构最早应用于自动驾驶上，可以灵活应用于现有其他网络中。核心在于：通过学习通道间的相关性，筛选出针对通道的注意力，进而对重要特征进行强化，得到更具判别性的特征。SE 模块如图 3-34 所示。

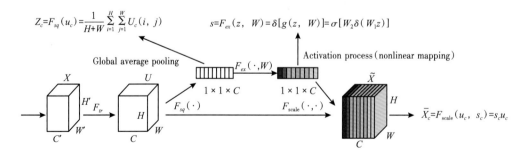

图 3-34　SE 模块

其中，$F_{tr}$ 是传统的卷积结构，$X$ 和 $U$ 是卷积结构的输入 $C' \times H' \times W'$ 和输出 $C \times H \times W$，$F_{sq}(\cdot)$ 是 SE 模块中的压缩过程，即对输出进行全局平均池化，进行信息压缩，输出变为 $(1 \times 1 \times C)$，将每个二维的特征通道变成一维，计算过程如下：

$$Z_c = F_{sq}(u_c) = \frac{1}{H+W} \sum_{i=1}^{H} \sum_{j=1}^{W} U_c(i,j) \qquad （3-15）$$

$Z_c$ 代表输出 $C$ 通道上所有的像素点平均值，包含了图像在 $C$ 通道的全局信息，$Z \in R^C$；$H$ 和 $W$ 为 $C$ 通道的长和宽；$U_c(i,j)$ 是 $C$ 通道位于 $(i,j)$ 的像素值。

将输出的 $(1 \times 1 \times C)$ 数据（即 $Z_c$），经过两级全连接，即 $F_{ex}(Z, W)$ 称为激活过程，这一过程需要满足两个原则：首先要学习每个通道的非线性关系，其次就是学习的关系不存在互斥性，这里采用两个全连接层，其机制如下：

$$s = F_{ex}(z, W) = \delta[g(z,W)] = \sigma[W_2 \delta(W_1 z)] \qquad （3-16）$$

其中，$W_1 \in R^{\frac{c}{r} \times c}$，$W_2 \in R^{\frac{c}{r} \times c}$，第一个全连接层主要作用是降维，降维系数 $r$ 是一个超参数，后接 ReLU（Rectified Linear Unit，整流线性单位）函数激活，第二个全连接层用来恢复维度。

利用 Sigmoid 激活函数将输出限制在（0，1）之间，保证得到的权重是一个概率值，而后将得到的值作为权重与 $U$ 的 $C$ 通道进行相乘，作为下一级的输入数据：

$$\bar{X}_c = F_{scale}(u_c, s_c) = s_c u_c \qquad （3-17）$$

综上，整个过程可看作是对每个通道的权重系数进行学习，权重系数都是通过网络自己学习进行优化得到，没有人为干预，强化模型对每个通道特征的辨识能力，使得有用特征的重要程度得到提升。

**2. 基于 SE-DeepLab V3+ 模型的岩性识别流程**

SE-DeepLab V3+ 作为一种从像素层次实现图像识别的语义分割模型，为每一个像素指定类别标记，整体碎屑岩岩性识别流程如图 3-35 所示，主要分为数据获取、样本集建立、模型改进训练与应用三部分。第一部分通过野外踏勘以及无人机进行野外露头信息采集，对采集得到的数据进行初步处理。第二部分基于采集到的数据完成样本标注并划分数据集，通过数据标准化和扩增后实现碎屑岩样本集的建立。第三部分模型训练与应用：将样本集作为学习集输入到模型中进行学习，通过加强有用特征抑制干扰特征获取更具判别性的特征图，用于像素点的预测，得到岩性识别结果图。

**3. 岩性识别精度评估**

1）基于传统方法的碎屑岩岩性识别与精度评估

图 3-36 是采用不同方法对无人机影像进行岩性识别的结果，可以明显看到 SE-DeepLab V3+ 总体识别与人工标识结果在形态上最接近，其中对于砂岩的识别更理想。基于监督分类（最大似然法、马氏距离法、最小距离法）识别结果好于非监督分类（K-means 法、Isodata 法）。

精度验证方面本节选择的评价指标与上一节相同，使用平均交并比（$mIOU$），像素精确度（$PA$）和总体精度（$OA$）作为岩性识别精度的评价指标。

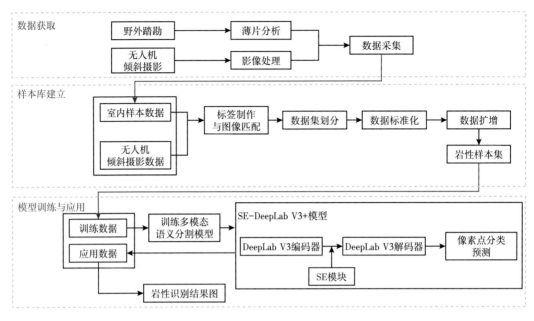

图 3-35　基于 SE-DeepLab V3+ 模型的岩性识别流程

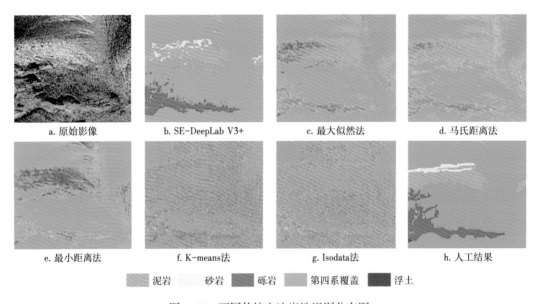

a. 原始影像　　b. SE-DeepLab V3+　　c. 最大似然法　　d. 马氏距离法

e. 最小距离法　　f. K-means法　　g. Isodata法　　h. 人工结果

泥岩　砂岩　砾岩　第四系覆盖　浮土

图 3-36　不同传统方法岩性识别分布图

　　如表 3-11 所示，采用非监督分类方法进行无人机影像的碎屑岩岩性识别精度仅 28% 左右，远低于监督分类方法。非监督分类方法缺点在于不能精确的控制分类类别数，优点在于无须对分类区域进行广泛的了解，同时当几个类别在影像上差异性较小时，很难区分。监督分类样本的选择是在原始影像上实现，分类精度虽然达到 50% 以上，但样本的选取会花费较多的人力、时间，对不同露头影像上同类岩性存在差异，选取的样本并不能涵盖所有的真实情形，可能会导致类别重叠或者分类错误，该分类方法很难在其他露头识别中进行推广。基于深度学习语义分割方法可以通过样本训练改善因图像中的光谱差异而造成的同一类岩性识别精度低、实用性差的问题。本书采用 SE-DeepLab V3+ 模型进行岩性识别，识别精度达到 91.05%，证明基于深度学习卷积神经网络模型的图像分割能更好地应用于碎屑岩露头岩性识别中。

表 3-11  不同方法识别精度对比表

| 方法 | 总体精度（OA）/% | 平均交并比（mIOU）/% |
| --- | --- | --- |
| 最大似然法 | 63.16 | 25.04 |
| 马氏距离法 | 59.01 | 23.94 |
| 最小距离法 | 52.90 | 16.34 |
| K-means 法 | 28.40 | 13.11 |
| Isodata 法 | 28.40 | 13.11 |
| SE-DeepLab V3+ | 91.05 | 36.92 |

2）基于语义分割方法的碎屑岩岩性识别与精度评估

为了更清楚地验证本书模型在无人机影像碎屑岩岩性识别上的有效性，通过对比三种基于编码器—解码器（上采样/反卷积）结构的语义分割模型 FCN、U-Net、DeepLab V3+ 进行对比（图 3-37），结果表明 FCN 识别结果较为零散，砂岩和浮土几乎没有识别，整体识别效果不佳。U-Net 和 DeepLab V3+ 识别结果保证了岩性在空间上的连续性，其中 DeepLab V3+ 模型在植被和砾岩的识别有错分，在泥岩和浮土容易混淆；U-Net 模型在砂岩的识别上得到了提高，但是对于泥岩的识别效果差，多与浮土和植被混淆。本书模型 SE-DeepLab V3+ 在几种模型中识别效果最好，最接近实际人工标识结果。

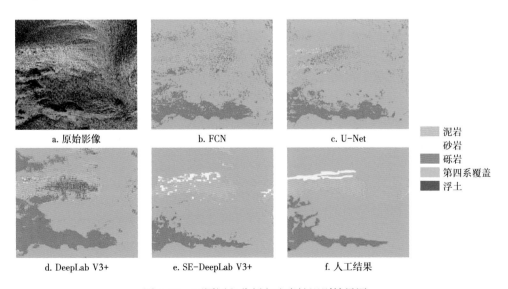

a. 原始影像　　　b. FCN　　　c. U-Net

泥岩
砂岩
砾岩
第四系覆盖
浮土

d. DeepLab V3+　　　e. SE-DeepLab V3+　　　f. 人工结果

图 3-37  不同语义分割方法岩性识别结果图

表 3-12 中显示，DeepLab V3+ 在砾岩的识别精度上较 FCN、U-net 分别提高了 30%、20%；在对砂岩的识别中，DeepLab V3+ 模型较 FCN 精度高；DeepLab V3+ 泥岩和植被识别精度较 FCN 低，泥岩识别精度 65.73%，风力侵蚀等作用导致浮土覆盖有关，同时泥岩颗粒直径一般小于 0.01mm，影像中岩性边界较模糊。综合来看，三种只基于二维影像进行识别的方法，总体识别精度都较低。

本书提出的 SE-DeepLab V3+ 模型不仅考虑了目标边界的分割，同时也考虑到深度信息，对砾岩和砂岩的识别精度大幅提高，其中砂岩识别精度较前三种提高了 40% 左右。该方法证明了加入 DSM 影像的深度信息进行特征加强能有效提升模型对不同岩性的识别能力。

表 3-12　不同语义分割方法识别精度对比表

| 方法 | 岩性 | PA / % | OA / % | mIOU / % | 预测时间 / s |
|---|---|---|---|---|---|
| FCN | 砾岩 | 61.77 | 72.52 | 23.52 | 1748.84 |
| | 砂岩 | 0.02 | | | |
| | 泥岩 | 93.59 | | | |
| U-Net | 砾岩 | 74.76 | 81.11 | 27.67 | 120.88 |
| | 砂岩 | 9.17 | | | |
| | 泥岩 | 36.34 | | | |
| DeepLab V3+ | 砾岩 | 94.05 | 74.69 | 26.52 | 130.85 |
| | 砂岩 | 6.21 | | | |
| | 泥岩 | 65.73 | | | |
| SE-DeepLab V3+ | 砾岩 | 74.33 | 91.05 | 36.92 | 146.40 |
| | 砂岩 | 50.03 | | | |
| | 泥岩 | 83.13 | | | |

将 SE-DeepLab V3+ 模型应用于清水河—喀拉扎组无人机露头上，得到结果如图 3-38 所示。利用 SE-DeepLab V3+ 模型对砾岩、砂岩、泥岩的识别具有一定准确性和可靠性，并保证了碎屑岩岩性在一定程度上的连续性。由于该露头区植被覆盖较多，因此识别结果大范围显示植被，但总体识别结果还是准确展示了露头剖面岩性分布状况。

图 3-38　野外露头岩性识别结果图

## 三、基于卫星遥感影像的岩性智能识别

深度学习方法在遥感影像岩性解译方面有较高的精度，但深度学习方法的训练需要大量的已知样本，而在卫星遥感岩性识别应用中获取大量的样本成本高、效率低，严重影响了深度学习方法的实用性。对此，本节提出结合图像分割的改进 FCN 模型，通过传统图像分割的方法，得到图像的边界信息，基于该边界信息约束模型的训练过程，该方法可减少对样本的依赖，提高岩性识别的自动化程度。

### 1. 结合图像分割的改进 FCN 模型

全卷积神经网络模型（Fully Convolutional Network，FCN）是在卷积神经网络的基础上进行改进而得到的，主要用于图像分割和语义分割任务中（Long J et al.，2015）。一般来说，CNN 模型用来做分类任务时，会在最后一层加入全连接层（Fully Connected Layer）来将卷积层的特征映射到样本的类别上。然而在图像分割中，我们需要将模型的输出与原图像大小相同，以便于对每个像素进行分类。为了解决这个问题，FCN 模型通过在卷积层上使用反卷积层（Deconvolutional Layer）和上采样层（Upsampling Layer），来将模型的输出大小调整为与原图像相同。这样模型就可以对每个像素进行分类，并得到一张类别图像。FCN 模型在图像分割和语义分割任务中表现良好，已经成了图像分割领域的重要模型之一。

1）传统图像分割算法

传统图像分割算法有 Felzenszwalb 算法、Quickshift 算法、Compact-Watershed 算法和 SLIC 算法，作用是将图像分成若干个特定的、具有独特性质的区域并提取目标区域。

Felzenszwalb 算法（Felzenszwalb P. F. et al.，2004）：采用了一种基于图的分割方法，保留了低变异性图像区域的细节，忽略了高变异性图像区域的细节，具有一个影响分割片段大小的单尺度参数，运行时间与图形边的数量呈近似线性关系。

Quickshift 算法（Vedaldi A. et al.，2008）：一种与基于核均值漂移算法近似的二维图像分割算法，属于局部的模式搜索算法系列，在多个尺度上计算分层分段并应用于由颜色空间和图像位置组成的五维空间中。

Compact-Watershed 算法（Neubert P. et al.，2014）：该算法需要灰度梯度图像作为输入，其中高亮像素表示区域之间的边界，计算图像中已给定标记浸没的分水岭的各集水盆，并将像素分配到标记的集水盆中，每个不同的集水盆形成一个不同的图像片段。

SLIC 算法（Achanta R. et al.，2012）：将彩色图像转化为 CIELAB 颜色空间和 XY 坐标下的 5 维特征向量，然后对 5 维特征向量构造距离度量标准，对图像像素进行局部聚类，生成紧凑、近似均匀的超像素。

2）改进 FCN 模型

本书提出了一种结合图像分割的 FCN 岩性识别新方法（图 3-39），相比传统的面向对象方法在精度和自动化程度两方面都有所提高。该方法将图像分割与一个浅层的 FCN 模型相结合，实现无监督的碎屑岩岩性识别。具体步骤如下：

（1）先通过图像分割得到不同岩石岩性的边界分割结果，即若干个多种岩石岩性的区域。

（2）这些区域大部分保留了图像分割的有效信息，但是不包含语义信息。为了与神经网络提取的特征相对应，使其作为训练所需的标签，还需合成伪标签。将一张遥感影像定义为

$I=\{I_i\}_{i=1}^{w \times h}$ 和 $I \in R^{c \times w \times h}$，其中 $\{I_i\}$ 表示图像像素集。首先对 $I$ 进行超像素分割，生成不规则像素区域 $S=\{s_r\}_{r=1}^{R}$，其中 $\{s_r\}$ 是图像分割后的区域集合，$R$ 是区域的数量。然后将图像 $I$ 以随机的顺序传递到浅层 FCN 网络进行特征提取。在每次迭代中，图像 $I$ 依次进行卷积并生成特征图 $y=\{y_i\}_{i=1}^{w \times h}$，使得每个像素 $i$ 都有一个类别标记，并将其定义为 $m$。根据图像分割结果 $S$ 的每个区域的轮廓合成特征图。每个区域 $\{s_r\}$ 与 $y$ 中的 $S$ 相对应，可以计算出 $m$ 在该区域 $\{s_r\}$ 的概率。将出现次数最高的 $m$ 的值记录为 $M$，即该区域 $y\{s_r\}$ 的伪标签为 $M$。如式（3-18）所示，$j$ 是包含在区域 $\{s_r\}$ 中的所有像素的集合，从而生成伪标签 $L=\{I_i\}_{i=1}^{w \times h}(y,s)$。

$$L_i(y,s)=\arg\max_m \|\{y_i=m \mid \{i,j\} \in \{s_r\}\}\| \qquad (3\text{-}18)$$

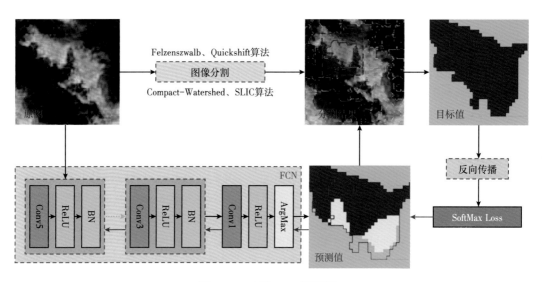

图 3-39　改进 FCN 模型图

（3）训练浅层 FCN 网络并不断优化参数，得到训练较好的模型用于预测。浅层 FCN 神经网络是一个端到端，像素对像素的全卷积网络，用于进行图像的语义分割。

神经网络的前向传播需要在内存中存储大量的特征图，解决这个问题的标准做法是用训练集中的小块图像代替完整图像输入进神经网络。为了避免边界效应，采用基于块的训练方案，块大小为 512 个像素，步长为 448 个像素。在重叠区域执行多数投票方法，输出最终的合并结果。通过这种机制，使得内存消耗相对较小，可以快速地应用于大规模复杂遥感影像。具体方法为：将一张遥感影像定义为 $I$，对 $I$ 进行超像素分割，生成不规则像素区域定义为 $S$。将原始图像（$I$）和图像分割结果（$S$）以相同的方式分成 $N$ 块，求得 $I'=\{I'_n\}_{n=1}^{N}$ 和 $S'=\{S'_n\}_{n=1}^{N}$，其中 $\{I'_n\}_{n=1}^{N}$ 表示每一个图像块，$\{S'_n\}_{n=1}^{N}$ 表示 $\{I'_n\}_{n=1}^{N}$ 对应的每一块图像分割结果，并且将所有的 $\{I'_n\}$ 和 $\{S'_n\}$ 生成伪标签。

（4）计算网络中 SoftMax Loss 损失函数对各参数的梯度，配合同一个分割对象里的像素应属于同一类别的优化条件更新参数，降低损失函数，进行反向传播。

SoftMax Loss 损失函数计算公式如下：

$$L_{CE} = \frac{1}{N}\sum_i L_i = -\frac{1}{N}\sum_i \sum_{c=1}^{M} y_{ic} \lg(p_{ic}) \qquad (3\text{-}19)$$

式中，$M$ 为类别的数量，$y_{ic}$ 为样本 $i$ 的真实类别等于 $c$ 取 1，否则取 0，$p_{ic}$ 为观测样本 $i$ 属于类别 $c$ 的预测概率。

具体做法为计算伪标签和特征图的分类交叉熵损失函数，并且反向传播到神经网络。并且在每次迭代中网络的训练和分类的预测依次执行。当 $N$ 块图像都训练完成时，网络参数已经更新了 $N$ 次。之后使用训练好的网络对图像的分类结果进行预测，预测结果也执行相同的基于块的方案。

（5）预测得到无监督识别结果，再通过人工赋予具体的岩性类别，最终得到更准确的岩性识别结果。

**2. 卫星影像岩性识别技术流程**

1）图像分割

对原始影像采用 Felzenszwalb 方法进行图像分割，该算法的优点在于它简单易行。算法的基本步骤如下：

第一步：计算每一个像素点与其四邻域或八邻域的不相似度。

第二步：将边按照不相似度非递减边权排序得到 $e_1$，$e_2$，$\cdots$，$e_n$。

第三步：选择 $e_1$。

第四步：对当前选择的边 $e_n$ 进行合并判断。设其所连接的顶点为（$v_i$，$v_j$），如果满足合并条件：（1）$v_i$，$v_j$ 不属于同一个区域，即 $Id(v_i) \neq Id(v_j)$;（2）不相似度不大于二者内部的不相似度，即 $w_{i,j} \leqslant Mint(C_i, C_j)$，则执行第五步，否则执行第六步。

第五步：更新阈值以及类标号，将 $Id(v_i)$，$Id(v_j)$ 的类标号统一为 $Id(v_i)$ 的标号，并将该类的不相似度阈值设置为 $w_{i,j} + \dfrac{k}{|C_i| + |C_j|}$。

注意：由于不相似度小的边先合并，所以 $w_{i,j}$ 为当前合并后的区域中的最大的边，即 $Int(C_i \cup C_j) = w_{i,j}$。

第六步：如果 $n \leqslant N$，则按照顺序选择下一条边转到第四步，否则结束。

2）FCN 无监督训练

以分割结果为约束条件对影像进行 FCN 无监督训练，迭代次数 70 次，随着训练次数的增加，分割的小块岩性被自动的合并成一整块。

3）分类后处理

用一个像元周围邻域中像元值的众数来替换这个像元的值，剔除小图斑，平滑边缘，为矢量化做准备。

4）分类后的识别

训练得到无监督识别结果，再通过人工赋予具体的岩性类别，同时改进优化损失函数，微调已训练的模型，最终得到更准确的岩性识别结果。此方法将无监督与有监督相结合，减少了对样本的依赖，提高了自动化程度。

### 3. 岩性识别与精度评估

1）岩性识别

对比实验按照所用方法类别不同可分为人工解译组、改进 FCN 方法组和面向对象方法组，选取三个不同区域进行对比实验和精度评价。

人工解译组则为人工判读岩石岩性信息并打标签作为对照；在改进 FCN 方法组中选用不同的图像分割方法（Quickshift 算法、Compact-Watershed 算法和 SLIC 算法）与 FCN 模型结合，作为 Felzenszwalb 算法与 FCN 模型结合的对比实验（图 3-40）；在面向对象方法组中选择面向对象的影像分析技术的数字地形分析（DTA）、支持向量机（SVM）、K 最邻近分类算法（KNN）、随机森林算法（RF）和贝叶斯分类算法（Bayes）作对比实验（图 3-41）。

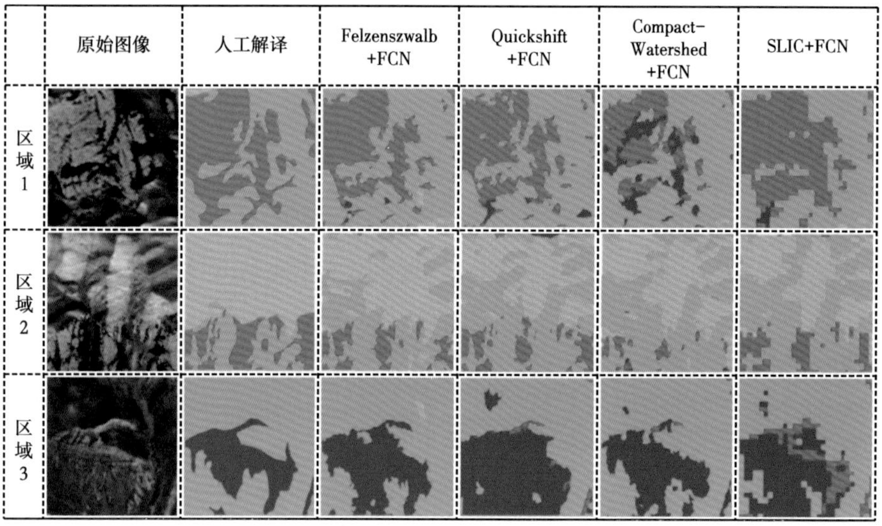

图 3-40　人工解译组和改进 FCN 方法组对比实验结果

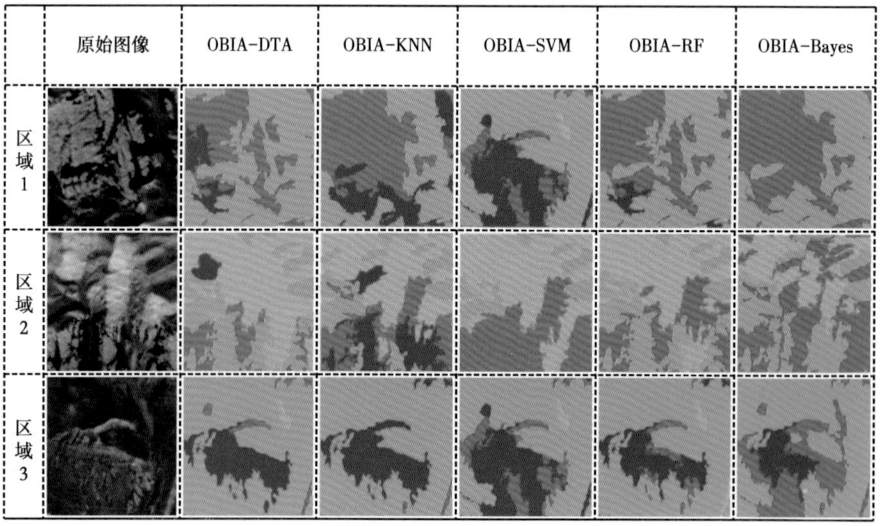

图 3-41　面向对象方法组对比实验结果

2）精度评估

对于预测结果选择总体分类精度（OA）和平均交并比（mIOU）作为评价指标，对模型预测的准确性进行评估（表 3-13）。

表 3-13　精度评估

| | 方法 | 砾岩 | 泥岩 | 砂泥互层 | OA | mIOU |
|---|---|---|---|---|---|---|
| 改进 FCN<br>方法组 | Felzenszwalb+FCN | 0.6764 | 0.6457 | 0.7486 | 0.7950 | 0.4159 |
| | Quickshift+FCN | 0.6803 | 0.8355 | 0.5429 | 0.7305 | 0.3674 |
| | Compact-Watershed+FCN | 0.3664 | 0.8467 | 0.6027 | 0.7279 | 0.3631 |
| | SLIC+FCN | 0.7068 | 0.6230 | 0.5211 | 0.7170 | 0.3575 |
| 面向对象<br>方法组 | OBIA-DTA | 0.6109 | 0.7128 | 0.7129 | 0.7726 | 0.3648 |
| | OBIA-KNN | 0.7344 | 0.7490 | 0.5789 | 0.7105 | 0.3735 |
| | OBIA-SVM | 0.9349 | 0.5618 | 0.7145 | 0.6613 | 0.2916 |
| | OBIA-RF | 0.7476 | 0.5251 | 0.6352 | 0.7709 | 0.3925 |
| | OBIA-Bayes | 0.8520 | 0.3438 | 0.4323 | 0.6912 | 0.3435 |

表 3-13 中，Felzenszwalb+FCN 具有最高的识别精度，总体分类精度为 79.5%，平均交并比为 41.6%，相比其他方法更优。原因是 Felzenszwalb 算法和 Quickshift 算法属于传统的分割方法，对边界捕捉更准确，有利于 FCN 的特征学习，与 FCN 结合后效果更好，而 Compact-Watershed 算法和 SLIC 算法，与 FCN 结合后效果没有前者好。

通过训练改进的 FCN 模型，我们能够准确地识别卫星遥感影像中露头碎屑岩的岩性。我们将该模型应用于碎屑岩露头较好的地区，如喀拉扎—清水河组露头（图 3-42），得到了较准确的岩性识别结果。这种方法在识别砾岩和泥岩时具有较高的准确性和可靠性，同时还能保证碎屑岩岩性的连续性。

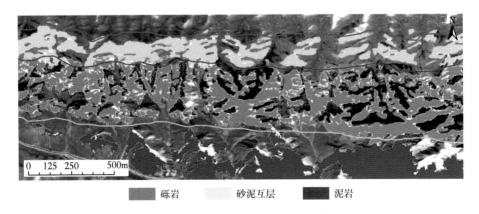

0　125　250　500m

砾岩　　砂泥互层　　泥岩

图 3-42　喀拉扎—清水河组露头岩性分类图

## 第三节　基于激光强度和高光谱的露头砂岩孔隙度估算

露头砂岩孔隙度是砂岩露头的一个重要物性参数，反映砂岩储存流体的能力，能够为地下砂岩储层地质模型建立提供依据。一般，砂岩露头孔隙度是通过样品实验测得，受采样限制，不能快速获得露头剖面的宏观和定量的砂岩露头孔隙度数值。本节以砂岩样品实测激光强度、光谱数据和孔隙度数据为基础，分析砂岩样品孔隙度的影响因素，建立砂岩孔隙度与激光强度和光谱数据之间的相关性，实现利用激光强度和高光谱两种手段来估算露头砂岩孔隙度。

### 一、砂岩孔隙度影响因素

各种介质由不同的粒子构成，这些粒子属性包括粒径、形状、成分以及晶体结构（McGuire，1995）。而介质的属性又与孔隙度（Porosity）、填充因子（Filling Factor）相关，介质的这些参数会影响散射和吸收，因而接收到的能量受到影响（图 3-43）。

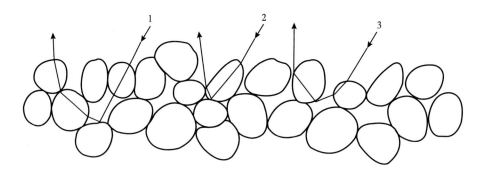

图 3-43　介质的入射与反射示意图

为探讨砂岩孔隙度的影响因素，选取鄂尔多斯盆地杨家沟长 3 露头剖面 17 块砂岩样品做薄片鉴定分析（表 3-14）。表 3-14 表明，砂岩样品岩石结构以粉砂质结构和细粒碎屑结构为主；胶结方式包括基底式胶结、接触式胶结和孔隙式胶结。

表 3-14　杨家沟剖面砂岩样品镜下鉴定结果

| 样品编号 | 孔隙度 / % | 结构描述 | 胶结方式 | 组别 |
|---|---|---|---|---|
| S5 | 3.345 | 泥质粉砂质结构 | 基底式胶结 | 低孔隙度 |
| S1 | 3.507 | 泥质细粒碎屑结构 | 基底式胶结 | 低孔隙度 |
| S16 | 4.734 | 泥质粉砂质结构 | 基底式胶结 | 低孔隙度 |
| S6 | 4.748 | 泥质细粒碎屑结构 | 基底式胶结 | 低孔隙度 |
| S10 | 6.600 | 含细砂粉砂质结构 | 接触式胶结 | 中孔隙度 |
| S12 | 6.700 | 含粉砂质细粒碎屑结构 | 基底式胶结 | 中孔隙度 |
| S11 | 7.061 | 含粉砂质细粒碎屑结构 | 基底式胶结 | 中孔隙度 |

| 样品编号 | 孔隙度 / % | 结构描述 | 胶结方式 | 组别 |
|---|---|---|---|---|
| S3 | 7.540 | 含细砂粉砂质结构 | 基底式胶结 | 中孔隙度 |
| S17 | 10.835 | 含粉砂质细粒碎屑结构 | 接触式胶结 | 中孔隙度 |
| S2 | 10.860 | 含粉砂质细粒碎屑结构 | 接触式胶结 | 中孔隙度 |
| S15 | 11.030 | 细粒碎屑结构 | 接触式胶结 | 高孔隙度 |
| S14 | 11.611 | 细粒碎屑结构 | 孔隙式胶结 | 高孔隙度 |
| S4 | 13.865 | 中细粒碎屑结构 | 接触式胶结 | 高孔隙度 |
| S8 | 14.635 | 中粒碎屑结构 | 孔隙式胶结 | 高孔隙度 |
| S9 | 14.950 | 细粒碎屑结构 | 孔隙式胶结 | 高孔隙度 |
| S13 | 15.562 | 细中粒碎屑结构 | 孔隙式胶结 | 高孔隙度 |
| S7 | 16.329 | 细粒碎屑结构 | 接触式胶结 | 高孔隙度 |

　　17块砂岩样品按孔隙度范围分为三组：低孔隙度（0~5%）、中孔隙度（5%~11%）和高孔隙度（11%~17%）。低孔隙度样品为泥质粉砂质结构和泥质细粒碎屑结构，胶结方式为基底式胶结，填隙物较多。中孔隙度样品为含细砂粉砂质结构和含粉砂质细粒碎屑结构，胶结方式有基底式胶结和接触式胶结，填隙物含量降低。高孔隙度样品以细粒碎屑结构为主，胶结方式有接触式胶结和孔隙式胶结，填隙物较少。三组典型样品 S5、S17 及 S13 的显微特征如图 3-44 所示。

　　a. 低孔隙度　　　　　　　　　　b. 中孔隙度　　　　　　　　　　c. 高孔隙度

图 3-44　典型样品显微特征

　　综上所述，砂岩孔隙度主要受碎屑颗粒（石英、长石）和填隙物（绿泥石、绿帘石、碳酸盐矿物、黑云母等）的相对含量影响，碎屑颗粒含量较高、填隙物较少的样品孔隙度较大，而孔隙碎屑颗粒含量较少、填隙物较多的样品孔隙度较小。

## 二、基于激光强度的砂岩孔隙度估算

　　分别测量砂岩样品孔隙度和激光强度，分析激光强度与砂岩孔隙度相关关系，建立砂岩孔隙度估算模型，实现数字露头剖面砂岩孔隙度快速估算。

### 1. 激光强度与砂岩孔隙度相关性

表 3-15 是鄂尔多斯盆地延长组剖面 33 块砂岩样品孔隙度和激光强度。激光强度与砂岩孔隙度成正相关关系，相关系数为 $R^2=0.67$。因此，可以利用激光强度对数字露头的砂岩孔隙度进行估算。

**表 3-15 砂岩样品孔隙度和激光强度**

| 序号 | 样品 | 岩性 | 孔隙度 / % | 激光强度 / dB | 序号 | 样品 | 岩性 | 孔隙度 / % | 激光强度 / dB |
|---|---|---|---|---|---|---|---|---|---|
| 1 | D9-1 | 黄绿色细砂岩 | 8.55 | -2.321 | 18 | D9-23 | 灰色细砂岩 | 10.18 | -3.065 |
| 2 | D9-3 | 黄绿色块状中砂岩 | 10.47 | -2.835 | 19 | D9-24 | 灰色细砂岩 | 2.08 | -4.214 |
| 3 | D9-4 | 灰绿色块状中砂岩 | 7.08 | -2.336 | 20 | D8-1 | 黄绿色细砂岩 | 1.76 | -3.694 |
| 4 | D9-5 | 灰色细砂岩 | 0.99 | -4.480 | 21 | D8-2 | 黄绿色细砂岩 | 8.81 | -3.060 |
| 5 | D9-6 | 灰色细砂岩 | 8.76 | -3.521 | 22 | D8-3 | 黄绿色细砂岩 | 6.71 | -3.323 |
| 6 | D9-8 | 黄绿色块状中砂岩 | 7.9 | -3.067 | 23 | D8-4 | 灰绿色细砂岩 | 3.15 | -4.494 |
| 7 | D9-9 | 黄绿色中砂岩 | 9.88 | -2.521 | 24 | D8-5 | 灰绿色细砂岩 | 0.96 | -3.670 |
| 8 | D9-10 | 灰色中砂岩 | 8.79 | -3.569 | 25 | D8-6 | 灰绿色细砂岩 | 3.33 | -3.413 |
| 9 | D9-11 | 深灰色粉砂岩 | 2.77 | -3.146 | 26 | D8-7 | 黄绿色中砂岩 | 5.2 | -3.378 |
| 10 | D9-14 | 灰色细砂岩 | 9.45 | -3.289 | 27 | D8-8 | 灰绿色细砂岩 | 2.61 | -4.063 |
| 11 | D9-15 | 黄绿色中砂岩 | 9.34 | -2.219 | 28 | D8-9 | 灰绿色细砂岩 | 11.37 | -3.035 |
| 12 | D9-16 | 灰色细砂岩 | 9.28 | -2.719 | 29 | D8-10 | 黄绿色细砂岩 | 8.06 | -3.122 |
| 13 | D9-18 | 灰色块状中砂岩 | 9.51 | -2.520 | 30 | D8-11 | 灰绿色细砂岩 | 9.74 | -2.521 |
| 14 | D9-19 | 灰色中砂岩 | 8.59 | -2.734 | 31 | D8-12 | 灰绿色细砂岩 | 5.14 | -2.475 |
| 15 | D9-20 | 灰色中砂岩 | 7.72 | -2.649 | 32 | D8-13 | 灰绿色中砂岩 | 6.35 | -2.909 |
| 16 | D9-21 | 灰色中砂岩 | 7.24 | -2.875 | 33 | D8-14 | 黄绿色细砂岩 | 7.41 | -3.749 |
| 17 | D9-22 | 深灰色细砂岩 | 0.83 | -4.797 | | | | | |

### 2. 基于激光强度的砂岩孔隙度估算模型

从 33 块砂岩样品中随机划分出 24 块作为建模集，9 块作为测试集。建模集激光强度与砂岩孔隙度正相关关系（图 3-45），相关系数 $R^2=0.7164$。利用激光强度建立砂岩孔隙度估算模型：

$$p=3.6981\rho+18.155 \qquad (3-20)$$

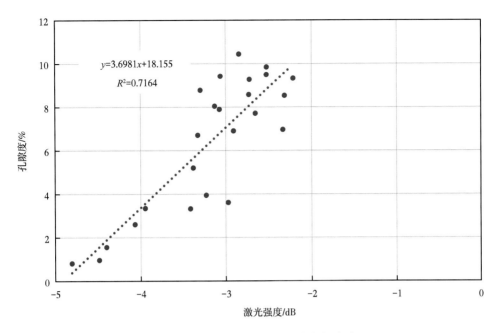

图 3-45　建模集激光强度与孔隙度相关关系

利用此模型对预测集的砂岩孔隙度进行估算，预测集的实测砂岩孔隙度与估算砂岩孔隙度关系如图 3-46 所示，相关系数 $R^2$=0.5981。

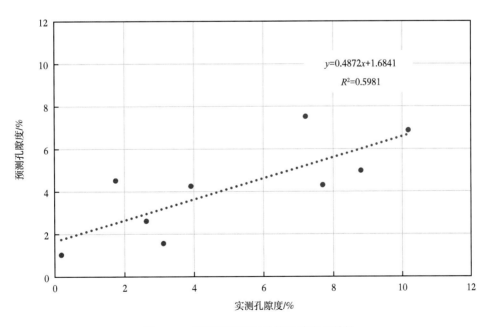

图 3-46　实测孔隙度与估算孔隙度相关性

### 3. 基于激光强度的数字露头剖面砂岩孔隙度估算

利用砂岩孔隙度估算模型对延长数字露头剖面进行了砂岩孔隙度模拟，首先利用岩性分类剔除泥岩后，利用数字露头激光强度直接对砂岩孔隙度进行模拟，模拟结果如图 3-47 所示。从整体趋势上看，模拟结果比较可靠，砂岩孔隙度主要分布在 5%~10% 之间。

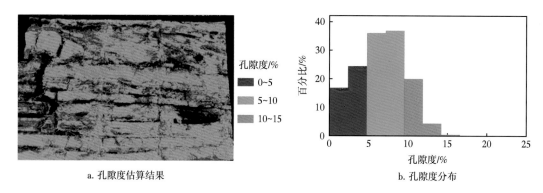

a. 孔隙度估算结果             b. 孔隙度分布

图 3-47 数字露头剖面砂岩孔隙度模拟结果

## 三、基于高光谱的砂岩孔隙度估算

基于高光谱进行砂岩孔隙度估算技术流程是实测样品光谱和孔隙度，进行光谱预处理，探索砂岩孔隙度的光谱响应机理，研究砂岩孔隙度估算模型构建方法；考虑到光谱波段高维性和波段间多重相关性，采用偏最小二乘方法评价每个光谱波段对于砂岩孔隙度估算模型的重要性并确定重要波段，构建样品砂岩孔隙度估算模型；进而实现露头剖面尺度上的砂岩孔隙度反演。

### 1. 砂岩孔隙度的高光谱响应机理

采用美国 ASD 公司生产的 ASD FieldSpec 3 非成像光谱仪测量样品光谱，其波段范围是 350~2500nm，光谱重采样间隔为 1nm。测量前严格按照操作规范去除暗电流影响，并进行标准白板定标。为了保证光谱测定结果的可靠性，对每一个块状砂岩样品新鲜面测量 20 次并取其算术平均值作为该砂岩样品的反射光谱数据。

预处理过程包括平滑和光谱指标计算。实测光谱可能会受到测试环境、仪器本身、杂散光等因素的影响而产生噪声，为了消除上述干扰，需要对实测光谱数据进行平滑处理，采用的平滑方法是 9 点移动平均法。在此基础上，对光谱曲线进行数学变换，计算得到用于建模的光谱指标。连续统去除法可以抑制背景信息，突出弱吸收特征。因此，对反射率数据进行连续统去除变换，最终得到反射率及连续统去除值两个光谱指标。

延长组 55 块样品砂岩孔隙度数据分为三组：低孔隙度（0~5%，17 块样品）、中孔隙度（5%~11%，30 块样品）和高孔隙度（11%~17%，8 块样品）。图 3-48 清晰反映了光谱指标与砂岩孔隙度之间的相关关系。

图 3-48 表明样品砂岩孔隙度越小，其填隙物含量越高，在全波段范围内对应的光谱反射率越低，原因是绿帘石、绿泥石、黑云母等填隙物的光谱反射率低于主要碎屑颗粒（石英、长石）。反射率与砂岩孔隙度在全波段范围内显著正相关，相关系数曲线较为平缓，相关系数绝对值的最大值 $|R|_{max}$ 达到 0.76，说明不同孔隙度的砂岩样品具有较好的光谱响应差异性。

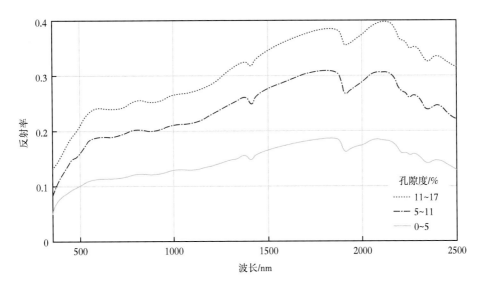

图 3-48　光谱反射率与三组砂岩孔隙度关系

图 3-49 为光谱连续统去除值与各类砂岩孔隙度之间的相关关系。连续统去除值可以突出岩石组成成分的吸收特征，很多学者研究了绿帘石、绿泥石、高岭石、蒙脱石、方解石和白云石的吸收谱带，以及利用光谱吸收特征来反演填隙物矿物含量。

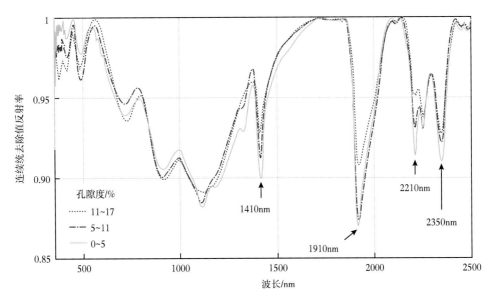

图 3-49　光谱连续统去除值与三组砂岩孔隙度的关系

连续统去除值曲线表明在 1410nm、1910nm、2210nm、2350nm 等附近存在明显的吸收谱带。1410nm、1910nm 处的吸收谱带由矿物中的水分子引起，2210nm、2350nm 附近的吸收谱带可能由绿泥石和绿帘石引起。连续统去除值与砂岩孔隙度的相关系数曲线有较

大起伏，出现多个谷值和峰值，$|R|_{max}$ 为 0.50。连续统去除值共有 95 个显著波段，主要分布在 566nm（具有矿物阳离子的吸收谱带）、2210nm 和 2460nm（具有黏土矿物的吸收谱带）附近。黏土矿物在 2210nm 附近具有吸收谱带，该谱带处的连续统去除值与砂岩孔隙度显著正相关。吸收深度值等于 1 减去连续统去除值，因此黏土基团响应谱带的吸收深度与砂岩孔隙度存在显著负相关的关系，即黏土矿物含量越多，该谱带的吸收深度值越大，砂岩孔隙度越小。图 3-48 和图 3-49 表明砂岩孔隙度具有良好的光谱响应，反射率与砂岩孔隙度的正相关性较好，显著性波段较多，是较优的光谱指标。

### 2. 砂岩孔隙度估算模型构建

#### 1）模型构建方法

构建砂岩孔隙度估算模型，即通过回归分析方法来确定砂岩孔隙度和光谱指标之间的关系模式。在近红外、红外等光谱分析中，偏最小二乘方法因其在解决光谱波段的高维性和波段之间的多重相关性等问题上具有优势，已被广泛用于构建线性定量模型，故采用该方法来确定砂岩孔隙度和光谱指标之间的关系模式，建立砂岩孔隙度估算模型。

偏最小二乘方法（Partial Least Squares Regression，PLSR）是一种经典的多元回归方法，其综合了主成分分析，典型相关分析和多元线性回归方法。偏最小二乘方法构建砂岩孔隙度估算模型的步骤如下：

首先，对建模集的反射率（自变量 $X_{s×n}$，$s$ 为样本数，$n$ 为光谱波段数）、砂岩孔隙度（因变量 $y_s$，$s$ 为样本数）进行标准化，标准化后的数据矩阵分别记为 $E_0$ 和 $F_0$。

随后，分别提取 $E_0$ 和 $F_0$ 的第一对主成分 $t_1$ 和 $u_1$：

$$\begin{cases} t_1 = E_0 w_1 \\ u_1 = F_0 c_1 \end{cases} \tag{3-21}$$

其中，$w_1$ 是 $E_0$ 的第一个轴，$\|w_1\|=1$，$c_1$ 是 $F_0$ 的第一个轴，$\|c_1\|=1$。在偏最小二乘回归中，要求 $t_1$ 与 $u_1$ 的协方差达到最大，采用拉格朗日算法求解该最优化问题。$w_1$ 是对应于 $E_0'F_0F_0'E_0$ 矩阵最大特征值的单位特征向量，$c_1$ 是对应于矩阵 $F_0'E_0E_0'F_0$ 最大特征值的单位特征向量。计算出 $w_1$ 和 $c_1$ 后，可求得 $t_1$ 和 $u_1$。

再分别求 $E_0$ 和 $F_0$ 对 $t_1$ 的回归方程：

$$\begin{cases} E_0 = t_1 p_1' + E_1 \\ F_0 = t_1 r_1' + F_1 \end{cases} \tag{3-22}$$

其中，$E_1$ 和 $F_1$ 记为残差矩阵，回归系数向量为：

$$\begin{cases} p_1 = \dfrac{E_0' t_1}{\|t_1\|^2} \\ r_1 = \dfrac{F_0' t_1}{\|t_1\|^2} \end{cases} \tag{3-23}$$

用残差矩阵 $E_1$ 和 $F_1$ 取代 $E_0$ 和 $F_0$，提取第二个主成分。重复该步骤，直到主成分个数 $H$ 满足要求。推导可得 $F_0$ 关于 $t_h$（$1 \leqslant h \leqslant H$）的回归模型，由于 $t_h$ 为 $E_0$ 的线性组合，有：

$$t_h = E_{h-1}w_h = E_0 w_h^* \qquad (3\text{-}24)$$

其中，$w_h^* = \prod_{j=1}^{h-1}(I - w_j p_j')w_h$。

可以得到 $F_0$ 关于 $E_0$ 的回归模型：

$$
\begin{aligned}
\hat{F}_0 &= E_0 w_1^* r_1' + E_0 w_2^* r_2' + \cdots + E_0 w_H^* r_H' + F_H \\
&= E_0\left(w_1^* r_1' + w_2^* r_2' + \cdots + w_H^* r_H'\right) + F_H
\end{aligned}
\qquad (3\text{-}25)
$$

若记 $x_j^* = E_{0j}$，$y^* = F_0$，$\alpha_j^* = \sum_{h=1}^{N} r_h w_{hj}^*$，$j = 1, 2, \cdots, n$，其中 $w_{hj}^*$ 是 $w_h^*$ 的第 $j$ 个分量。能得到基于标准化光谱反射率的估算模型：

$$\hat{y}^* = \alpha_1^* x_1^* + \alpha_2^* x_2^* + \cdots + \alpha_n^* x_n^* \qquad (3\text{-}26)$$

最终得到 $H$ 个主成分下，基于原始光谱反射率的砂岩孔隙度估算模型：

$$\hat{y} = \alpha_0 + \alpha_1 X_1 + \alpha_2 X_2 + \cdots + \alpha_{n-1}X_{n-1} + \alpha_n X_n \qquad (3\text{-}27)$$

其中，$\hat{y}$ 为砂岩孔隙度估算值。$n$ 为所用波段数。$X_1 \sim X_n$ 为波段处的光谱反射率。$\alpha_0 \sim \alpha_n$ 为砂岩孔隙度估算模型系数：

$$
\begin{cases}
\alpha_0 = E(y) - \sum_{i=1}^{n} \alpha_i^* \dfrac{S_y}{S_{X_i}} E(X_i) \\[4mm]
\alpha_i = \alpha_i^* \dfrac{S_y}{S_{X_i}} X_i
\end{cases}
\qquad i = 1, 2, \cdots, n \qquad (3\text{-}28)
$$

其中，$E(y)$，$E(X_i)$ 分别为砂岩孔隙度 $y$，光谱反射率 $X$ 的均值，$S_y$，$S_{X_i}$ 为 $y$，$X$ 的方差。

2）波段重要性分析

偏最小二乘方法可以评价每个光谱波段对于砂岩孔隙度估算模型的重要性，其指示的重要光谱波段能够用于波段优选，为砂岩孔隙度估算模型的建立、基于高光谱图像的砂岩孔隙度反演提供依据。变量投影重要性（Variable Importance in the Projection，VIP）被广泛应用于变量选择，VIP 可以评价自变量对偏最小二乘模型的贡献度。采用 VIP 评价砂岩孔隙度定量估算模型中的重要光谱波段。第 $i$ 个光谱波段 VIP 值的计算公式为：

$$\mathrm{VIP}_i = \sqrt{\dfrac{\sum_{h=1}^{H} w_{ih}^2 \cdot SSY_h \cdot N}{SSY_{\text{total}} \cdot H}} \qquad (3\text{-}29)$$

其中，$H$ 为模型中主成分的总数，$w_{ih}$ 为第 $i$ 个波段在 $h$ 主成分上的权重，$w_{ih}^2$ 说明了第 $i$ 个波段在 $h$ 主成分上的重要性，$SSY_h$ 为第 $h$ 个主成分的解释方差平方和，$N$ 为自变量总数，$SSY_{\text{total}}$ 为自变量解释方差平方总和。波段的 VIP 值越大，说明其对因变量解释方差贡献越大，说明该波段越重要，也是后续砂岩孔隙度定量估算中需要重点考虑的波段。通常认为 VIP 值大于 1 的波段为重要波段。

3）模型精度评估

为评价样品砂岩孔隙度估算模型精度，采用决定系数 $R^2$、均方根误差 $RMSE$ 及相对分析误差 RPD 三个指标来评价模型精度。

$$R^2 = \frac{\sum_{i=1}^{s}(\hat{y}_i - \overline{y})^2}{\sum_{i=1}^{s}(y_i - \overline{y})^2} \qquad (3\text{-}30)$$

$$RMSE = \sqrt{\frac{1}{n}\sum_{i=1}^{s}(\hat{y}_i - y_i)^2} \qquad (3\text{-}31)$$

$$RPD = \frac{SD}{RMSE} \qquad (3\text{-}32)$$

其中，$s$ 为样本数，$y$ 是实测值，$\overline{y}$ 为实测值均值，$\hat{y}$ 为估算值，$SD$ 为标准差。$R^2$ 能反映模型建立和预测的稳定性，$R^2 \leqslant 1$，$R^2$ 越大说明模型的稳定性越好、拟合程度越高。$RMSE$ 用来检验模型的预测能力，$RMSE$ 越小表明模型预测能力越好。$RPD$ 常被用于分析模型的定量估算能力，当 $RPD \leqslant 1.00$ 时，说明模型精度很低，不具备估算能力；当 $1.00 < RPD \leqslant 1.40$ 时，说明模型精度低，具有区别高值和低值的能力；当 $1.40 < RPD \leqslant 1.80$ 时，说明模型精度一般，具有一般的估算能力；当 $1.80 < RPD \leqslant 2.00$ 时，说明模型精度较高，具有定量估算能力；当 $2.00 < RPD \leqslant 2.50$ 时，说明模型精度很高，具有很好的定量估算能力；当 $RPD > 2.50$ 时，说明模型具有极好的定量估算能力。

**3. 露头剖面砂岩孔隙度反演**

1）模型建立与应用结果分析

对于采集的 55 块砂岩样品，将水北村东、芦河村北和芦河村南三个露头剖面的 38 块砂岩样品用于模型训练，将杨家沟露头剖面的 17 块砂岩样品用于模型预测。为了保证砂岩孔隙度估算模型的精度，将全波段（350~2500nm）数据用于模型建立。利用反射率构建的砂岩孔隙度估算模型如表 3-16 所示，主成分数为 9，$x_1$~$x_{2151}$ 为波段 350~2500nm 处的光谱反射率。从建模结果看，模型 $R^2$ 为 0.91，$RSME$ 为 0.86，建模精度较高。

表 3-16　利用反射率构建的砂岩孔隙度估算模型

| 光谱指标 | 砂岩孔隙度估算模型 | $R^2$ | $RSME$ |
|---|---|---|---|
| 反射率 | $y=-0.879-0.985x_1-7.123x_2+\cdots+1.323x_{2150}+1.779x_{2151}$ | 0.91 | 0.86 |

为检验砂岩孔隙度估算模型的应用效果，对杨家沟露头剖面的 17 块砂岩样品进行砂岩孔隙度反演。基于上述砂岩孔隙度估算模型，利用预测集砂岩样品全波段的反射率数据，反演得到预测集的砂岩孔隙度数据。根据预测砂岩孔隙度，按照上述分组标准对砂岩样品进行分组。砂岩孔隙度估算模型的应用效果如图 3-50 所示。该模型应用评价指标为 $R^2=0.72$，$RMSE=2.28$，$RPD=1.94 > 1.80$，模型具有定量估算砂岩孔隙度的能力。在 17 个砂岩样品中有 13 个砂岩样品的预测组别与实际组别一致，$S_{11}$、$S_2$、$S_{15}$ 及 $S_9$ 的预测组别与实际组别不一致。对这四个岩石样品的镜下特征进行分析，$S_{11}$、$S_2$ 及 $S_{15}$ 碳酸盐岩填隙物较多，$S_9$ 填隙物中出现了锆石、磷灰石，四者填隙物成分及含量与其他岩石样品存在明显差异，导致预测组别与实际组别不符。砂岩孔隙度估算模型的应用效果验证了方法的可行性，为野外露头剖面上砂岩孔隙度的估算奠定了基础。

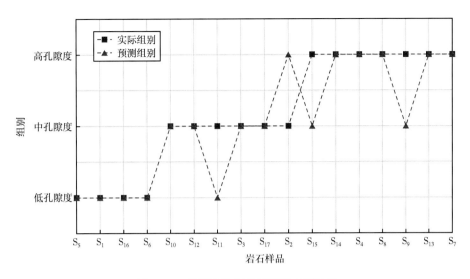

图 3-50　砂岩孔隙度估算模型应用效果

2）砂岩孔隙度估算模型中的重要波段

分析砂岩孔隙度估算模型中的重要波段对后续波段优选、高光谱图像反演有重要意义。反射率模型在全波段上的 VIP 值曲线如图 3-51 所示，重要性临界值为 1，即 VIP 值大于 1 的波段为重要波段。

对反射率模型中的重要波段进行统计分析。结果表明，模型中的重要波段共有 785 个，具有离散分布特征，在 366nm、1905nm、2339nm、1014nm、2210nm 和 1411nm 附近有 6 个明显的峰值。其中，1014nm 附近可能存在铁质胶结物等的吸收谱带，1411nm、1905nm 附近处存在矿物中水分子的吸收谱带，2210nm、2339nm 附近可能存在绿泥石和绿帘石等的吸收谱带。因此，光谱对砂岩孔隙度的响应特征应主要是由砂岩填隙物成分引起的。

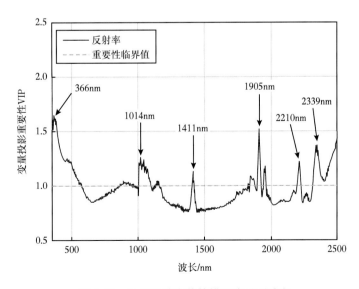

图 3-51　砂岩孔隙度估算模型中重要波段

为了验证重要波段的提取效果，需要基于重要波段重新构建砂岩孔隙度估算模型，并分析其应用效果。本书提取了重要波段处的反射率作为新数据集。在此基础上，仍以水北村东、芦河村北和芦河村南三个露头剖面的 38 块砂岩样品作为建模集，以杨家沟露头剖面的 17 块砂岩样品作为预测集，主成分数为 6，最终构建了基于重要波段的砂岩孔隙度估算模型。利用预测集砂岩样品重要波段的反射率数据，反演得到预测集砂岩样品的砂岩孔隙度数据。同样根据预测砂岩孔隙度对砂岩样品进行分组。该模型应用效果如图 3-52 所示，$R^2$=0.72，$RMSE$=2.26，$RPD$=1.96。在 17 个砂岩样品中有 14 个砂岩样品的预测组别与实际组别一致，$S_{11}$、$S_2$ 及 $S_{15}$ 的预测组别与实际组别不一致。模型的预测精度比全波段模型略有提高，说明采用重要波段代替全波段来进行砂岩孔隙度预测具有可行性。

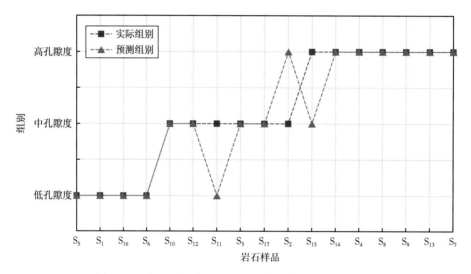

图 3-52　基于重要波段的砂岩孔隙度估算模型预测效果

重要波段的筛选降低了波段维度，一些机器学习方法在全波段范围预测效果欠佳的情况会得到一定程度的改善，同时会提升大样本情况下的计算速度。

3）露头剖面砂岩孔隙度反演

为了估算露头剖面的砂岩孔隙度，需要结合高光谱图像进行反演，露头剖面高光谱图像通常由地面高光谱成像仪获得。地面高光谱成像仪的光谱范围一般在 380~1000nm、600~1600nm、1000~2500nm 等范围内，其光谱分辨率一般高于 10nm。根据 VIP 值指示的重要波段，以光谱范围为 1000~2500nm、光谱分辨率为 10nm 的地面高光谱成像仪为例，论述露头剖面的砂岩孔隙度反演流程。利用建模集样品实测光谱反射率构建砂岩孔隙度估算模型，对露头剖面高光谱图像数据进行预处理，并通过迁移方法使该砂岩孔隙度估算模型适用于高光谱图像，再利用该模型对高光谱图像进行砂岩孔隙度反演，最终得到露头剖面砂岩孔隙度数据。

首先，利用建模集样品实测光谱反射率构建砂岩孔隙度估算模型。对于光谱范围为 1000~2500nm、光谱分辨率为 10nm 的地面高光谱成像仪，本书提取了 151 个波长。依据前文所述建模集和预测集的划分，利用建模集砂岩样品 151 个波长处的反射率数据构建砂岩孔隙度估算模型，主成分数为 8，所建模型如表 3-17 所示。该模型在预测集上预测效果如图 3-53 所示，应用评价指标为 $R^2$=0.71，$RMSE$=2.31，$RPD$=1.91＞1.80，模型具有较高估算砂岩孔隙度的能力。在 17 个砂岩样品中有 13 个砂岩样品的预测组别与实际组别一致，$S_{10}$、$S_{11}$、$S_2$ 及 $S_9$ 的预测组别与实际组别不一致。模型预测效果与利用全波段、重要波段构建的砂岩孔隙度估算模型效果相近。

表 3-17　利用地面高光谱成像仪波长的砂岩孔隙度估算模型

| 光谱指标 | 砂岩孔隙度估算模型 | $R^2$ | $RSME$ |
|---|---|---|---|
| 反射率 | $y$=−1.393−88.717$x_1$+2.133$x_2$+ ⋯ −10.849$x_{150}$+81.028$x_{151}$ | 0.82 | 1.25 |

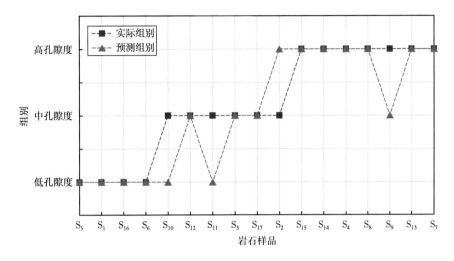

图 3-53　基于地面高光谱成像仪波长的砂岩孔隙度估算模型预测效果

然后，基于构建的砂岩孔隙度估算模型，对高光谱图像进行反演得到露头剖面的砂岩孔隙度。

该模型应用效果表明，基于高光谱的砂岩露头孔隙度估算方法具有可行性，为基于高光谱图像反演露头剖面砂岩孔隙度提供方法支持。

## 第四节　基于激光强度的烃源岩总有机碳含量估算

烃源岩评价在油气成藏和资源潜力研究中至关重要，而烃源岩总有机碳（TOC）含量是烃源岩评价的基础，是影响油气资源评价的关键参数。传统上烃源岩总有机碳（TOC）含量评价主要依据实验室实测烃源岩 TOC 进行分析，该方法判断准确，但是受取样数量和位置的制约。基于数字露头技术，研发了数字露头剖面烃源岩快速评价的方法。本章主要介绍激光强度与烃源岩 TOC 波谱特性的关系、基于激光强度 TOC 估算先导实验情况、烃源岩 TOC 的激光强度识别图版建立和数字露头剖面烃源岩 TOC 含量估算与快速评价。

## 一、不同 TOC 含量烃源岩光谱特性

不同 TOC 含量的烃源岩，光谱曲线具有明显差别。利用 ASD FieldSpec 3 光谱仪测得 16 块烃源岩样品的光谱反射曲线如图 3-54 所示，发现烃源岩 TOC 含量与光谱反射率成负相关关系。16 块页岩样品的反射率大致能分为 3 组：烃源岩 TOC 含量低于 0.5%、烃源岩 TOC 含量 1% 左右、烃源岩 TOC 含量大于 8%。在 1550nm 处，烃源岩 TOC 含量低于 0.5% 的岩样光谱反射率最高，而烃源岩 TOC 含量高的光谱反射率最低。此结果表明，能够用 1550nm 的激光强度值来预测烃源岩样品的 TOC 含量。

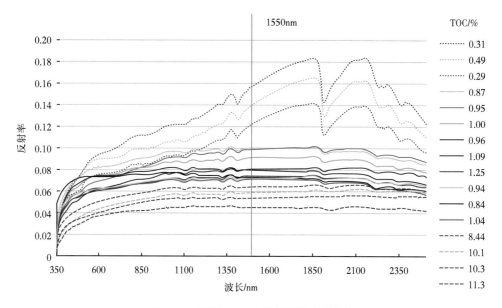

图 3-54　不同 TOC 含量的页岩光谱曲线

## 二、烃源岩 TOC 含量与激光强度相关关系

从光谱特性和激光强度分析，不同 TOC 含量的烃源岩与激光强度是具有一定的相关关系。选用鄂尔多斯盆地延长组长 7 页岩 34 块样品开展页岩 TOC 含量与激光强度相关性研究，建立页岩 TOC 含量与激光强度关系模型，进而根据关系模型预测 TOC 含量。利用 RIEGL VZ-400 激光扫描仪获得长 7 页岩 34 块样品的激光强度，样品及激光强度照片如图 3-55 所示。34 块页岩 TOC 含量与激光强度见表 3-18。

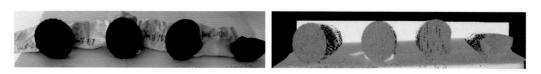

图 3-55　页岩样品与激光强度

表 3-18 长 7 页岩 TOC 含量和激光强度

| 序号 | TOC / % | 激光强度 / dB | 序号 | TOC / % | 激光强度 / dB |
|---|---|---|---|---|---|
| 1 | 8.920 | -10.629 | 18 | 3.600 | -9.431 |
| 2 | 6.900 | -9.902 | 19 | 3.250 | -9.965 |
| 3 | 6.072 | -10.246 | 20 | 3.229 | -9.052 |
| 4 | 5.544 | -9.565 | 21 | 3.186 | -9.472 |
| 5 | 5.073 | -9.501 | 22 | 3.067 | -9.505 |
| 6 | 5.171 | -9.625 | 23 | 3.098 | -9.631 |
| 7 | 5.150 | -9.423 | 24 | 3.170 | -9.623 |
| 8 | 4.996 | -9.678 | 25 | 2.894 | -9.461 |
| 9 | 4.840 | -9.629 | 26 | 2.696 | -9.143 |
| 10 | 4.711 | -9.773 | 27 | 2.870 | -9.134 |
| 11 | 4.640 | -10.120 | 28 | 2.890 | -8.954 |
| 12 | 4.640 | -10.137 | 29 | 2.745 | -9.106 |
| 13 | 4.424 | -9.720 | 30 | 2.576 | -8.951 |
| 14 | 3.710 | -9.522 | 31 | 2.607 | -8.943 |
| 15 | 3.923 | -9.472 | 32 | 2.050 | -9.069 |
| 16 | 4.017 | -9.397 | 33 | 1.757 | -8.708 |
| 17 | 3.844 | -9.262 | 34 | 0.473 | -7.988 |

将 34 块样品随机分为两组：24 块页岩作为建模集，10 块页岩作为预测集。建模集页岩 TOC 含量与激光强度的相关性如图 3-56 所示，激光强度与页岩 TOC 含量存在较好的负相关性，相关系数为 $R^2=0.8132$。

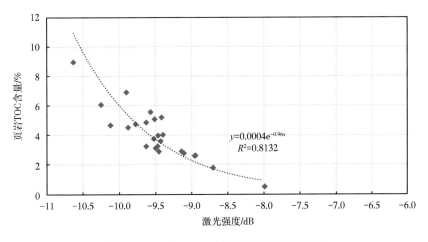

$$y=0.0004e^{-0.96x}$$
$$R^2=0.8132$$

图 3-56 页岩 TOC 含量与激光强度相关性

利用以上相关关系对预测集进行页岩 TOC 含量预测：

$$y=0.0004e^{-0.96x}$$ （3-33）

其中，$x$ 为激光强度，$y$ 为 TOC 含量。

预测页岩 TOC 含量与实测页岩 TOC 含量的对比结果如图 3-57 所示，预测的相关系数 $R^2$=0.6205。实验结果表明，利用激光强度能有效预测出页岩 TOC 含量，也可以快速预测露头剖面的 TOC 含量。

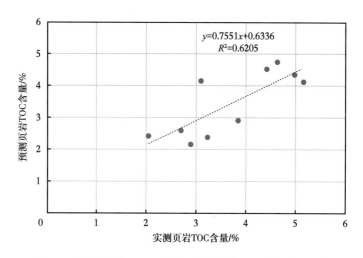

图 3-57　预测页岩 TOC 含量与实测页岩 TOC 含量的相关性

## 三、烃源岩 TOC 含量激光强度估算图版

以不同 TOC 含量的烃源岩光谱特性和激光强度与烃源岩 TOC 含量之间相关关系为基础，利用激光扫描的数字露头模型，对整个露头剖面烃源岩 TOC 含量估算，进而实现快速标定露头剖面优质烃源岩发育层段和特征。

建立露头激光强度与烃源岩 TOC 含量关系图版是关键。首先分析露头样品烃源岩 TOC 含量与露头样品激光强度关系，建立露头样品烃源岩 TOC 含量激光强度估算图版；再分析露头样品 TOC 含量与样品露头对应点激光强度关系，建立样品露头对应点烃源岩 TOC 含量激光强度估算图版；在此基础上，按照泥质烃源岩有机碳 TOC 含量评价标准（表 3-19），建立四个级别泥质烃源岩激光强度估算图版。

表 3-19　泥质烃源岩 TOC 含量评价标准

| 评价 | 差烃源岩 | 一般烃源岩 | 好烃源岩 | 很好烃源岩 |
|---|---|---|---|---|
| TOC / % | ＜0.5 | 0.5~1.0 | 1.0~2.0 | ＞2.0 |

选择四川盆地西北笼子口、东溪河等数字露头剖面和剖面 69 块样品分析数据，利用 RIEGL VZ-400 激光扫描仪获得每块样品的激光强度，用 Riscan-Pro 软件读取样品露头对应点激光强度（图 3-58）。

a. 露头激光强度　　　　　　　　　　b. 对应的采样照片

图 3-58　样品露头对应点激光强度

## 1. 很好烃源岩激光强度估算图版

69 块样品分析数据中，有 25 块样品烃源岩 TOC 含量达到很好烃源岩标准，很好烃源岩样品 TOC 含量、样品激光强度和样品露头对应点激光强度见表 3-20，样品和样品露头对应点激光强度与样品 TOC 含量之间关系见图 3-59 和图 3-60。

表 3-20　很好烃源岩样品 TOC 含量、样品激光强度和样品露头对应点激光强度

| 序号 | 样品强度 / dB | 露头强度 / dB | 岩性 | TOC / % |
|---|---|---|---|---|
| 1 | −12.172 | −9.667 | 泥页岩 | 3.08 |
| 2 | −12.908 | −9.833 | 泥页岩 | 2.21 |
| 3 | −12.999 | −12.033 | 泥页岩 | 2.43 |
| 4 | −9.311 | −9.245 | 泥页岩 | 3.34 |
| 5 | −11.575 | −11.216 | 泥页岩 | 4.20 |
| 6 | −11.788 | −10.096 | 泥页岩 | 5.48 |
| 7 | −12.032 | −11.278 | 泥页岩 | 7.45 |
| 8 | −10.850 | −8.210 | 泥页岩 | 4.41 |
| 9 | −11.707 | −11.023 | 泥页岩 | 2.00 |
| 10 | −12.139 | −11.899 | 泥页岩 | 3.19 |
| 11 | −12.702 | −10.607 | 泥页岩 | 5.95 |
| 12 | −12.012 | −12.032 | 泥页岩 | 4.49 |
| 13 | −12.295 | −11.848 | 泥页岩 | 3.66 |
| 14 | −13.298 | −13.544 | 泥页岩 | 6.68 |
| 15 | −9.624 | −11.962 | 泥页岩 | 4.06 |
| 16 | −9.106 | −10.818 | 泥页岩 | 2.26 |
| 17 | −11.148 | −11.546 | 泥页岩 | 3.32 |

| 序号 | 样品强度 / dB | 露头强度 / dB | 岩性 | TOC / % |
|------|------|------|------|------|
| 18 | −10.262 | −9.932 | 泥页岩 | 3.83 |
| 19 | −14.851 | −9.045 | 泥页岩 | 2.29 |
| 20 | −13.139 | −8.660 | 泥页岩 | 3.19 |
| 21 | −11.428 | −13.819 | 泥页岩 | 3.57 |
| 22 | −11.810 | −9.398 | 泥页岩 | 3.77 |
| 23 | −13.628 | −12.236 | 泥页岩 | 5.45 |
| 24 | −15.198 | −9.880 | 泥页岩 | 4.92 |
| 25 | −14.598 | −11.393 | 泥页岩 | 4.56 |
| 平均值 | −12.103 | −11.182 | 平均值 | 3.99 |

表 3-20 中，很好烃源岩样品激光强度平均值和样品露头对应点激光强度平均值是 −12.103dB 和 −11.182dB。图 3-62 中，88% 的很好烃源岩样品激光强度低于 −10dB，80% 低于 −11dB，−14~−10dB 之间达到 76%。图 3-60 中，92% 的很好烃源岩样品露头对应点激光强度低于 −9dB，80% 低于 −9.5dB，−12.5~−9.5dB 之间达到 72%。

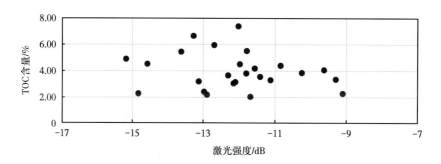

图 3-59　很好烃源岩样品激光强度与样品 TOC 含量之间关系

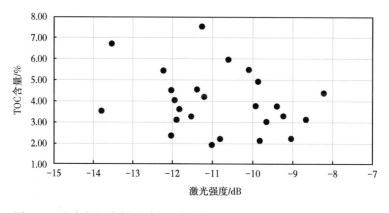

图 3-60　很好烃源岩样品露头对应点激光强度与样品 TOC 含量之间关系

数据结果表明，很好烃源岩样品激光强度平均值低于样品露头对应点激光强度平均值；考虑两者的激光强度平均值，样品激光强度低于-11dB、样品露头对应点激光强度低于-10dB可以作为很好烃源岩TOC含量估算图版。

**2. 好烃源岩激光强度估算图版**

69块样品分析数据中，有25块样品TOC含量达到好烃源岩标准，好烃源岩样品TOC含量、样品激光强度和样品露头对应点激光强度见表3-21，样品和样品露头对应点激光强度与样品TOC含量之间关系见图3-61和图3-62。

表3-21 好烃源岩样品TOC含量、样品激光强度和样品露头对应点激光强度

| 序号 | 样品强度 / dB | 露头强度 / dB | 岩性 | TOC / % |
|---|---|---|---|---|
| 1 | -12.119 | -12.150 | 泥页岩 | 1.32 |
| 2 | -12.243 | -10.356 | 泥页岩 | 1.94 |
| 3 | -12.349 | -8.451 | 泥页岩 | 1.44 |
| 4 | -13.144 | -11.655 | 泥页岩 | 1.24 |
| 5 | -10.939 | -11.689 | 泥页岩 | 1.55 |
| 6 | -9.819 | -9.283 | 泥页岩 | 1.51 |
| 7 | -12.739 | -10.936 | 泥页岩 | 1.83 |
| 8 | -12.739 | -9.354 | 泥页岩 | 1.49 |
| 9 | -9.775 | -9.105 | 泥页岩 | 1.57 |
| 10 | -9.659 | -8.337 | 泥页岩 | 1.54 |
| 11 | -11.471 | -12.634 | 泥页岩 | 1.58 |
| 12 | -11.073 | -11.089 | 泥页岩 | 1.62 |
| 13 | -13.375 | -10.295 | 泥页岩 | 1.73 |
| 14 | -10.158 | -9.926 | 泥页岩 | 1.47 |
| 15 | -8.721 | -7.525 | 泥页岩 | 1.54 |
| 16 | -10.050 | -9.793 | 泥页岩 | 1.93 |
| 17 | -12.482 | -7.322 | 泥页岩 | 1.56 |
| 18 | -13.783 | -11.870 | 泥页岩 | 1.58 |
| 19 | -9.140 | -9.811 | 泥页岩 | 1.08 |
| 20 | -12.773 | -15.092 | 泥页岩 | 1.85 |
| 21 | -13.025 | -15.245 | 泥页岩 | 1.73 |
| 22 | -13.404 | -10.022 | 泥页岩 | 1.50 |
| 23 | -12.624 | -11.608 | 泥页岩 | 1.56 |
| 24 | -11.748 | -7.387 | 泥页岩 | 1.22 |
| 25 | -11.936 | -8.819 | 泥页岩 | 1.91 |
| 平均值 | -11.652 | -10.390 | 平均值 | 1.57 |

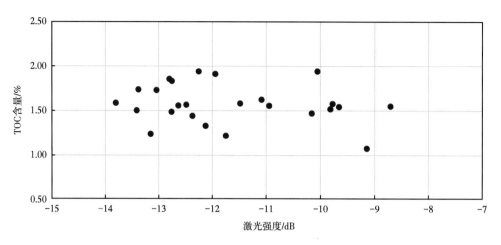

图 3-61　好烃源岩样品激光强度与样品 TOC 含量之间关系

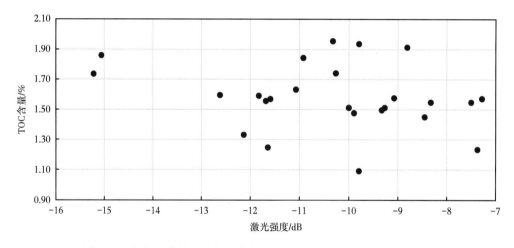

图 3-62　好烃源岩样品露头对应点激光强度与样品 TOC 含量之间关系

表 3-21 中，好烃源岩样品激光强度平均值和样品露头对应点激光强度平均值是 -11.652dB 和 -10.39dB；比很好烃源岩相应高 0.451dB 和 0.732dB。图 3-61 中，80% 的好烃源岩样品激光强度低于 -10dB，-14~-10dB 之间达到 80%。图 3-62 中，79% 的好烃源岩样品露头对应点激光强度低于 -9dB，-12.5~-8dB 之间达到 80%。

数据结果表明，好烃源岩样品激光强度平均值低于样品露头对应点激光强度平均值；考虑两者的激光强度平均值，样品激光强度低于 -10dB、样品露头对应点激光强度低于 -9dB 可以作为好烃源岩 TOC 含量估算图版。

### 3. 一般烃源岩激光强度估算图版

69 块样品分析数据中，有 9 块样品 TOC 含量达到一般烃源岩标准，样品烃源岩 TOC 含量、样品激光强度和样品露头对应点激光强度见表 3-22，样品和样品露头对应点激光强度与样品 TOC 含量之间关系见图 3-63 和图 3-64。

表 3-22　一般烃源岩样品 TOC 含量、样品激光强度和样品露头对应点激光强度

| 序号 | 样品强度 / dB | 露头强度 / dB | 岩性 | TOC / % |
|---|---|---|---|---|
| 1 | −12.006 | −9.812 | 泥灰岩 | 0.55 |
| 2 | −9.726 | −11.08 | 泥页岩 | 0.83 |
| 3 | −7.049 | −9.933 | 泥页岩 | 0.59 |
| 4 | −9.416 | −9.781 | 泥灰岩 | 0.87 |
| 5 | −7.571 | −9.784 | 泥页岩 | 0.88 |
| 6 | −8.333 | −7.591 | 泥页岩 | 0.50 |
| 7 | −9.031 | −8.901 | 泥页岩 | 0.90 |
| 8 | −9.726 | −4.958 | 泥页岩 | 0.72 |
| 9 | −5.611 | −4.917 | 泥页岩 | 0.83 |
| 平均值 | −8.718 | −8.529 | 平均值 | 0.69 |

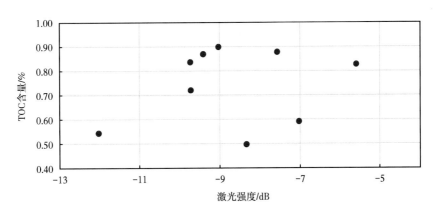

图 3-63　一般烃源岩样品激光强度与样品 TOC 含量之间关系

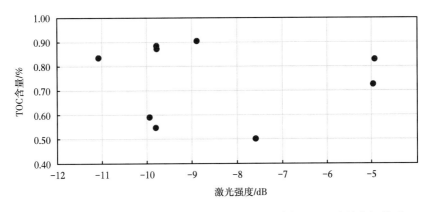

图 3-64　一般烃源岩样品露头对应点激光强度与样品 TOC 含量之间关系

表 3-22 中，一般烃源岩样品激光强度平均值和样品露头对应点激光强度平均值是 -8.718dB 和 -8.529dB。图 3-63 和图 3-64 中显示，一般烃源岩样品激光强度和样品露头对应点激光强度分布零散，从 -12~-5dB 都有分布，但 89% 的一般烃源岩样品激光强度和样品露头对应点激光强度都高于 -10dB。

数据结果表明，一般烃源岩样品激光强度平均值低于样品露头对应点激光强度平均值；考虑到样品数量和两者的激光强度平均值等情况，初步将样品激光强度高于 -9dB、样品露头对应点激光强度高于 -8.5dB 作为一般烃源岩 TOC 含量估算图版。

**4. 差烃源岩激光强度估算图版**

69 块样品分析数据中，有 10 块样品 TOC 含量达到差烃源岩标准，样品烃源岩 TOC 含量、样品激光强度和样品露头对应点激光强度见表 3-23，样品和样品露头对应点激光强度与样品 TOC 含量之间关系见图 3-65 和图 3-66。

表 3-23 差烃源岩样品激光强度平均值和样品露头对应点激光强度平均值是 -7.289dB 和 -7dB。图 3-65 和图 3-66 显示的特点与与一般烃源岩样品相似，差烃源岩样品激光强度值和样品露头对应点激光强度值分布零散，从 -10~-3dB 都有分布，但 80% 的差烃源岩样品激光强度值和样品露头对应点激光强度值都高于 -8dB。

表 3-23　差烃源岩样品 TOC 含量、样品激光强度和样品露头对应点激光强度

| 序号 | 样品强度 / dB | 露头强度 / dB | 岩性 | TOC / % |
|---|---|---|---|---|
| 1 | -8.185 | -4.994 | 泥页岩 | 0.30 |
| 2 | -6.260 | -7.655 | 泥页岩 | 0.22 |
| 3 | -8.487 | -8.018 | 泥页岩 | 0.24 |
| 4 | -9.335 | -9.039 | 泥页岩 | 0.33 |
| 5 | -7.734 | -10.073 | 泥页岩 | 0.33 |
| 6 | -8.702 | -6.781 | 泥页岩 | 0.17 |
| 7 | -5.262 | -9.72 | 泥页岩 | 0.26 |
| 8 | -9.100 | -6.446 | 泥页岩 | 0.20 |
| 9 | -7.531 | -4.064 | 泥页岩 | 0.38 |
| 10 | -8.910 | -3.308 | 泥页岩 | 0.15 |
| 平均值 | -7.289 | -7 | 平均值 | 0.27 |

数据结果表明，差烃源岩样品激光强度平均值低于样品露头对应点激光强度平均值；考虑到样品数量和两者的激光强度平均值等情况，初步将样品激光强度高于 -7dB、样品露头对应点激光强度高于 -7dB 作为差烃源岩 TOC 含量估算图版。

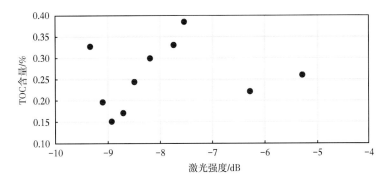

图 3-65　差烃源岩样品激光强度与样品 TOC 含量之间关系

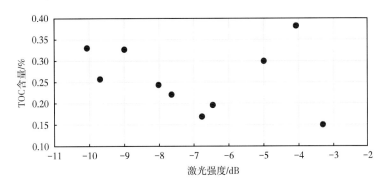

图 3-66　差烃源岩样品露头对应点激光强度与样品 TOC 含量之间关系

## 四、露头剖面烃源岩 TOC 含量估算与快速评价

依据四个级别泥质烃源岩的激光强度估算图版，很好烃源岩和好烃源岩样品露头对应点激光强度低于 -10dB 和 -9dB，一般烃源岩和差烃源岩样品露头对应点激光强度高于 -8.5dB 和 -7dB，可以对整个露头剖面开展烃源岩评价。

通过激光扫描得到露头剖面（广元东溪河筇竹寺页岩剖面）的激光强度数据，基于四个级别泥质烃源岩的激光强度估算图版，对广元东溪河筇竹寺页岩剖面直接进行 $K$—均值聚类，得到整个剖面的烃源岩 TOC 含量分布和评价结果（图 3-67）。

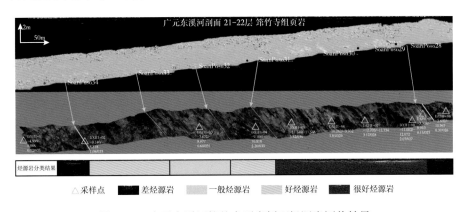

图 3-67　广元东溪河筇竹寺页岩剖面烃源岩评价结果

该剖面四个级别泥质烃源岩评价数据如表 3-24 所示，剖面厚度为 28.89m，其中很好烃源岩和好烃源岩合计厚度 19.23m，占比达到 66.6%。

表 3-24　广元东溪河筇竹寺页岩剖面烃源岩评价

| 分层 | 露头面积强度 / dB | 样品 TOC 含量 / % | 烃源岩评价 | 厚度 / m |
|---|---|---|---|---|
| 1 | -4.998 | 0.12 | 差烃源岩 | 3.96 |
| 2 | -9.140 | 1.08 | 好烃源岩 | 5.12 |
| 3 | -6.672 | 0.6 | 一般烃源岩 | 4.33 |
| 4 | -9.106 | 2.26 | 好烃源岩 | 3.58 |
| 5 | -11.279 | 3.32、3.83、3.17、2.07 | 很好烃源岩 | 10.53 |
| 6 | -3.308 | 0.15、0.37 | 差烃源岩 | 1.37 |

利用数字露头模型的激光强度数据，可以为优质烃源岩 TOC 含量评价提供快捷和直观的手段，此方法与传统优质烃源岩评价比较，不受采样数量的限制，可以实现剖面优质烃源岩整体快速评价。

# 第四章　碳酸盐岩数字露头地质信息提取

本章重点介绍碳酸盐岩数字露头地质信息提取方法，主要包括基于激光强度的碳酸盐岩岩性识别、基于高光谱波谱特征和机器学习的碳酸盐岩岩性识别、基于 Mask-RCNN 模型的孔洞自动识别与定量表征和多尺度 Beamlet 算法裂缝提取与定量表征。

## 第一节　基于激光强度的碳酸盐岩岩性识别

地面激光雷达扫描仪获得的激光强度数据在一定条件下与目标在激光束特定波长下的反射率成正比，因此本书作者开展了利用激光强度识别碳酸盐岩岩性的方法研究，主要包括石灰岩、含云灰岩、含灰云岩和白云岩的识别。

### 一、碳酸盐岩激光反射特性

选择 11 块具有不同岩性的碳酸盐岩样品（图 4-1），样品岩石成分见表 4-1，利用 FieldSpec3 ASD 光谱仪测得样品的高光谱反射曲线（图 4-2）。同时利用 RIEGL VZ-400 地面激光扫描仪

图 4-1　不同白云石含量的样品

获得激光强度数据（表 4-1）。设置扫描距离为 5~7m，扫描点间距为 1mm，最大限度的提高点云密度。

表 4-1　碳酸盐岩 11 块样品成分及激光强度

| 样号 | 定名 | 方解石 /% | 白云石 /% | 石英 /% | 激光强度 /dB |
|------|------|-----------|-----------|---------|--------------|
| 1 | 生物礁灰岩 | 97.1 | 2.9 | 0 | -0.81 |
| 2 | 生屑含云灰岩 | 84.1 | 15.9 | 0 | -1.92 |
| 3 | 生物礁含云灰岩 | 77.9 | 22.1 | 0 | -2.09 |
| 4 | 生物礁灰质云岩 | 48.5 | 51.5 | 0 | -1.54 |
| 7 | 粉晶含灰云岩 | 23.3 | 76.7 | 0 | -2.01 |
| 9 | 残余颗粒含灰云岩 | 18.5 | 79.6 | 1.9 | -2.69 |
| 10 | 含石英胶结物含灰云岩 | 12.1 | 74.4 | 13.5 | -2.68 |
| 5 | 残余颗粒云岩 | 6.9 | 88.5 | 4.6 | -3.73 |
| 8 | 粉晶云岩 | 1.6 | 96.7 | 1.7 | -2.90 |
| 11 | 泥晶云岩 | 0.4 | 99.6 | 0 | -3.28 |
| 12 | 泥晶云岩 | 0 | 97.7 | 2.3 | -7.05 |

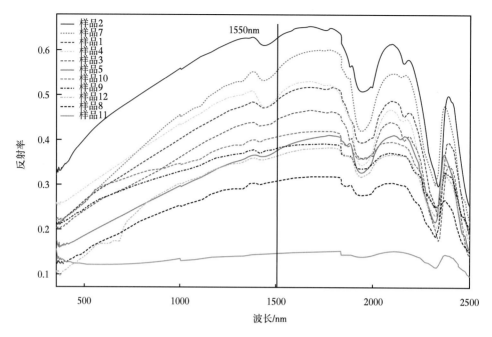

图 4-2　不同白云石含量样品的光谱曲线

图 4-2 样品光谱反射特性图显示，不同白云石含量样品的光谱曲线是有明显差异的，在激光的发射波长 1550nm 波段，石灰岩和白云岩也是具有明显反射特征差异。进一步分析白云石含量与激光强度的相关性（图 4-3），白云石含量与激光强度呈负相关关系，相关系数 $R^2$=0.8514。因此利用激光强度识别碳酸盐岩岩性是可行的。

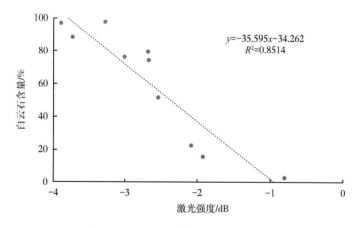

$y=-35.595x-34.262$
$R^2=0.8514$

图 4-3　白云石含量与激光强度相关性

## 二、碳酸盐岩岩性激光强度分类图版

基于激光强度的碳酸盐岩岩性识别是以薄片分析的样品岩性为标准，分析不同岩性的样品激光强度，建立样品激光强度识别图版；分析样品在露头上对应点的激光强度，建立露头对应点激光强度识别图版；直接在露头上统计激光强度面积均值，建立露头激光强度面积识别图版；通过三种识别图版实现白云岩和石灰岩的岩性识别，进而快速对整个露头剖面实现智能岩性填图（图4-4）。

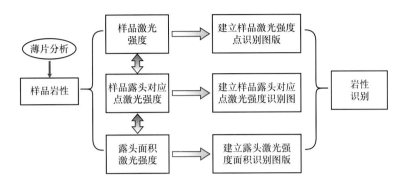

图 4-4　岩性识别流程

### 1. 样品激光强度分类图版

以四川盆地雷口坡组香水剖面采集的18块碳酸盐岩样品为例，通过薄片分析获得样品的岩石成分，利用激光扫描仪获取了样品的激光强度，包括两部分：样品激光强度和露头激光强度，如表4-2、图4-5所示。露头激光强度是样品在露头对应位置处的激光强度。因为样品扫描和露头扫描的距离不同，激光强度有所不同。

根据方解石和白云石的含量，将18块样品分为三类，石灰岩、含灰云岩和白云岩（表4-2）。基于样品激光强度与样品白云石含量分析，三类岩性的激光强度具有明显的区分，因此建立样品激光强度的岩性分类图版，如图4-5所示，其中石灰岩激光强度：-0.7~-0.5dB；含灰云岩激光强度：-1.2~-0.7dB；白云岩激光强度：-2.5~-1.2dB。

表 4-2　雷口坡组样品岩石成分及激光强度

| 样品编号 | 薄片定名 | 方解石/% | 白云石/% | 石膏/% | 泥质/% | 有机质/% | 铁矿硅质/% | 样品激光强度/dB | 露头激光强度/dB | 岩性分类 |
|---|---|---|---|---|---|---|---|---|---|---|
| $X_{17}$ | 泥晶灰岩 | 92 | 6 | | 2 | | | -0.63 | -3.8 | 石灰岩 |
| $X_{27}$ | 微亮晶藻灰岩 | 96 | 2 | | 2 | | | -0.65 | -3.18 | 石灰岩 |
| $X_7$ | 微晶—亮晶藻砂屑灰岩 | 95 | 0 | | 2 | 3 | | -0.59 | -3.81 | 石灰岩 |
| $X_{24}$ | 泥晶含灰白云岩 | 10 | 84 | | 6 | | | -1.14 | -4.19 | 含灰云岩 |
| $X_{26}$ | 残余砂屑细晶白云岩 | 10 | 82 | | 8 | | | -1.10 | -4.02 | 含灰云岩 |
| $X_2$ | 泥晶含灰云岩 | 15 | 81 | 4 | | | | -0.97 | -3.98 | 含灰云岩 |
| $X_1$ | 泥晶—亮晶鲕粒灰质云岩 | 20 | 80 | | | | | -0.96 | -4.01 | 含灰云岩 |
| $X_3$ | 泥晶含灰云岩 | 22 | 76 | | 2 | | | -0.79 | -3.94 | 含灰云岩 |
| $X_{22}$ | 残余砂屑粉晶白云岩 | 2 | 96 | | 2 | | | -1.42 | -4.21 | 白云岩 |
| $X_{25}$ | 粉晶白云岩 | 2 | 95 | | 3 | | | -1.34 | -4.46 | 白云岩 |
| $X_{16}$ | 泥晶白云岩 | 0 | 94 | 4 | 2 | | | -1.31 | -4.2 | 白云岩 |
| $X_4$ | 亮晶藻砂屑云岩 | 4 | 94 | | | 2 | | -1.54 | -4.41 | 白云岩 |

| 样品编号 | 薄片定名 | 方解石/% | 白云石/% | 石膏/% | 泥质/% | 有机质/% | 铁矿硅质/% | 样品激光强度/dB | 露头激光强度/dB | 岩性分类 |
|---|---|---|---|---|---|---|---|---|---|---|
| $X_{11}$ | 细晶白云岩 | 0 | 93 | | 5 | 2 | | -1.51 | -5.29 | 白云岩 |
| $X_5$ | 泥晶含砂屑云岩 | 5 | 93 | | 2 | | | -2.11 | -5.11 | 白云岩 |
| $X_8$ | 粉晶白云岩 | 2 | 92 | | 6 | | | -2.31 | -6.63 | 白云岩 |
| $X_{10}$ | 微晶—泥晶白云岩 | 6 | 92 | | 2 | | | -1.53 | -5.68 | 白云岩 |
| $X_9$ | 亮晶纹层状藻云岩 | 8 | 88 | | 4 | | | -1.97 | -5.12 | 白云岩 |
| $X_{18}$ | 泥晶白云岩 | 2 | 87 | 2 | 2 | | 7 | -1.87 | -5.28 | 白云岩 |

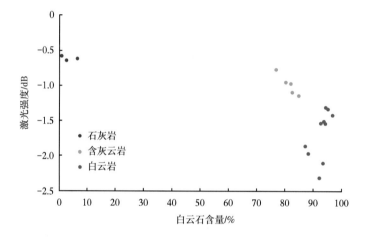

图 4-5　样品激光强度岩性分类图版

### 2. 露头剖面点激光强度分类图版

基于露头剖面激光强度与样品白云石含量分析，三类岩性的激光强度仍然具有明显的区分，因此可以建立露头剖面激光强度岩性分类图版，如图 4-6 所示，其中石灰岩激光强度：-3.85~-3dB；含灰云岩激光强度：-4.2~-3.85dB；白云岩激光强度：-6~-4.2dB。

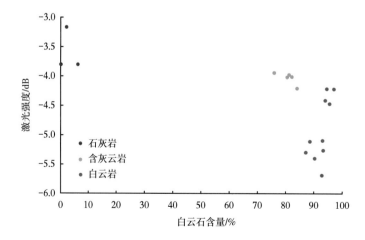

图 4-6　露头剖面点激光强度岩性分类图版

### 三、露头剖面碳酸盐岩岩性激光强度分类

通过激光扫描得到露头剖面的激光强度数据，基于以上露头点激光强度的岩性分类图版，对露头剖面直接进行 $K$—均值聚类，得到整个露头剖面的岩性分布（图 4-7）。

a. 激光强度图像

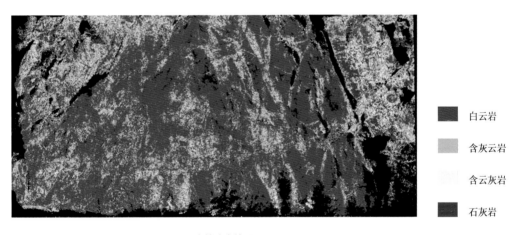

白云岩

含灰云岩

含云灰岩

石灰岩

b. 岩性分类结果

图 4-7　露头剖面激光强度和岩性分类结果

从分类结果可以得到不同岩性含量比例，其中白云岩占 40.8%，含灰云岩占 27.65%，含云灰岩占 19.66%，石灰岩占 11.89%。该露头剖面以白云岩为主，含灰云岩次之；总体白云岩与含灰云岩、含云灰岩及石灰岩互层分布。

香水露头剖面雷口坡组雷三$_3$亚段数字露头模型如图 4-8 所示，露头剖面激光强度如图 4-9 所示，基于上述露头剖面激光强度岩性分类图版对整个剖面的激光强度进行划分，划分 20 个小层（图 4-10）。

将分类结果与薄片分析样品岩性对比分析，总体上雷三$_3$亚段岩性分类符合率达到 95%（表 4-3）。

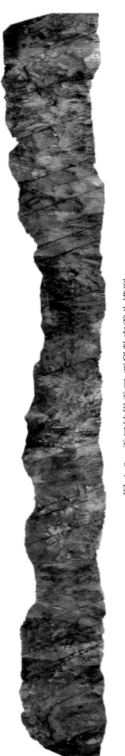

图 4-8　雷口坡组雷三₃亚段数字露头模型

图 4-9　雷口坡组雷三₃亚段激光强度剖面

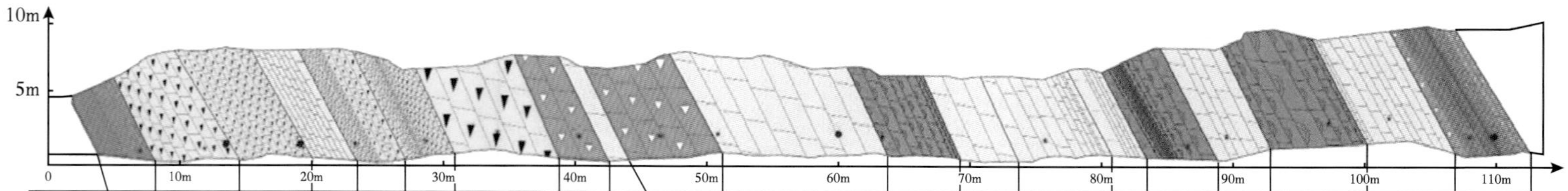

| 层号 | 1 | 2 | 3 | 4 | 5 | 6 | 7 | 8 | 9 | 10 | 11 | 12 | 13 | 14 | 15 | 16 | 17 | 18 | 19 | 20 |
|---|---|---|---|---|---|---|---|---|---|---|---|---|---|---|---|---|---|---|---|---|
| 样品编号 | 0 | 1、X-9 | X-10 | | 2 | 3 | 4 | 5 | | 6 | 7、X-11 | 8 | | 9 | | 10 | 11 | 12 | 13 | 14、X-12 |
| 厚度/m | 3.84 | 4.61 | 6.60 | 4.16 | 3.40 | 4.18 | 8.75 | 4.87 | 1.70 | 10.6 | 11.7 | 5.11 | 4.98 | 5.12 | 2.07 | 4.96 | 4.92 | 6.98 | 5.76 | 4.78 |
| 激光强度/dB | 3.96 | 5.01 | 5.41 | 4.80 | 5.09 | 5.67 | 5.54 | 5.11 | 4.45 | 5.50 | 4.98 | 4.72 | 4.96 | 4.26 | 4.97 | 4.95 | 4.45 | 4.67 | 4.78 | 5.09 |
| 岩性 | 石灰岩 | 藻屑白云岩 | 藻屑白云岩 | 白云岩 | 藻屑白云岩 | 藻屑白云岩 | 藻屑白云岩 | 角砾白云岩 | 白云岩 | 角砾白云岩 | 白云岩 | 藻屑白云岩 | 白云岩 | 白云岩 | 白云岩 | 藻屑白云岩 | 白云岩 | 藻屑白云岩 | 白云岩 | 角砾白云岩 |

图例：角砾白云岩　白云岩　藻屑白云岩　石灰岩

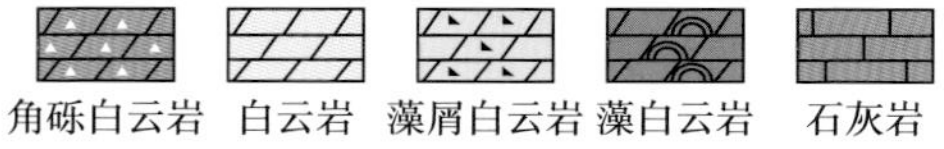

图 4-10　雷口坡组雷三₃亚段数字—地质信息剖面图

表 4-3 雷三³亚段小层岩性与样品岩性对比表

| 小层号 | 样品号 | 薄片定名 | 激光强度 /dB | 方法定名 | 符合情况 |
|---|---|---|---|---|---|
| L33-1 | 0 | 泥晶白云岩 | -3.84 | 灰岩 | 不符合 |
| L33-2 | 1 | 亮晶砂屑云岩 | -5.01 | 藻屑白云岩 | 符合 |
| L33-3 | XSZ-T2L3-9 | 亮晶纹层状藻云岩 | -5.01 | 藻屑白云岩 | 符合 |
| L33-3 | XSZ-T2L3-10 | 微晶—泥晶白云岩 | -5.41 | 藻屑白云岩 | 符合 |
| L33-5 | 2 | 亮晶砂屑云岩 | -5.09 | 藻屑白云岩 | 符合 |
| L33-6 | 3 | 亮晶砂屑云岩 | -5.67 | 藻屑白云岩 | 符合 |
| L33-7 | 4 | 亮晶砂屑云岩 | -5.54 | 藻屑白云岩 | 符合 |
| L33-8 | 5 | 亮晶角砾云岩 | -5.11 | 角砾白云岩 | 符合 |
| L33-10 | 6 | 亮晶角砾云岩 | -5.5 | 角砾白云岩 | 符合 |
| L33-11 | 7 | 细晶白云岩 | -4.98 | 白云岩 | 符合 |
| L33-12 | XSZ-T2L3-11 | 细晶白云岩 | -4.98 | 白云岩 | 符合 |
| L33-12 | 8 | 泥晶白云岩（铸体） | -4.72 | 藻白云岩 | 符合 |
| L33-14 | 9 | 泥晶白云岩 | -4.26 | 白云岩 | 符合 |
| L33-16 | 10 | 微晶白云岩（铸体） | -4.95 | 藻白云岩 | 符合 |
| L33-17 | 11 | 泥晶白云岩 | -4.45 | 白云岩 | 符合 |
| L33-18 | 12 | 泥晶白云岩（铸体） | -4.67 | 藻白云岩 | 符合 |
| L33-19 | 13 | 泥晶白云岩 | -4.78 | 白云岩 | 符合 |
| L33-20 | 14 | 亮晶角砾云岩 | -5.09 | 角砾白云岩 | 符合 |
| L33-20 | XSZ-T2L3-12 | 泥晶—微晶含粉—砂屑云岩 | -5.09 | 角砾白云岩 | 符合 |

# 第二节　基于高光谱的碳酸盐岩岩性识别

高光谱遥感数据能够提供地物丰富的光谱信息，使其在岩性分类和矿物识别领域应用广泛。由于岩石的物理化学组分不同，在高光谱数据中显示出不同的光谱特征，因此在进行岩性分类和识别时，首先要了解岩石矿物的光谱特征，然后选择合适的方法进行岩性识别。

## 一、碳酸盐岩高光谱特征

岩石和矿物在电磁波的照射下，引起分子内部某种运动，从而吸收、散射或转动某种波长的光。在400~2500nm光谱区间内，矿物的吸收谱带本质上都可归结于与其物质组分、内部晶格结构等有关的电子过程或原子基团振动过程的合频与倍频。在可见—近红外光谱区（400~1300nm），岩石吸收光谱的产生机理，主要是内部金属阳离子的电子跃迁或振动过程（Hunt，1977）。电子过程是原子或离子中的电子从一个能态跃迁到另一个能态，或电子在离子之间，或离子与配位基之间的迁移，其谱带特征取决于离子的价态、配位数及位置对称性、配位基的类型、配位基的原子间距以及金属离子位置的畸变。在短波红外光谱区（1300~2500nm），吸收光谱由羟基、水分子和碳酸根等基团的分子振动引起。振动过程是矿物晶体中原子基团受键力作用在平衡位置附近所发生的振动，或基团整体相对于整个晶格的振动，振动光谱受振动的频率（决定谱带位置）、强度（决定谱带强度）和激发过程（产生基频的倍频和合频）的控制，取决于基团中原子的数量和质量、原子的几何排布、原子间的结合力等。因此，矿物光谱吸收谱带的数量、位置（波长）、深度、主次序列关系、以及波形特征直接反映了矿物的组成和晶体结构。

碳酸盐岩的岩性自动识别一直是个难题，通过高光谱数据的光谱特征对于碳酸盐岩岩性识别具有一定帮助。可以从高光谱数据的以下几个方面来识别：吸收位置、吸收深度、吸收面积、吸收宽度、吸收对称性、光谱斜率、光谱导数、光谱吸收数目等。其中，吸收位置、吸收深度是最重要的诊断性光谱特征。

碳酸盐岩依据碳酸盐岩中白云石（CaMg[CO_3]_2）和方解石（Ca[CO_3]）含量细分为石灰岩、云质灰岩、灰质云岩和白云岩。$CO_3^{2-}$有多种活跃的基本振荡模式，其共同作用形成了2300~2350nm很强烈的吸收特征，以及2120~2160nm，1970~2000nm和1850~1870nm，1730~1780nm等较小吸收特征（Gaffey，1987；Clark，2003；Hunt，1997）。这些吸收特征的位置随成分而改变，见图4-11。白云岩与石灰岩典型差异在镁元素含量，因此镁元素含量是区分云化程度的关键指标。

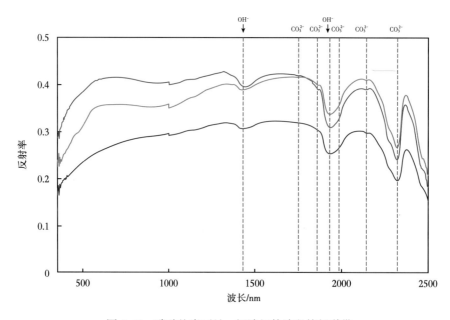

图4-11　碳酸盐岩可见—短波红外波段特征谱带

## 二、基于局部波形特征的岩性识别

基于局部波形特征的岩性识别方法的基本原理是岩石和矿物光谱的吸收谷形态特征和岩石矿物的理化组分存在较大相关性。吸收谷形态特征主要包括吸收谷波长位置、宽度、深度、对称性和面积等。局部波形特征已广泛应用在岩性和矿物识别中（Van Der Meer，2004），主要步骤是首先提取局部波形特征参数，其次应用统计方法，将提取的波形特征参数和待识别的参量进行统计分析，得出规律，最后根据规律对岩石或矿物进行识别。

本书将局部波形特征和决策树相结合，首先对碳酸盐岩样品进行高光谱采集分析，然后提取样品的局部波形特征参数，并且对提取的波形特征参数进行数据处理。其次对碳酸盐岩中的两大类岩性，白云岩和石灰岩，进行统计分析，设置决策树的相关阈值。最后对构建的决策树模型进行优化和精度评价。基于波形特征的岩性识别流程如图4-12所示。

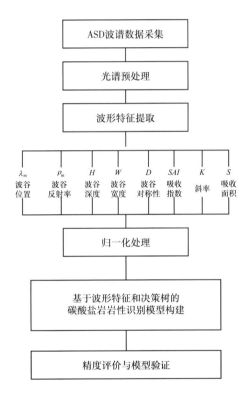

图 4-12　基于波形特征的岩性识别流程图

本案例有碳酸盐岩样品数量 206 个，样品来源于四川川东四个露头剖面（见天坝、沙市镇、红花和盘龙洞露头剖面）和川西三个露头剖面（桂溪、剑门和香水露头剖面）和一个鄂尔多斯露头剖面（河津西砲口露头剖面）。在实验室使用 Field Spec3 ASD 设备对 206 块样品进行高光谱数据采集。高光谱数据采集时每个样品表面采集 3 个样点，每个样点设置采集 10 次平均，通过求平均获得样品最终高光谱数据，最终高光谱数据参照白板数据进行校正。同时通过实验室薄片鉴定得到样品岩性及成分数据。

**1. 数据预处理**

光谱数据预处理的目的是有效地突出光谱曲线的吸收和反射特征，使得可以在同一基准线上对比吸收特征。预处理包括光谱曲线的连续统生成，连续统消除法归一化处理两个步骤。经过连续统消除法归一化后的图像，有效地抑制了噪声，突出了地物波谱的特征信息，便于碳酸盐岩的分类和识别。

1）连续统生成

连续统相当于光谱曲线的"外壳"，因为实际的光谱曲线由离散的样点组成，所以用连续的折线段近似光谱曲线的包络线。连续统生成采用 Clark 提出的外壳系数法。具体算法如下：通过求导得到光谱曲线上的所有极大值点，即突出的"峰"值点，然后找出所有极大值点中最大值点；以最大值点作为连续统的一个端点，计算该点与波长增加的方向各个极大值连线的斜率，以斜率最大点作为包络线的下一个端点，再以此点为起点循环，直到最后一点；以最大值点作为包络线的一个端点，向波长较短的方向进行类似计算，以斜率最小点为下一个端点，再以此点为起点循环，直到曲线上的开始点；沿波长增加方向连接所有端点，可相乘连续统。

2）连续统消除法归一化处理

用实际反射率去除连续统上相应波段的反射率，可得到连续统消除法归一化后的值。该步骤目的在于将反射率归一化到 0~1 区间，并且得到了很大的增强，因此可以更加有效地和其他光谱曲线进行光谱特征数值的比较。图 4-13 是部分石灰岩和白云岩样品连续统消除法归一化结果，图中可以明显看出碳酸盐矿物在 2000~2500nm 区间吸收特征明显，图中可以看出石灰岩和白云岩吸收波谷对应的波段位置不同。

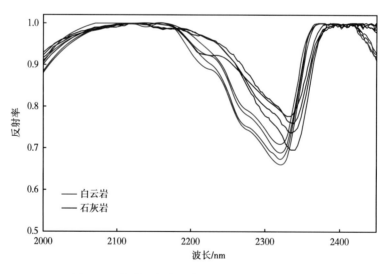

图 4-13　部分石灰岩和白云岩去连续统光谱比较

**2. 局部波形特征参数提取**

局部波形特征参数提取如图 4-14 所示，基于原始数据和基于去连续统数据的波形参数提取方法大致相似，以去连续统数据提取参数为例，特征参数详细描述如表 4-4 所示。

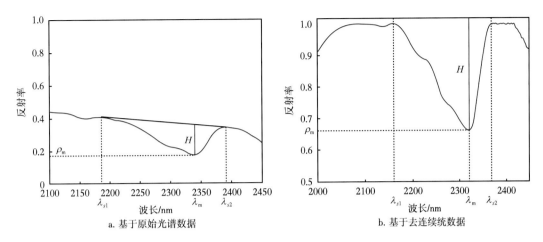

a. 基于原始光谱数据　　　　　　　　b. 基于去连续统数据

图 4-14　波形特征参数示意图

**表 4-4　去统波形特征参数说明**

| 波形特征 | 特征说明 | 公式 |
|---|---|---|
| $\lambda_{s1}$ | 吸收带左侧肩部对应的波长 | — |
| $\rho_{s1}$ | 左肩反射率 | — |
| $\lambda_{s2}$ | 吸收带右侧肩部对应的波长 | — |
| $\rho_{s2}$ | 右肩反射率 | — |
| $\lambda_m$ | 吸收带反射率最低处对应的波长 | — |
| $\rho_m$ | 吸收带反射率最低处对应的反射率 | — |
| $H$ | 吸收谷反射率最低处的深度 | $H = \left| 1 - \rho_m \right|$ |
| $W$ | 吸收带两侧肩部的波谱带宽 | $W = \lambda_{s2} - \lambda_{s1}$ |
| $D$ | 过吸收带反射率最低处垂线的左右两部分对称程度 | $D = \dfrac{\lambda_m - \lambda_{s1}}{\lambda_{s2} - \lambda_{s1}}$ |
| $SAI$ | 光谱吸收指数 | $SAI = \dfrac{D\rho_{s1} + (1-D)\rho_{s2}}{\rho_m}$ |
| $S$ | 吸收带曲线与两侧肩部连线所围成的面积 | $(\lambda_{s2} - \lambda_{s1}) - \displaystyle\int_{\lambda_{s1}}^{\lambda_{s2}} \rho_{\lambda} d\lambda$ |

　　结合前人研究和样品的光谱特征，选取了吸收特征较明显的7个区间：1350~1550nm，1680~1760nm，1840~1880nm，1870~2100nm，1960~2000nm，2120~2200nm，2100~2500nm。其中1400nm和1900nm附近的两个区间与水和羟基有关，为了全面了解波形特征和矿物成分的关系，我们也将这两个区间考虑在内。针对每个区间，提取如表4-4所列

的 7 个主要波形特征参数，每个样品的特征参数提取又分为基于原始光谱数据和去连续统光谱数据，因此每个样品，共提取 98 个波形特征参数（原始光谱数据和去连续统光谱数据各 49 个）。主要采用散点图和箱线图两种方法对所提取的波形特征参数进行统计，分析和比较，评价波形特征参数的区分度。散点图用来描述碳酸盐岩样品在 $\lambda_m$ 和 $\rho_m$ 特征空间的分布情况和规律，箱线图用来描述所有单个特征参数样品的分布情况和规律。下面详细介绍样品在 7 个区间的特征参数的分布情况，本书从 98 个特征中，除了 $\lambda_m$ 和 $\rho_m$ 这两个重要特征外，其他特征根据对白云岩和石灰岩区分度情况进行了筛选，只列举有一定区分度的特征参数。

1）光谱区间 1350~1550nm

（1）特征参数 $\lambda_m$ 和 $\rho_m$。从散点图 4-15 看出，在该区间，白云岩和石灰岩的区分度并不太明显，其主要原因是该区间的吸收特征产生的主要原因是水分子和羟基。

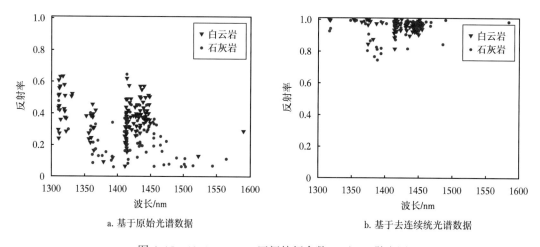

a. 基于原始光谱数据　　　　b. 基于去连续统光谱数据

图 4-15　1350~1550nm 区间特征参数 $\lambda_m$ 和 $\rho_m$ 散点图

（2）其他特征参数。图 4-16 显示了该区间白云岩样品和石灰岩样品箱线图差异较大的 4 个特征参数。不管是原始光谱数据还是去连续统光谱数据，白云岩样品的特征参数 $H$ 值均略大于石灰岩样品，这表明白云岩样品在该处吸收谷更为明显；特征参数 $SAI$ 跟 $H$ 规律相似。

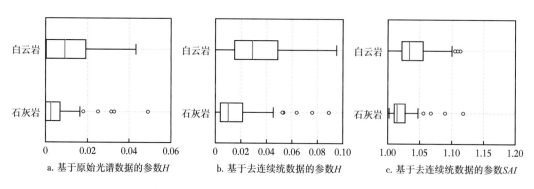

a. 基于原始光谱数据的参数 $H$　　b. 基于去连续统数据的参数 $H$　　c. 基于去连续统数据的参数 $SAI$

图 4-16　1350~1550nm 区间部分特征参数箱线图

2）光谱区间 1680~1760nm

（1）特征参数 $\lambda_m$ 和 $\rho_m$。从图 4-17 中可以看出，不管是原始光谱数据还是去连续统光谱数据，该区间特征参数 $\lambda_m$ 和 $\rho_m$ 对白云岩和石灰岩的区分度均不高。

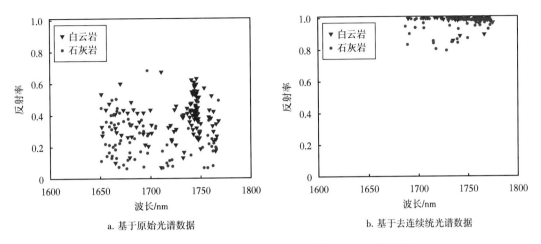

a. 基于原始光谱数据　　b. 基于去连续统光谱数据

图 4-17　1680~1760nm 区间特征参数 $\lambda_m$ 和 $\rho_m$ 散点图

（2）其他特征参数。图 4-18 显示了该区间差异较大的 5 个特征参数。白云岩样品特征参数 $W$、$H$ 和 $SAI$ 略大于石灰岩样品，其中特征参数 $H$ 和 $SAI$ 虽然存在差异，但由于整体数值差异较小，因此不适合作为单独区分白云岩和石灰岩的特征参数。

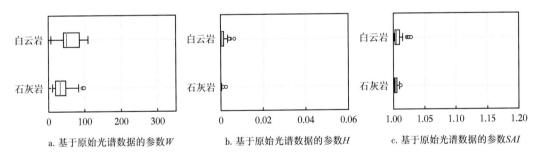

a. 基于原始光谱数据的参数$W$　　b. 基于原始光谱数据的参数$H$　　c. 基于原始光谱数据的参数$SAI$

图 4-18　1680~1760nm 区间部分特征参数箱线图

3）光谱区间 1840~1880nm

（1）特征参数 $\lambda_m$ 和 $\rho_m$。如图 4-19 所示，基于原始光谱数据的特征参数 $\lambda_m$ 和 $\rho_m$ 两者无很明显差异。在去连续统光谱数据情况下（图 4-19b），大部分白云岩样品在特征空间中聚集在 1875nm 左侧区域，石灰岩样品主要集中在 1875nm 右侧，因此特征参数 $\lambda_m$=1875nm 可以用来一定程度上区分白云岩和石灰岩。

（2）其他特征参数。图 4-20 显示了该区间差异较大的 3 个特征参数。如图 4-20 所示，石灰岩样品的特征参数 $H$ 和 $SAI$ 较集中，并且较白云岩样品偏小，其中特征参数 $H$ 虽然有一定的区分度，但是异常值较多，不适合作为单独区分白云岩和石灰岩的特征参数。

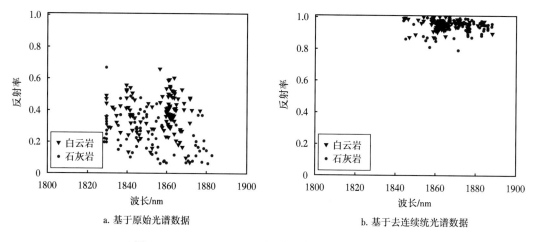

a. 基于原始光谱数据　　　　　　　　　　b. 基于去连续统光谱数据

图 4-19　1840~1880nm 区间特征参数 $\lambda_{\mathrm{m}}$ 和 $\rho_{\mathrm{m}}$ 散点图

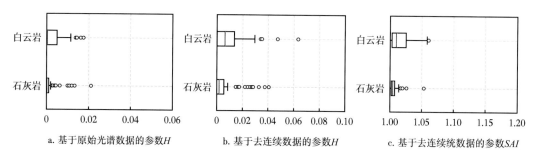

a. 基于原始光谱数据的参数 $H$　　　b. 基于去连续数据的参数 $H$　　　c. 基于去连续统数据的参数 $SAI$

图 4-20　1840~1880nm 区间部分特征参数箱线图

4）光谱区间 1870~2100nm

（1）特征参数 $\lambda_{\mathrm{m}}$ 和 $\rho_{\mathrm{m}}$。如图 4-21 所示，在该区间特征参数 $\lambda_{\mathrm{m}}$ 和 $\rho_{\mathrm{m}}$ 对碳酸岩盐样品区分度不高。

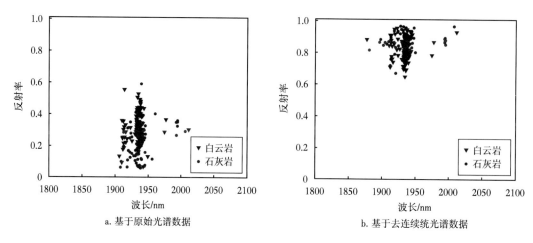

a. 基于原始光谱数据　　　　　　　　　　b. 基于去连续统光谱数据

图 4-21　1870~2100nm 区间特征参数 $\lambda_{\mathrm{m}}$ 和 $\rho_{\mathrm{m}}$ 散点图

（2）其他特征参数。图 4-22 显示了该区间差异较大的 6 个特征参数。如图 4-22 所示，白云岩样品的特征参数 $H$ 和 $SAI$ 要略大于石灰岩样品，可以一定程度的区分白云岩和石灰岩；虽然特征参数 $W$ 和 $S$ 的箱线图主体存在差异，但是存在较多异常值，因此并不能有效区分白云岩和石灰岩。

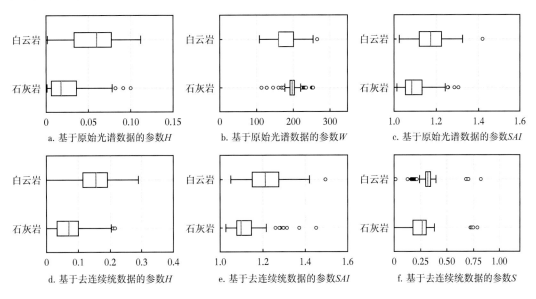

a. 基于原始光谱数据的参数 $H$　　b. 基于原始光谱数据的参数 $W$　　c. 基于原始光谱数据的参数 $SAI$

d. 基于去连续统数据的参数 $H$　　e. 基于去连续统数据的参数 $SAI$　　f. 基于去连续统数据的参数 $S$

图 4-22　1870~2100nm 区间部分特征参数箱线图

5）光谱区间 1960~2000nm

（1）特征参数 $\lambda_m$ 和 $\rho_m$。如图 4-23 所示，白云岩样品的基于原始光谱数据的特征参数 $\lambda_m$ 小于石灰岩样品对应的特征参数；光谱数据去连续统以后，特征参数 $\lambda_m$ 小于 1978nm，以石灰岩为主。

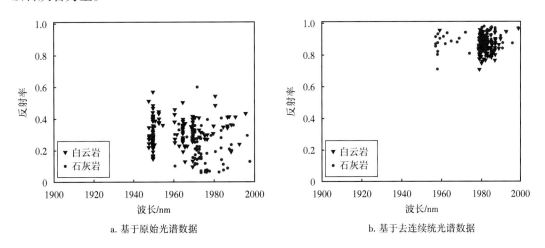

a. 基于原始光谱数据　　　　　　　　b. 基于去连续统光谱数据

图 4-23　1960~2000nm 区间特征参数 $\lambda_m$ 和 $\rho_m$ 散点图

（2）其他特征参数。图 4-24 显示了该区间差异较大的两个特征参数。白云岩和石灰岩的特征参数 $D$ 均较小，大部分白云岩样品该特征参数为 0，箱线图显示该参数存在异常点，不能作为单独区分白云岩和石灰岩的特征参数。

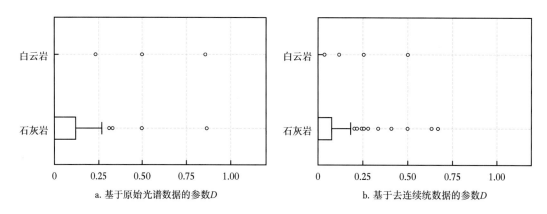

a. 基于原始光谱数据的参数$D$             b. 基于去连续统数据的参数$D$

图 4-24　1960~2000nm 区间部分特征参数箱线图

6）光谱区间 2120~2200nm

（1）特征参数 $\lambda_m$ 和 $\rho_m$。如图 4-25 所示，基于原始光谱数据的特征参数 $\lambda_m$ 和 $\rho_m$ 区分度并不是很好。基于去连续统光谱数据的特征参数 $\lambda_m$，大部分石灰岩样品大于白云岩样品对应的特征参数，大部分白云岩样品的 $\rho_m$ 略大于石灰岩样品对应的特征参数。

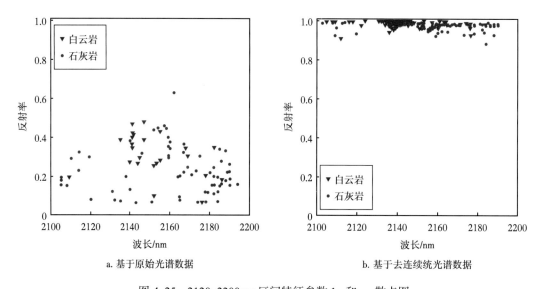

a. 基于原始光谱数据                 b. 基于去连续统光谱数据

图 4-25　2120~2200nm 区间特征参数 $\lambda_m$ 和 $\rho_m$ 散点图

（2）其他特征参数。图 4-26 显示了该区间差异较大的 3 个特征参数。从图 4-26 看出，白云岩样品的特征参数 $SAI$ 较石灰岩样品偏大，可以作为判别特征。特征参数 $D$ 和 $S$ 存在较多异常点，因此不能有效区分白云岩和石灰岩。

7）光谱区间 2100~2500nm

（1）特征参数 $\lambda_m$ 和 $\rho_m$。如图 4-27 所示，白云岩和石灰岩在特征参数 $\lambda_m$ 可以被较好的区分，大部分白云岩样品的特征参数 $\lambda_m$ 小于 2325nm。

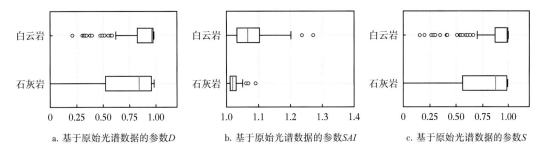

a. 基于原始光谱数据的参数$D$　　　b. 基于原始光谱数据的参数$SAI$　　　c. 基于原始光谱数据的参数$S$

图 4-26　2120~2200nm 区间部分特征参数箱线图

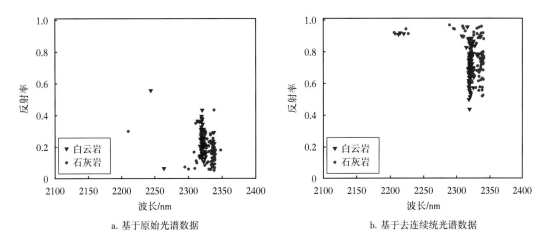

a. 基于原始光谱数据　　　　　　　　　　b. 基于去连续统光谱数据

图 4-27　2100~2500nm 区间特征参数 $\lambda_m$ 和 $\rho_m$ 散点图

（2）其他特征参数。

图 4-28 显示了该区间差异较大的两个特征参数。如图 4-28 所示，石灰岩样品的特征参数吸收谷宽度（$W$）大于白云岩样品，但是存在异常值过多，因此不能有效区分白云岩和石灰岩。

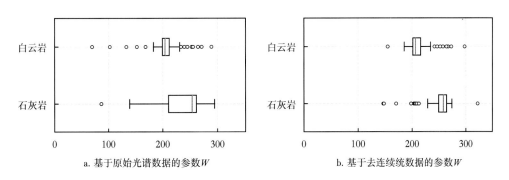

a. 基于原始光谱数据的参数$W$　　　　　　b. 基于去连续统数据的参数$W$

图 4-28　2100~2500nm 区间部分特征参数箱线图

综合上述各个区间的特征参数，有一定区分度的特征参数如表 4-5 所示。

表 4-5　有区分度的特征参数统计

| 波段序号 | 开始/nm | 结束/nm | 类型 | $\lambda_m$ 和 $\rho_m$ | $H$ | $W$ | $D$ | $SAI$ | $S$ |
|---|---|---|---|---|---|---|---|---|---|
| 1 | 1350 | 1550 | 原始 | √ | √! | | | | |
| | | | 去统 | | √ | | | √! | |
| 2 | 1680 | 1760 | 原始 | | √! | √ | | √! | |
| | | | 去统 | √! | | | | | |
| 3 | 1840 | 1880 | 原始 | | √ | | | √ | |
| | | | 去统 | √ | √! | | | | |
| 4 | 1870 | 2100 | 原始 | | √ | √! | | √! | |
| | | | 去统 | | √ | | | √! | √! |
| 5 | 1960 | 2000 | 原始 | √! | | | √ | | |
| | | | 去统 | √ | | | √ | | |
| 6 | 2120 | 2200 | 原始 | √! | | | √! | √ | √! |
| | | | 去统 | √! | | | | | |
| 7 | 2100 | 2500 | 原始 | √ | | √! | | | |
| | | | 去统 | √ | | √! | | | |

注：表中"√"代表该特征参数的白云岩与石灰岩箱线图有一定差异性，"！"代表该特征参数箱线图中存在一定数量的异常点，不适合单独使用该特征参数来区分白云岩和石灰岩。

上述数据表明，每个特征参数对白云岩和石灰岩都有不同程度的区分作用，区分效果各有差异。整体来讲，大多数区间的特征参数 $\lambda_m$ 和 $\rho_m$ 对白云岩和石灰岩都有一定的区分能力，$H$ 与 $\rho_m$ 实属一个特征，因此需要将它和 $\lambda_m$、$\rho_m$ 特征等同考虑，其次是 $SAI$ 和 $W$，特征参数面积 $S$ 和对称性 $D$ 对白云岩和石灰岩区分度最弱。

在所选取的七个波段区间中，大多数波段区间都存在可以区分白云岩和石灰岩的特征参数，其中 2100~2500nm 区分度最佳。

原始光谱数据和去连续统光谱数据相比，去连续统光谱数据方法虽然可以增强波谷之间的差异性，但是会改变原始光谱数据，对结果有一定的影响。因此是否需要去连续统光谱数据处理要视情况来定。

部分特征参数对白云岩和石灰岩区分效果明显，故置信度较高；部分特征参数的光谱数据分离度并不高，因此置信度相对较低，在进行具体岩性识别时，应先以置信度高的特征参数为主，置信度相对较低的特征参数为辅。

**3. 岩性识别模型构建**

根据前面的分析结果，采用决策树方法来构建碳酸盐岩岩性识别模型。在波形特征的选择上优先选择置信度较高的特征参数，其次有些置信度较低的特征参数，在某一个特殊区间可以较好的区分样品，这类特征参数也考虑在内。在选择特征参数的过程中，发现通过不同的特征参数得到的识别结果有相同的情况，这就需要删除某些结果重复的特征参数，选择结果区分度最佳的特征参数组合，优化决策树模型。决策树模型的阈值确定是基于对白云岩和石灰岩样品局部波形特征的统计分析获得（参考箱线图和散点图），通过试验不同阈值对结果的影响，最终将可以最大程度地区分白云岩和石灰岩的光谱特征的阈值作为最终模型的阈值。通过对特征参数结果的对比分析，考虑到模型的普适性，最终选择 $\lambda_m$ 和 $H$ 这两个波形特征参数组合方法，具体模型如图 4-29 所示。

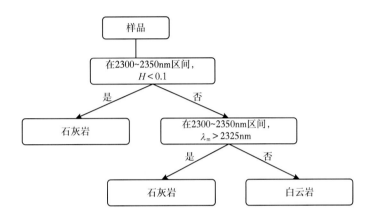

图 4-29　基于波形特征参数的碳酸盐岩岩性识别模型

**4. 精度评估**

模型精度评价采用混淆矩阵的方法和总体精度评价，总体精度定义为正确分类的样品数量总和除以总样品数。如表 4-6 所示，对 206 块碳酸盐岩样品二分类，岩性识别模型总体精度达到 93.69%。

表 4-6　岩性识别模型精度评价

| | | 分类结果 | | |
|---|---|---|---|---|
| | | 白云岩 | 石灰岩 | 总和 |
| 样品 | 白云岩 | 115 | 10 | 125 |
| | 石灰岩 | 3 | 78 | 81 |
| | 总和 | 118 | 88 | 206 |
| 总体精度 | | 93.69% | | |

## 三、基于机器学习的岩性识别

机器学习通过计算机算法，模拟人类的学习方法和学习思维，通过统计学方法，快速地学习已知数据的规律，进而近似达到人类识别和解决问题的效果。机器学习在岩性识别领域已经有广泛的应用（Rodriguez Galiano et al.，2015）。基于机器学习的岩性和矿物识别主要包括光谱数据采集、光谱数据预处理、特征提取、模型构建、模型优化和精度评价等步骤。其中高光谱数据的质量和特征是否具有代表性直接影响模型的精度和运行时间。

本案例使用的样品高光谱数据和本节"基于局部波形特征的岩性识别"一样。样品数206 个，其中石灰岩 81 个，白云岩 125 个。本案例通过对光谱数据进行预处理，采用多种特征选择的方法相结合，对高光谱数据进行特征选择；使用多个机器学习算法对样品中白云石和方解石含量进行预测，选择精度最高的算法，最后根据矿物含量预测结果对碳酸盐岩岩性分类。本方法技术路线如图 4-30 所示。

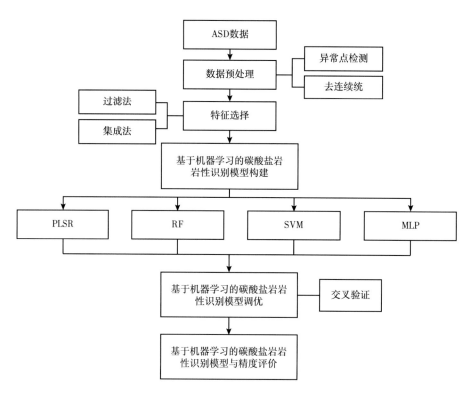

图 4-30　基于机器学习的岩性识别技术路线

### 1. 数据预处理

数据预处理主要包括异常点检测和去连续统处理。

1）异常点检测

异常值的存在对机器学习模型的精度和泛化能力有较大的影响。为了提高模型的精度，需要提前将数据中的异常值检测并删除。异常值检测方式有很多，在本案例中采用的是统计学的方法，根据分位法选择上下截断点，统计每个样品的异常值个数，如果异常特征个数超过一定数量，则该样品高光谱数据视为异常被剔除。具体操作如下：针对每个波段，依据所有样品在该波段的值进行统计分析，提取出第一四分位数 $Q1$（25%），中位数（50%）$QR$ 和第三分位数 $Q3$（75%）。上截断点为 $Q3+1.5×（Q3-Q1）$，下截断点为 $Q1-1.5×（Q3-Q1）$。如果样品在该波段的值位于上截断点之上，或者位于下截断点之下就计异常点次数 1。最后将每个样品的异常点次数累加，如果异常点个数超过 200 个，该样品的光谱数据需要被视为异常数据删除。本实例 206 个样品，检测异常样品 3 个，最终待分析样品数量 203 个（图 4-31）。

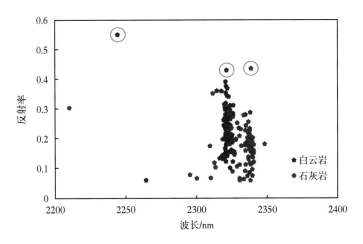

图 4-31　基于统计学的异常点检测

2）去连续统处理

去连续统处理的目的是有效地突出光谱曲线的吸收和反射特征，使得可以在同一基准线上对比吸收特征。该部分详细说明请参考本节"基于局部波形特征的岩性识别"中数据预处理的内容。

**2. 特征提取**

在高光谱数据中，波段之间存在一定的相关性，存在数据冗余，因此需要进行特征选择，减少特征个数，提高模型精度和模型运行效率。特征选择的方法包括 Filter（过滤法）、Wrapper（包装法）、Embedded（集成法）。Filter（过滤法）按照发散性或者相关性对各个特征进行评分，设定阈值或者待选择阈值的个数，选择特征。Wrapper（包装法）根据目标函数（通常是预测效果评分），每次选择若干特征，或者排除若干特征。Embedded（集成法）先使用某些机器学习的算法和模型进行训练，得到各个特征的权值系数，根据系数从大到小选择特征；类似于 Filter 方法，但是通过训练来确定特征的优劣。

本案例将过滤法和集成法两种方法相结合。其中过滤法是参考前人的研究，选择矿物特征波段 2000~2500nm 区间，该区间的吸收特征和岩石中矿物成分和含量相关；集成法是基于随机森林的特征选择。

特征选择的第一步在预处理后的高光谱数据基础上，选择 2000~2500nm 区间 500 个特征波段。第二步在 500 个特征波段的基础上，基于随机森林的特征选择方法选择重要性排前 50 的特征。随机森林模型不仅在预测问题上有着广泛的应用，在特征选择中也有一定的应用，主要原因是随机森林在拟合数据后，会对所有变量有一个重要性度量，该度量值数值越大，代表变量对预测的准确性更加重要。因此在第一步特征选择的基础上，采用随机森林的方法进行特征重要性排序，选择重要性高的特征。

**3. 岩性识别模型构建**

基于机器学习的碳酸盐岩岩性识别包括矿物含量预测和岩性分类两部分内容。首先应用偏最小二乘法（PLSR）、随机森林（RF）、支持向量机（SVM）和神经网络（MLP）进行碳酸盐岩中白云石和方解石含量的预测，选择精度最高的模型预测结果作为岩性分类的依据。

1）矿物含量预测

（1）预测方法。偏最小二乘法 PLSR（Partial Least Squares Regression）是一种多元统计分析方法，其仅仅利用部分数据来建模，因此命名。该方法通过将自变量和因变量的高维数据空间投影到相应的低维空间，得到相应的特征向量，再建立它们之间的一元线性回归关系。该方法可以同时实现回归建模、数据结构简化以及两组变量之间的相关性分析。

随机森林 RF（Random Forest）算法属于集成学习的方法，它的基本单元是决策树。而它的本质属于机器学习的一大分支——集成学习方法。随机森林算法中产生树的过程如下：首先随机且有放回地从训练集中抽取 $N$ 个训练样本，其次随机地从所有特征中随机选取 $m$ 个子特征，每次树进行分裂时，从这 $m$ 个特征中选择最优特征。重复这个过程 $K$ 次，产生 $K$ 棵决策树。每棵决策树都会产生一个结果，随机森林集成了所有的结果，其具体思想如图 4-32 所示。随机森林中"随机"是指随机抽取样本和随机抽取特征。"森林"指成百上千棵的集合，这也是随机森林的主要思想——集成思想的体现。

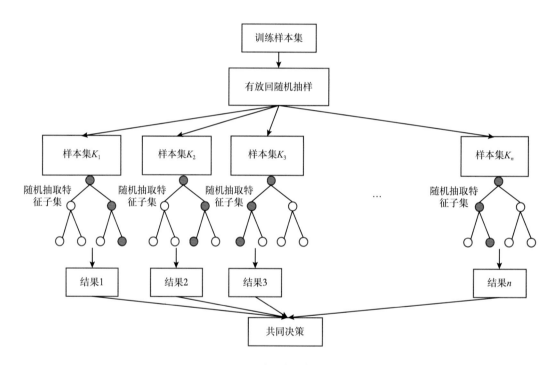

图 4-32　随机森林算法原理

支持向量机 SVM（Support Vector Machine）算法基于统计学习理论和最小结构风险原则。SVM 方法利用内积函数将低维空间变换到高维空间来解决非线性可分问题。支持向量机最早应用于二分类问题，它将实例的特征向量映射为空间中的一些点，可以想象 SVM 的目的就是要生产一条线，"最好地"区分这两类点，以至如果以后有了新的点，这条线也能做出很好的分类。它的目标是找到一个超平面，使用两类数据离超平面越远越好，从而对新的数据分类更准确，即使分类器更加健壮，其算法思想见图 4-33。后来学者们对算法进行了改进，使 SVM 算法适用于多分类和回归问题。

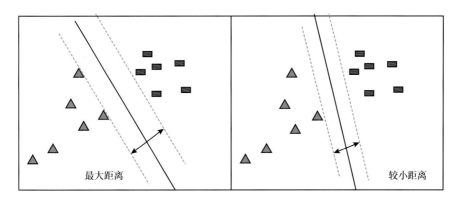

图 4-33　支持向量机原理图

神经网络 MLP（Multilayer Perceptron Regression）多层感知模型，也是最基础的神经网络模型，是当前机器学习领域应用最普遍的模型之一。神经网络参照对生物神经元的模拟和简化，模拟生物神经元传递神经冲动的过程。典型的 MLP 包括三层：输入层、隐含层和输出层。不同层之间是全连接的，上一层的任何一个神经元与下一层的所有神经元都是连接的。MLP 中每个输入的特征与隐含单元之间有一个系数，每一个隐含单元与输出的结果之间也有一个系数，这些系数就是权重 $w$，每一层有相应的偏置系数，保证通过输入算出的输出值不能随便激活。每个隐含单元的结果套上一个非线性激活函数，起到非线性映射作用，可将神经元的输出幅度限制在一定范围内。MLP 逐层进行信息传递，得到 MLP 最后的输出 $Y_i$。

（2）模型评价指标。本案例用于评价模型精度的评价指标为均方根误差 RMSE 和绝对系数 $R^2$，均方根误差是常用精度评价指标，值越大，代表预测值与真实值的差距越大，精度越差。绝对系数值在 -1~1 之间，值越接近 1，代表精度越高。其具体公式如下：

$$R^2 = 1 - \frac{\sum_{i=1}^{m} (y_i - \hat{y}_i)^2}{\sum_{i=1}^{m} (y_i - \overline{y}_i)^2}$$

$$RMSE = \sqrt{\frac{1}{m} \sum_{i=1}^{m} (y_i - \hat{y}_i)^2}$$

（4-1）

上述公式中，$\hat{y}_i$ 为预测值；$\overline{y}_i$ 为平均值。

（3）实施方案和结果。本案例总共 203 个样品，其中训练样品 162 个，测试样品 41 个。将上一步选取的 50 个特征波段用于矿物含量预测模型的构建。矿物含量预测模型通过 Python 来构建，调用 Sklearn 库中的 PLS Regression，Random Forest Regressor，SVR 和 MLP Regressor 方法，采用 Grid Search CV 和交叉验证的方法确定模型的超参数，超参数选择的不恰当，就会出现欠拟合或者过拟合的问题。

在白云石含量预测方面，如表 4-7 所示，RF、SVM 和 ANN 三种非线性模型精度较高，其中精度最高的是 SVM 模型，测试集精度 91.7%，相应的精度评价指标均方根误差 RMSE 最小为 0.122；其次是 ANN 模型，测试集精度和 RMSE 分别是 85.3% 和 0.163；随机森林模型的测试集精度和 RMSE 分别是 79.8% 和 0.19；线性模型 PLSR 精度较差，测试集精度 76.2%，相应的 RMSE 最大值为 0.515。在方解石含量预测方面，结果和白云石含量预测相似，如表 4-8 所示，非线性模型精度高于线性模型，其中 ANN 和 SVM 测试集精度最高，分别是 89% 和 88.9%；随机森林模型精度比 SVM 和 ANN 模型精度略差一些，测试集精度为 80.8%。考虑到模型参数的复杂程度，本案例选择 SVM 模型作为岩性分类的参考（图 4-34）。

表 4-7　白云石含量预测精度

| | Train $R^2$ | Test $R^2$ | *RMSE* |
|---|---|---|---|
| PLSR | 0.657 | 0.762 | 0.515 |
| RF | 0.877 | 0.798 | 0.190 |
| SVM | 0.823 | 0.917 | 0.122 |
| ANN | 0.890 | 0.853 | 0.163 |

表 4-8　方解石含量预测精度

| | Train $R^2$ | Test $R^2$ | *RMSE* |
|---|---|---|---|
| PLSR | 0.666 | 0.759 | 0.525 |
| RF | 0.879 | 0.808 | 0.190 |
| SVM | 0.809 | 0.889 | 0.144 |
| ANN | 0.858 | 0.890 | 0.143 |

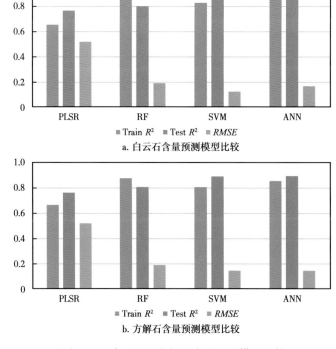

a. 白云石含量预测模型比较

b. 方解石含量预测模型比较

图 4-34　白云石和方解石含量预测模型比较

2）岩性识别与精度评估

本案例根据上一步白云石和方解石含量预测结果，按照表4-9碳酸盐岩岩性分类标准进行分类（表4-10），其中白云岩19个，含灰云岩5个，含云灰岩4个，石灰岩13个。基于机器学习最优模型 SVM 的碳酸盐岩岩性识别精度为 82.9%。

表 4-9 碳酸盐岩岩性分类标准

|  | 白云石 | 方解石 |
| --- | --- | --- |
| 白云岩 | 90~100 | 0~10 |
| 灰质云岩 | 50~90 | 10~50 |
| 云质灰岩 | 10~50 | 50~90 |
| 石灰岩 | 0~10 | 90~100 |

表 4-10 基于机器学习的岩性识别混淆矩阵

|  | 白云岩 | 含灰云岩 | 含云灰岩 | 石灰岩 | 合计 |
| --- | --- | --- | --- | --- | --- |
| 白云岩 | 19 | 4 | 0 | 0 | 23 |
| 含灰云岩 | 0 | 1 | 0 | 0 | 1 |
| 含云灰岩 | 0 | 0 | 1 | 0 | 1 |
| 石灰岩 | 0 | 0 | 3 | 13 | 16 |
| 合计 | 19 | 5 | 4 | 13 | 41 |
| 总体精度 | 82.9% | | | | |

# 第三节 基于 Mask-RCNN 模型的孔洞提取

碳酸盐岩储层解释与评价的一个重要内容是确定其孔隙空间特征，定量识别碳酸盐岩中裂缝和孔洞的分布状况及其内部的几何结构对储层评价具有重要意义。传统上储层的孔隙空间特征是通过钻井和地震资料获取，孔洞提取方法是薄片观察或者岩心 CT 扫描等技术，通过样品从储层内部精细、微观的刻画洞缝信息。而野外地质露头是钻井和地震的桥梁，作为地下储层的类似体具有直观性的特点。基于野外地质露头的孔隙空间特征描述可以作为上述微观孔洞和地震宏观孔洞的有效补充。基于激光扫描的数字露头技术可以实现精细、定量和仿真露头研究，在数字露头上研究图像缝洞自动识别能够提升工作效率并实现定量化，同时将缝洞结构识别后，结合露头地质特征（构造、沉积、成岩）明确孔洞成因类型与发育规律，为地质勘探储层预测提供依据。因此，如何利用数字图像识别技术来完成露头区的缝洞自动识别是一项具有实际意义的课题。

自 Meyer F. 和 Beucher S. 于 1990 年使用图像分割技术获取成像测井图像孔洞面元及其分布等特征参数，图像处理技术开始应用于测井成像资料缝洞的自动识别（李雪英等，2005），国内外学者已广泛采用阈值分割（柯式镇等，2006；曹飞，2015；谢丹丹，2015）、边缘提取（田金文等，1999；李茂兵，2010）、机器学习（申辉林等，2007；瞿子易等，2009；石广仁等，2008；陈钢花等，2015）等方法实现测井成像资料缝洞的自动识别，但对于野外露头由于受自然条件影响很大，如光照差异、岩石本身的破碎、风化等，传统的图像自动识别的方法难度很大，因此在露头缝洞识别上目前主要还是人工识别方法为主（苏培东等，2005）。近年来，深度学习算法在人工智能领域兴起，已在计算机视觉、语音识别、语义识别、强化学习等领域取得很大成功，促进了人工智能的飞速发展，其中基于卷积神经网络（Convolutional Neural Network，CNN）的目标识别在自然图像应用中取得突破。目前基于卷积神经网络的目标检测包含两大类方法。第一种是基于区域建议的方法，它的核心思想是通过候选区域预先找出待检测图像中目标可能出现的位置，该方法主要包括SPP-NET（He K. et al.，2015）、Fast-RCNN（Ross Girshick et al.，2015）、Faster-RCNN（Ren S. et al.，2015）、R-FCN（Dai J. et al.，2016），Mask-RCNN（He K. et al.，2017）等算法。第二种是基于回归的方法，对于目标的位置和类别采用回归运算的方法，直接在卷积神经网络中通过回归得到目标的位置和目标的类别，主要包括YOLO（Redmon J. et al.，2016）、SSD（Liu W. et al.，2016）等算法。总体来说第一种方法精度较高，第二种方法速度较快。本书对Mask-RCNN进行改进，提出一种基于多尺度的区域卷积神经网络孔洞检测新方法，并通过实验与现有的几种常用的孔洞识别方法进行比较；然后根据该方法孔洞提取结果计算洞数量、面孔率和洞面积均值三个孔洞特征参数，以人工提取结果为参照，评估孔洞特征参数提取的准确度；最后将本书提出的方法以峨边先锋灯二段的野外露头为例，进行露头剖面的孔洞自动识别，并分层计算孔洞参数，定量分析其分布特征。

碳酸盐岩缝洞型储集空间按形态和规模可分为溶缝、溶孔、溶洞和洞穴四种类型，如表4-11所示。

表4-11　碳酸盐岩储集空间类型

| 溶缝 | 溶孔 | 溶洞 | 洞穴 |
|---|---|---|---|
| 长∶宽＞10∶1，沿风化或构造裂缝、层面缝发育，按缝宽分为4类：<br>巨缝＞10mm<br>大缝＞1mm<br>小缝＞0.1mm<br>微缝：＞0.01mm | 长∶宽为1∶1~10∶1，孔径＜2mm，按孔径大小分为4类：<br>大孔：0.5~2mm<br>中孔：0.1~0.5mm<br>小孔：0.05~0.1mm<br>微孔：＜0.05mm | 长∶宽=1∶1~10∶1<br>高2~500mm | 长∶宽=1∶1~10∶1<br>高＞500mm |

基于数字露头的孔洞识别能力与原始数据的分辨率和识别方法有关，本节采用数码相机和激光点云获取野外露头的剖面数据，其中数码影像数据的分辨率是2mm，对于本书提出的基于区域卷积神经网络的孔洞检测方法，是以面要素为检测结果，因此该最小检测单元直径是2个像素，所以能检测的最小孔洞尺寸为4mm。综上所述，对于基于数字露头的孔洞识别方法，能分辨的储集空间类型主要是以溶洞、洞穴为主。

## 一、多尺度区域卷积神经网络孔洞检测

### 1.Mask-RCNN

Mask-RCNN是一种简单、灵活且通用的像素级图像分割框架，它可以有效地检测图像中的对象实例，同时生成高质量的分割掩码，整体模型框架如图4-35所示。当一张图像输入到网络中时，ResNet50主干特征提取网络和特征金字塔网络（FPN，Feature

Pyramid Networks）负责前期的特征提取，ResNet50 主干特征提取网络用来形成多尺度特征层，实现对图像的特征提取；特征金字塔网络对得到的特征层的长宽进行不同程度的压缩，形成金字塔结构的特征金字塔，接着经过上采样放大原始图像和 1×1 卷积降维形成一个自顶向下的特征层金字塔；由特征提取获得的特征层会进入区域候选网络（RPN，Region Proposal Network）获取特征层中可能包含目标物体的建议框，接着输出一个包含建议框坐标位置的定位卷积，以及包含前景背景区别的分类卷积；将 FPN 和 RPN 的结果输入建议区对齐层（ROI Align，Regionof Interesting Align）中，该层再通过双线性内插和池化的方法从每个建议区中提取大小一致的特征图，然后将提取的特征图送入到两个模块：一是分类回归模块，它通过全连接层对建议框截取的区域得到最终模型的预测框和分类标签；二是掩码预测模块，经过卷积对图像中的每一个像素进行目标和背景的分类从而形成掩膜，每一种预测类别对应了不同的像素分类，避免了类别竞争。Mask-RCNN 模型学习过程中的损失函数由 3 部分组成，分别为分类损失、回归损失和掩码损失，具体公式如下所示：

$$
\begin{aligned}
L_{mrcnn} &= \left( L_{cls\_rpn} + L_{cls\_mrcnn} \right) + \left( L_{reg\_rpn} + L_{reg\_mrcnn} \right) + L_{mask} \\
&= L_{cls} + L_{reg} + L_{mask} \\
&= \lambda_{cls} \frac{1}{N_{cls}} \sum_i L_{cls}\left( p_i, p_i^* \right) + \lambda_{box} \frac{1}{N_{reg}} \sum_i p_i^* L_{reg}\left( t_i, t_i^* \right) + \lambda_{mask} \frac{1}{N_{reg}} \sum_i p_i^* L_{mask}\left( y_i, y_i^* \right) \quad (4\text{-}2)
\end{aligned}
$$

第一项的分类损失 $L_{cls}$ 由两部分组成：第一部分是 $L_{cls\_rpn}$，是 RPN 网络中对建议框中是否含有目标物体的分类损失，$L_{cls\_mrcnn}$ 是分类模块中对 ROI 中预测目标类别的分类损失，$p_i$ 是建议区域是否属于目标类别的预测，$p_i^*$ 表示建议区域真实代表的类别，$N_{cls}$ 是每次模型学习时输入样本的数量，$\lambda_{cls}$ 则会控制损失的比例；第二项回归损失 $L_{reg}$ 由两部分组成：第一部分 $L_{reg\_rpn}$，是 RPN 网络得出的建议区域和训练样本中标注出的真实区域之间差别的回归损失，第二部分 $L_{reg\_mrcnn}$，是分类分支位置回归中建议区域和训练样本中标注出的真

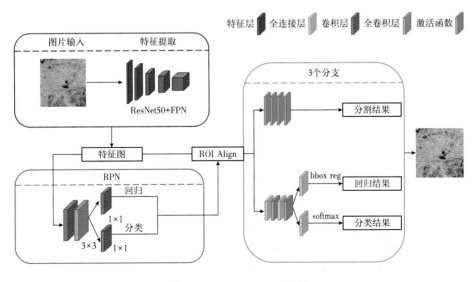

图 4-35　Mask-RCNN 框架

实区域的回归损失，$t_i$ 代表预测框，$t_i^*$ 代表目标所在的真实区域，这两者要尽量减小距离，$\lambda_{box}$ 控制该部分损失的比重，$N_{reg}$ 是建议框的数量多少；第三项 $L_{mask}$ 是掩码预测模块中模型预测的掩码与训练集标注的真实掩码的实例分割差别，$y_i$ 是对每个像元的预测值，$y_i^*$ 是像元的实际值，$\lambda_{mask}$ 会控制损失的比例。

### 2.Mask-RCNN 模型多尺度改进

在野外露头中孔洞直径从毫米级到米级不等，尺度跨度很大，因此模型必须具有多尺度对象识别的能力。卷积神经网络方法卷积层层数越多抽象能力越强，更容易识别复杂的目标，但同时可能会丢失小的简单目标，为了提高孔洞检测的精度，提出一种多尺度改进的卷积神经网络图像分割方法提取孔洞。

Mask-RCNN 模型通过特征金字塔网络解决了卷积层数的多尺度问题。它的基本思想是结合浅特征图的空间信息和深特征图的语义信息来检测多尺度目标。为了进一步提高 Mask-RCNN 在露头孔洞提取中的精度，提出了一种多尺度输入法来改进 Mask-RCNN。主要思路是在不改变卷积核大小的情况下改变输入图片的大小，从而使卷积核的相对感受野发生变化。其中的原理类似于利用照相机照相时，当让摄像镜头放大时更容易看见视野中细小的物体，此时模型更容易识别到尺度较小的孔洞，而当摄像镜头拉远缩小时更容易看见较大的物体，此时模型更容易识别到尺度较大的孔洞。为了获得多尺度的图片，在输入图片的时候用不同的尺度放大和缩小。这些图像通过主干特征提取网络和特征金字塔网络得到不同尺度下的目标区域。当通过 ROI Align 时，这些区域将被调整为相同的大小，最后合并在一起，并遵循 Mask-RCNN 的剩余步骤进行检测，最后产生改进后的分割结果，如图 4-36 所示。把原始图像缩小为 0.5 倍尺度和放大为 2 倍尺度，由于具有三个尺度的图像共享训练和检测模型的网络参数，而不增加整个模型的参数量，因此在计算机硬件条件可以实现模型训练的情况下，训练时间不会显著提高，但会明显增加对露头孔洞检测尺度跨度的敏感程度。

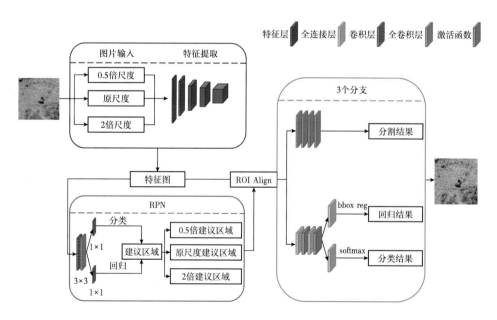

图 4-36　多尺度改进后的 Mask-RCNN 结构图

## 二、孔洞自动提取

### 1. 数据处理

数据的获取是深度学习算法不可缺少的一部分，本书的照片资料采用宾得 645D 高分辨率数码相机拍摄的先锋峨边灯二段高清图片，为了方便后续的数据集制作和精度评价，将每张图片的尺寸设置为 800mm×800mm。模型训练时通常需要大量的标注图件，使用开源图像注释图像标注软件 Labelme 制作了样本数据集，Labelme 是麻省理工的计算机科学和人工智能实验室研发的开源图像标注工具，可以实现定制化的大量图像标注。训练集总共收集了 189 个孔洞作为训练样本。选取两个相同尺寸的实验区域进行后续的精度分析和对比实验，所用训练集的分辨率为 2mm。分割方法基于改进的多尺度卷积神经网络 Mask-RCNN，设置检测单元的最小直径为 2 像素，实验中能够区分的孔洞类型主要为溶洞。

### 2. 参数和环境

使用 TensorFlow 在 Windows 10 Pro×64 硬件环境中配置和构建实验环境。CPU 是英特尔酷睿 i7，GPU 是 GTX 1080 Ti，内存为 32G。CUDA（Compute Unified Device Architecture）和 CUDNN（CUDA Deep Neural Network Library）版本分别为 10.0 和 7.4，其中 CUDA 是一种由显卡厂商 NVIDIA 推出的通用并行计算架构，该架构使 GPU 能够解决复杂的深度学习模型计算问题，CUDNN 则是用于深度神经网络的 GPU 加速，可以集成到 TensorFlow 等大型框架中。TensorFlow 版本为 1.13，Python 版本为 3.6，OpenCV 版本为 3.4，其中的 OpenCV 是一个跨平台计算机视觉和机器学习软件库，在 Linux、Windows、Android 和 Mac OS 操作系统均可以使用，提供了对应的 Python 接口。在完成实验环境配置和数据集预处理后，下一步是设置模型的训练参数。首先将原始图像分别放大和缩小到原始尺度的 2 倍和 0.5 倍，实现总共三个尺度的图像训练和检测。结合孔洞尺度的主要范围，将锚的范围设置为 {64，256，1024，4096，16384}。采用交并比阈值（IoU，Intersection over Union）为 0.7 的非极大值抑制（NMS，Non-Maximum Suppression）方法，这一步是为了选出置信度最大的预测区域，计算其他结果与它的交并比，超过阈值的就删除结果。并设置了动量为 0.9 的随机梯度下降（SGD）优化方法。在网络训练的第一部分，采用 ResNet50 作为主干特征提取网络，模型迭代 100 次，学习率为 0.001。在网络训练的第二部分，经过 100 次迭代，学习率降低到 0.0001，权重衰减系数为 0.0001，多任务损耗系数为 1，由于硬件 GPU 只有一块，存在算力的局限性，为避免模型计算崩溃将 batchsize 设为 2。

### 3. 多尺度输入对比

为了证明模型多尺度输入改进的有效性，设置了多尺度输入对比实验。图 4-37 展示了两个实验区域中不同尺度的孔洞识别结果。图像分辨率为 2mm，实验图像尺寸为 800mm×800mm，图中第一行是区域一的多尺度输入对比结果，第二行是区域二的多尺度输入对比结果。a 代表实验区域一原图；b 代表 0.5 倍尺度输入的区域一识别结果；c 代表原始尺度输入的区域一识别结果；d 代表 2 倍尺度输入的区域一识别结果；e 代表实验区域二原图；f 代表 0.5 倍尺度区域二输入的结果；g 代表原始尺度输入的区域二结果；h 代表 2 倍尺度输入的区域二识别结果。结合表 4-12 中不同区域不同尺度检测到的孔洞数量可以得出，2 倍尺度图像输入时检测到的孔洞数量最多，0.5 倍尺度图像输入时检测到的孔洞数量最少。因此整体来说，2 倍的比例（即输入图像尺寸为 1600mm×1600mm 时）有利于检测较小的孔洞目标，同时 0.5 倍的比例（即输入图像尺寸为 400mm×400mm 时）有利于检测较大的孔洞目标。因此，对于具有不同大小孔洞的露头图像，策略是以输入两倍尺度的检测结果提取小目标，以输入 0.5 倍尺度的检测结果提取大目标，然后将结果与原始尺度的输入结果融合，以优化多尺度孔洞提取的结果。

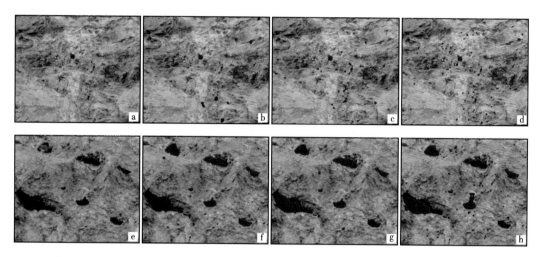

图 4-37　多尺度输入结果比较

表 4-12　不同区域不同尺度检测到的孔洞数量

| 实验区域 | 尺度大小 /800mm×800mm | 孔洞数量 / 个 |
|---|---|---|
| 区域一 | 1/2 | 11 |
| | 1 | 33 |
| | 2 | 75 |
| 区域二 | 1/2 | 9 |
| | 1 | 37 |
| | 2 | 89 |

**4. 精度评估**

为了测试模型的精度，将本书算法与传统的孔洞检测方法、结合 OTSU 的遗传算法（GA，Genetic Algorithm）、原始的 Mask-RCNN 方法和基于深度学习的语义分割方法进行了比较实验。

OTSU 分割算法和分水岭分割算法属于非监督分类算法，先要将输入的露头彩色图像进行灰度处理，使用加权平均方法对原始图像进行灰度处理，接着用这两种方法进行二值分割。

BP 神经网络算法和支持向量机算法属于监督分类算法。在这两种监督分类方法中，从实验区域均匀选择了 28582 个像素的训练样本，包括 18616 个像素的孔洞样本和 9966 个像素的背景样本，以及 17509 个像素的测试样本，包括 11673 个像素的孔洞样本和 5836 个像素的背景样本。在 BP 神经网络的基本结构中，输入层和输出层神经元分别为 3 个和

2 个，3 层隐藏层。支持向量机算法采用网格搜索和交叉验证进行参数优化，并使用高斯径向基函数。经过尝试得到参数最优解为核函数参数为 0.135，惩罚因子为 1.526。

遗传算法是根据大自然生物不断进化的客观规律设计，利用计算机技术得出最优解的机器学习算法。本书还增加了一种改进的传统算法，以遗传算法为基础，在算法中设置 OTSU 作为适应度函数，遗传代数为 100，实现遗传算法的优化。

本书还加入了两个基于深度学习的代表性语义分割模型为对比算法：Deeplab V3+ 和 Unet。这两种网络使用的训练集与 Mask-RCNN 的训练集相同。Deeplab V3+ 的主干特征提取网络是 Mobilenetv2，学习率为 0.0001，训练世代 epoch 设置为 100，Adam 优化器函数被选为参数优化器。Unet 的主干特征提取网络为 VGG16，学习率设置为 0.0001，训练世代 epoch 设置为 100。

准确度评估指标采用机器学习中常用的准确度评估指数，包括精确度（Accuracy）、召回率（Recall）、准确率（Precision）和 F1 值，具体如式（4-3）到式（4-6）所示。其中 TP 意味着正样本也被判别为正样本；FP 意味着负样本被判别为正样本；FN 代表正样本被判定为负样本；TN 代表负样本被判定为负样本。精确度是正样本和负样本被预测正确的比例，准确率也叫查准率即预测是正样本中被预测正确的比例；召回率也叫查全率即所有正样本中预测为正样本所占的比例；F1 值能为以上指标做综合预估。

$$Accuracy = \frac{TP+TN}{TP + FP+TN+FN} \tag{4-3}$$

$$Precision = \frac{TP}{TP + FP} \tag{4-4}$$

$$Recall = \frac{TP}{TP + FN} \tag{4-5}$$

$$F1 = \frac{2TP}{2TP + FN + FP} \tag{4-6}$$

对比实验选择了两个实验区域来比较结果（实验区域三和实验区域四）。图 4-38 显示了实验区域三的测试结果：a 代表实验区域三原图；b 代表 OTSU 算法的识别结果；c 代表分水岭算法的识别结果；d 代表 BP 神经网络算法识别结果；e 代表支持向量机算法识别结果；f 代表结合 OTSU 的遗传算法识别结果；g 代表 UNet 算法识别结果；h 代表 DeepLabV3+ 算法识别结果；i 代表 Mask-RCNN 算法识别结果；j 代表本书提出的改进模型识别结果；k 代表人工标注的结果。图 4-39 显示了实验区域四的检测结果，所有结果的识别顺序与图 4-38 一样。两个实验区域的九种方法的识别结果的精度评估值分别示于表 4-13 和表 4-14 中。从这两个实验的结果来看，传统方法的精度指标偏低，F1 值都不高于 0.4，这些算法由于以亮度等指标作为依据，难以明显区分图片中破碎的露头区域造成的阴影、间隙与真实孔洞，改进后的遗传算法其分割结果具有良好的抗噪声性能，与传统方法相比精度有所提高，但总体效果不如深度学习算法。基于深度学习的 DeeplabV3+

和 Unet 算法的精度又有进一步提升，但依然略低于原始的 Mask-RCNN 算法，而本书提出的方法的四个精度指标总体上优于其他方法，精确度、召回率、准确率和 F1 值均达到 0.9 左右。

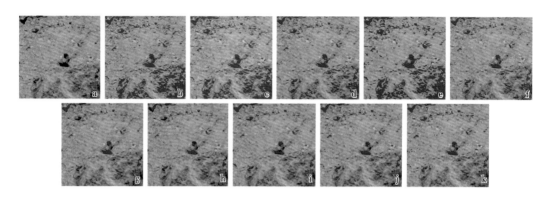

图 4-38　实验区域三的孔洞检测结果对比

表 4-13　实验区域三孔洞检测精度对比

| 方法 | 精确度 | 召回率 | 准确率 | F1 值 |
|---|---|---|---|---|
| OTSU | 0.1220 | 0.0138 | 0.0101 | 0.0102 |
| 分水岭算法 | 0.1842 | 0.0768 | 0.0734 | 0.0735 |
| BP 神经网络算法 | 0.6225 | 0.3387 | 0.4298 | 0.3421 |
| 支持向量机算法 | 0.6484 | 0.3466 | 0.4365 | 0.3477 |
| 遗传算法 + OTSU | 0.9636 | 0.6196 | 0.6839 | 0.6277 |
| Unet | 0.9698 | 0.8457 | 0.6368 | 0.6766 |
| Deeplab V3+ | 0.9727 | 0.8517 | 0.6363 | 0.6766 |
| Mask-RCNN | 0.9819 | 0.8461 | 0.6993 | 0.7400 |
| 本书算法 | 0.9852 | 0.9289 | 0.8681 | 0.8928 |

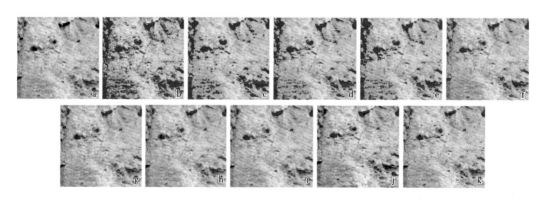

图 4-39　实验区域四的孔洞检测结果对比

表 4-14　实验区域四孔洞检测精度对比

| 方法 | 精确度 | 召回率 | 准确率 | F1 值 |
| --- | --- | --- | --- | --- |
| OTSU | 0.2506 | 0.1227 | 0.1080 | 0.1029 |
| 分水岭算法 | 0.6484 | 0.9674 | 0.0745 | 0.1384 |
| BP 神经网络算法 | 0.3653 | 0.3653 | 0.4184 | 0.3825 |
| 支持向量机算法 | 0.3654 | 0.3654 | 0.4355 | 0.3866 |
| 遗传算法 + OTSU | 0.9592 | 0.5953 | 0.7221 | 0.6050 |
| Unet | 0.9700 | 0.9179 | 0.7042 | 0.7489 |
| Deeplab V3+ | 0.9714 | 0.9237 | 0.7252 | 0.7712 |
| Mask-RCNN | 0.9754 | 0.9033 | 0.7271 | 0.7645 |
| 本书算法 | 0.9882 | 0.9043 | 0.8232 | 0.8464 |

根据精度和结果对比注意到 Mask-RCNN、Deeplab V3+、Unet 和本书改进方法显著优于之前的传统方法，这证明了深度学习方法的优越性。此外，Deeplab V3+ 和 Unet 的两个语义分割模型显示出与原始 Mask-RCNN 相似的效果，但与人工标注的结果相比，一些较小的孔洞明显被省略了。本书方法是基于区域的，并考虑了目标的几何、纹理和空间特征，这使得模型能够区分阴影和空洞。在基于 Mask-RCNN 的进一步改进后，不仅避免传统基于像素的方法的缺点，而且在能够识别出改进前无法识别的不同尺度的孔洞。另外，评价机器学习算法好坏时除了对模型精度的对比评价，我们还比较了在计算机配置相同的情况下机器学习方法的训练和推理时间，如表 4-15 所示。支持向量机算法和 BP 神经网络算法在时间训练方面具有明显的优势，因为它们的网络结构和计算参数量比深度学习算法简单得多，但它们的实验结果不如深度学习方法。相比之下，Deeplab V3+ 和 Unet 需要分割所有像素，而 Mask-RCNN 和本书提出的算法只需要对建议区域中的像素进行分类，因此训练时间更短。以 800mm×800mm 大小的测试图片为例，本书的方法的模型预测时间约为 1s（表 4-15），实时性能基本可以得到保证。

表 4-15　每种算法的模型检测时间对比

| 主干网络和方法 | 训练时间 /s | 检测时间 /s |
| --- | --- | --- |
| BP 神经网络算法 | 64 | 1.0 |
| 支持向量机算法 | 50 | 1.2 |
| VGG16 + Unet | 1535 | 1.7 |
| Mobilenet V2 + Deeplab V3+ | 1076 | 1.8 |
| Resnet50 + Mask-RCNN | 968 | 1.0 |
| Resnet50 + Our model | 989 | 1.0 |

为了进一步验证本书提出的方法能够进行后续的参数表征，在提取碳酸盐岩露头孔洞之后，我们选择了三个特征参数，包括面孔率、孔洞数量和孔洞面积的平均值，作为比较和人工结果的差异度指标。其中面孔率指的是当前地层层序中识别的大尺度孔与溶洞的总面积占该地层层序露头表面面积的比例。如表 4-16 所示，我们可以得到实验区域三的特征参数的模型结果：孔洞的数量为 141，面孔率为 2.7%，孔洞面积的平均值为 112.87mm²，实验区域三的特征参数的人工结果：孔洞的数量为 122，面孔率为 2.9%，孔洞面积的平均值为 152.59mm²。实验区域四的特征参数的模型结果：孔洞的数量为 104，面孔率为 2.4%，孔洞面积的平均值为 146.73mm²，实验区域四的特征参数的人工结果：孔洞的数量为 87，面孔率为 2.7%，孔洞面积的平均值为 201.25mm²。通过模型提取和人工解译结果之间的比较可以算出，孔洞数量的精度在 80% 以上，面孔率的精度在 88% 以上，孔洞面积的平均值精度在 72% 以上。此外，我们还对孔洞面积分布进行了直方图统计。实验区域三和四的模型检测结果与人工结果之间的比较如图 4-40 所示，两种结果的孔洞面积直方图分布整体上是一致的。

表 4-16　孔洞参数结果对比

| 参数 | 实验区域三 | | | 实验区域四 | | |
|---|---|---|---|---|---|---|
| | 模型 | 人工 | 准确度 | 模型 | 人工 | 准确度 |
| 孔洞数量 | 141 | 122 | 84.42% | 104 | 87 | 80.46% |
| 面孔率 | 2.7% | 2.9% | 93.10% | 2.4% | 2.7% | 88.89% |
| 孔洞平均面积 / mm² | 112.87 | 152.59 | 73.97% | 146.73 | 201.25 | 72.90% |

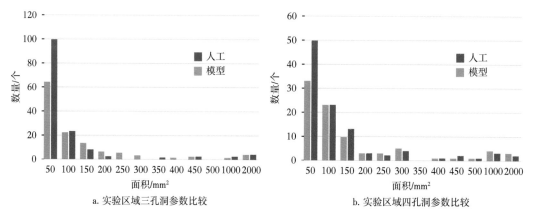

a. 实验区域三孔洞参数比较　　　　　　b. 实验区域四孔洞参数比较

图 4-40　孔洞参数直方图对比

## 三、孔洞参数表征

碳酸盐岩露头地层的孔洞结构特征是解释和分析复杂地层的核心，了解孔隙在地层中的分布及发育情况对判断地层的储集能力十分重要。经过前期的算法识别出孔洞之后，就可以对孔洞数量、孔洞面积、孔洞周长、最小孔洞面积、最大孔洞面积、最小孔洞周长、最大孔洞周长、孔洞面积平均值、孔洞周长平均值、孔洞面积中间值、孔洞周长中间值、面孔率和洞密度等各种孔洞特征参数进行定量表征。其中主要孔洞表征参数定义如下。

**1. 面孔率**

表征露头孔洞发育情况，指的是当前地层层序中识别的大尺度孔洞的总面积占该地层层序露头表面面积的比例。因为数字露头识别的是大尺度的孔洞，能作为岩石样品薄片鉴定的面孔率的有效补充和修正，对碳酸盐岩露头缝洞型储层的孔隙度发育特征研究意义重大。

**2. 孔洞密度**

表征露头孔洞发育的频率，指的是露头表面单位面积每平方米中孔洞的数量，即当前地层中孔洞个数与该地层露头平面面积的比值。

**3. 孔洞面积**

孔洞面积是基于露头提取孔洞之后计算的每个孔洞平面面积，孔洞面积分布是根据每个孔洞面积制作的统计直方图，统计孔洞的面积分布可以明确孔洞尺度分布特征，识别出尺度集中的峰值，往往对应不同成因类型的孔洞，为孔洞成因类型的分析提供辅助信息。

## 四、先锋露头剖面孔洞发育特征

以先锋露头剖面灯影组岩溶储层为例进行露头剖面的孔洞参数提取与表征。先锋露头剖面位于四川盆地西南边缘峨边彝族自治县先锋村，露头剖面长约 45m，高约 10m；构造上位于尖刀背斜北翼，内部构造简单；主要出露地层为灯影组灯二段中部。利用地面激光雷达扫描了露头剖面的三维点云，结合高精度纹理照片，建立该露头剖面的数字露头模型（图 4-41）。在野外地质调查基础上，结合图像特征，可将露头模型划分成 4 个小层（编号 17、18、19、20）。17 号层为藻屑滩，厚层状藻云岩；18 号层为云坪沉积，中厚层状藻云岩与灰黑色藻云岩不等厚互层；19、20 号层为藻屑滩，厚层状藻云岩。

图 4-41　先锋剖面数字露头模型

在先锋剖面灯二段 17~20 层数字露头模型上，运用多尺度区域卷积神经网络孔洞提取方法自动提取孔洞，洞的识别能力为直径大于 1mm。

图 4-42 是先锋剖面灯二段 17~20 层孔洞自动提取结果。在此基础上，对孔洞个数、面孔率、孔洞面积均值、孔洞密度等孔洞参数进行定量表征（表 4-17）。表 4-17 表明：20 层的面孔率最大，为 0.76%，17 层的面孔率最小，为 0.56%；17、18 层的小溶洞较多，

孔洞平均面积小、空间分布较为密集，19、20 层的大溶洞较多，平均面积大、空间分布较为稀疏。20 层最大孔洞面积为 21902mm²，孔洞面积中值为 162mm²，最大孔洞周长为 841.29mm，孔洞周长中值为 51.31mm。

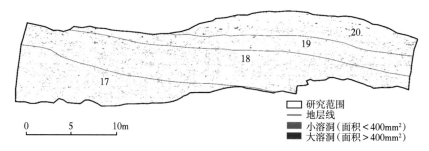

图 4-42　先锋剖面灯二段（17~20 层）孔洞提取结果

**表 4-17　先锋剖面灯二段（17~20 层）各层孔洞参数**

| | | | | |
|---|---|---|---|---|
| 17 层 | 露头面积 /m² | 81.77 | 孔洞数量 / 个 | 1996 |
| | 孔洞的总面积 /m² | 0.46 | 孔洞的总周长 /m | 114.86 |
| | 最小孔洞面积 /mm² | 18.00 | 最小孔洞周长 /mm | 16.49 |
| | 最大孔洞面积 /mm² | 5311.00 | 最大孔洞周长 /mm | 510.53 |
| | 孔洞面积均值 /mm² | 231.32 | 孔洞周长均值 /mm | 57.55 |
| | 孔洞面积中值 /mm² | 134.00 | 孔洞周长中值 /mm | 46.07 |
| | 面孔率 | 0.56% | 孔洞密度 /（个 /m²） | 24 |
| 18 层 | 露头面积 /m² | 140.61 | 孔洞数量 / 个 | 3683 |
| | 孔洞的总面积 /m² | 1.00 | 孔洞的总周长 /m | 225.33 |
| | 最小孔洞面积 /mm² | 16.00 | 最小孔洞周长 /mm | 18.14 |
| | 最大孔洞面积 /mm² | 10398 | 最大孔洞周长 /mm | 570.36 |
| | 孔洞面积均值 /mm² | 271.89 | 孔洞周长均值 /mm | 61.18 |
| | 孔洞面积中值 /mm² | 142.00 | 孔洞周长中值 /mm | 47.70 |
| | 面孔率 | 0.71% | 孔洞密度 /（个 /m²） | 26 |
| 19 层 | 露头面积 /m² | 58.82 | 孔洞数量 / 个 | 904 |
| | 孔洞的总面积 /m² | 0.38 | 孔洞的总周长 /m | 67.27 |
| | 最小孔洞面积 /mm² | 18.00 | 最小孔洞周长 /mm | 16.49 |
| | 最大孔洞面积 /mm² | 11472.00 | 最大孔洞周长 /mm | 555.08 |
| | 孔洞面积均值 /mm² | 416.67 | 孔洞周长均值 /mm | 74.41 |
| | 孔洞面积中值 /mm² | 178.00 | 孔洞周长中值 /mm | 54.09 |
| | 面孔率 | 0.64% | 孔洞密度 /（个 /m²） | 15 |

续表

| 20 层 | 露头面积 /m² | 62.99 | 孔洞数量 / 个 | 1003 |
| --- | --- | --- | --- | --- |
| | 孔洞的总面积 /m² | 0.48 | 孔洞的总周长 /m | 76.20 |
| | 最小孔洞面积 /mm² | 18.00 | 最小孔洞周长 /mm | 16.49 |
| | 最大孔洞面积 /mm² | 21902.00 | 最大孔洞周长 /mm | 841.29 |
| | 孔洞面积均值 /mm² | 476.16 | 孔洞周长均值 /mm | 75.97 |
| | 孔洞面积中值 /mm² | 162.00 | 孔洞周长中值 /mm | 51.31 |
| | 面孔率 | 0.76% | 孔洞密度 / ( 个 /m² ) | 16 |

从 20 层孔洞面积、周长分布直方图可见（图 4-43），孔洞尺寸呈现双峰分布特征：主峰对应较小尺寸的溶孔，为灯二段主要储集空间；次级峰对应较大尺寸的溶洞。

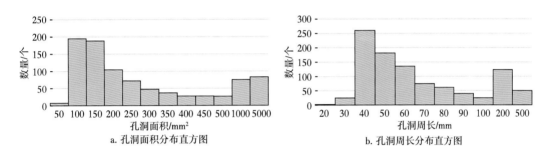

a. 孔洞面积分布直方图　　　　　　b. 孔洞周长分布直方图

图 4-43　20 层孔洞面积和周长分布

# 第四节　基于多尺度 Beamlet 算法的裂缝提取

缝洞识别与表征是进行碳酸盐岩缝洞系统的研究和储层预测的基础工作。但由于地质现象及裂缝成因的复杂性，包括岩石岩性、岩石粗糙程度、光照阴影噪声等，导致精确识别和预测各种尺度的裂缝难度很大，对数字露头裂缝的线性特征自动提取一直是个难题。目前，基于图像处理技术的露头裂缝提取方法主要有基于微分算子和基于变换两大类，前者是利用边缘检测算子，如 Canny 算子、Sobel 算子、Roberts 算子、Prewitt 算子等直接对图像进行边缘检测，计算简单、运算速度快，但对噪声比较敏感，特别是在信噪比很低的情况下，容易丢失变化缓慢的边缘；后者如 Radon 变换、Hough 变换、小波变换等，虽然对噪声不敏感，但存在无法确定线段长度及起始点信息，定位不准确等问题，且对曲线的检测较复杂。

## 一、Beamlet 算法

针对以上提取问题，基于图像多尺度分析的线特征提取有了很大的发展。其不仅可以获得图像的主要特征，还能以不同的细节程度构造图像。Beamlet 变换理论是由 David L. Donoho 和 Xiaoming Huo 提出的一种多尺度图像分析框架，以不同尺度、不同方向的小线段作为基，最初用于从图像中提取直线和曲线，由于其抗噪性能强的优势，许多学者对算法进行了改进。如陈雨（2010）等对基于 Beamlet 变换的线特征提取算法进行改进，提出了一种图像边缘检测的新算法；肖进胜（2015）等结合 Beamlet 与 K-Means 算法有效的解决了车道线识别等问题；曾接贤（2012）等针对传统 Beamlet 无结构算法提取图像线性特征时存在重叠模糊的缺陷，提出了改进的 Beamlet 无结构算法与 Canny 算子相结合的方法，有效提高了图像线特征提取的准确性和连续性。Beamlet 变换算法已经在许多重要领域得到了广泛的应用，梅小明（2008）等利用 Beamlet 变换提取了遥感图像线性特征；Ying L.（2009）通过 Beamlet 算法，利用数字图像对道路表面裂缝进行了提取和分类；荆智辉（2013）等利用 Beamlet 变换对地震小断层和裂缝发育带进行了提取；Sahli S.（2008）等运用 Beamlet 变换对机场跑道进行了检测，都取得了不错的效果，很大程度上解决了背景噪声复杂，线条丰富的图像线特征提取问题。

针对碳酸盐岩数字露头裂缝难以提取的特点，将 Beamlet 变换算法引入到数字露头裂缝自动提取中，设计并实现了一种数字露头裂缝自动提取算法。首先利用多尺度自适应增强算法减弱背景噪音和光照等影响；然后基于 Beamlet 算法提取裂缝；最后针对出现的误检、断裂问题设计了离散 Beamlet 基连接算法，最终实现裂缝的提取。

## 二、裂缝提取

### 1. 识别裂缝能力

基于数字露头纹理的裂缝识别能力，依赖于数字影像质量和裂缝尺度特征。其中，数字图像分辨率和清晰度直接决定裂缝的识别能力。

根据裂缝识别方式可将裂缝分为大尺度裂缝、中尺度裂缝、小尺度裂缝及微裂缝（表 4-18）。

表 4-18　裂缝分级标准

| 裂缝类型 | 裂缝延伸长度 /m | 裂缝宽度 /mm | 典型识别手段 |
| --- | --- | --- | --- |
| 大尺度裂缝 | ＞ 68.0 | ＞ 10.0 | 人工解释断层 |
| 中尺度裂缝 | 17.0~68.0 | | 蚂蚁体追踪 |
| 小尺度裂缝 | 0.3~17.0 | 0.1~10.0 | 岩心、成像测井、常规测井 |
| 微裂缝 | ＜ 0.3 | ＜ 0.1 | 岩心、薄片 |

野外采集的露头数据包括高精度的三维激光扫描数据和高精度数码照片。根据数据采集规范，获取的数码照片分辨率达到毫米级。宽度大于 5mm 裂缝在图像上清晰可见，数字露头纹理特征的裂缝识别能力可达到 5mm 标准。

### 2. 技术流程

露头裂缝提取技术流程包含图像增强处理、Beamlet 裂缝提取、离散裂缝线性特征连接三个部分（图 4-44）。

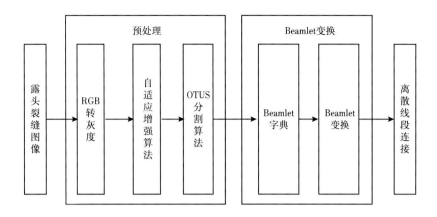

图 4-44　裂缝提取方法流程

### 3. 图像增强

野外采集到的数字图像由于岩性、光照、阴影等各种因素的影响，会使图像包含复杂的背景噪声，为了提高裂缝识别精度、可靠性以及实用性，有必要对图像进行前期处理。

1）RGB 转灰度图像

野外采集的露头裂缝图像通常是 RGB 三通道，为了提高运行速度，降低算法复杂度，需要将三维的 RGB 图像转化为一维的灰度图像。利用加权平均法对露头裂缝图像进行灰度转换（图 4-45），计算公式为：

$$Gray = 0.229R + 0.587G + 0.114B \tag{4-7}$$

式中：$Gray$ 为灰度图像；$R$ 为红色通道；$G$ 为绿色通道；$B$ 为蓝色通道。

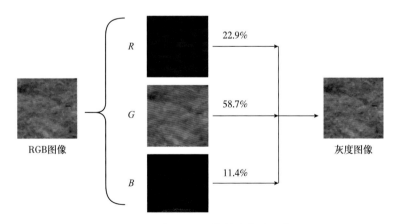

图 4-45　从 RGB 图像转为灰度图像

2）多尺度自适应增强

将图像灰度化后，为消除光照不均、噪音等的影响，采用一种多尺度自适应增强算法对灰度图像进行增强处理。该算法能均匀光照背景，有效抑制噪声干扰，兼顾全局对比度提高和局部细节保持，且运算速度快。其主要思想是将图像分割成一系列小区域后进行分区处理。分区处理主要目的是消除噪声，同时计算各分区光照与整幅图光照差异，并进行光照补偿。

算法实现过程主要分为以下步骤。

对一幅 $n \times n$（$n=2^j$）的数字图像，如果定义图像的边长为单位长度，那么每个像素可以看成是边长 $1/n$ 的方块，并且所有像素都位于 $[0, 1]^2$ 中，在一定的尺度上将数字图像分割成许多小的矩形窗体，不同的尺度处理得到的图像是完全不同的，它关系到图像失真与背景的均衡度，在处理过程中至关重要。在一定的尺度上将数字图像分割成许多小的子正方形，尺度的选择为 2 的幂次方，一个 $2^j \times 2^j$ 的图片最小可分解到像素级，最大可分解到 $2^j \times 2^j$ 级。

分别对每个小矩形窗体计算像素灰度平均值（$G_{\text{mean}}$）、最小值（$G_{\text{min}}$）、最大值（$G_{\text{max}}$）。

对于上步划分的每个小矩形窗体，设置一个上限阈值（$R_h$）和一个下限阈值（$R_l$），当点的灰度值在阈值外时则被认为是噪声，阈值 $[R_h, R_l]$ 的范围由如下公式确定：

$$R_h = G_{\text{mean}} + (G_{\text{max}} - G_{\text{mean}}) \times f \qquad (4\text{-}8)$$

$$R_l = G_{\text{mean}} - (G_{\text{mean}} - G_{\text{min}}) \times f \qquad (4\text{-}9)$$

其中，$f$ 是一个限定性因子，其取值根据不同的影像而定，在本书中，$f$ 取值为 50%。

排除噪声点后，重新计算每个小矩形窗体像素灰度的平均值 $G'_{\text{mean}}$ 代替 $G_{\text{mean}}$。

校正系数因子计算公式为 $f' = \dfrac{B}{G'_{\text{mean}}}$，其中 $B$ 为原始裂缝图像灰度的平均值，然后通过因子相乘修改图像每一点的灰度值：

$$I' = I \times f' \qquad (4\text{-}10)$$

其中，$I'$ 为增强后的影像；$f'$ 为校正系数。

图 4-46b、c 为分别采用 8×8 和 16×16 的尺度对灰度图像（a）进行自适应增强处理的结果。结果表明，当尺度选择较小时，裂缝信息部分丢失，造成图像失真，但背景均匀；而当尺度较大时，裂缝比较突出，但背景均匀效果下降。裂缝越粗，图像越大，选择的尺度就越大。

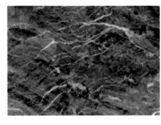 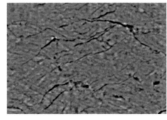 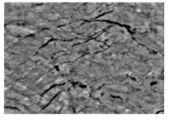

| a. 原图 | b. 8×8 | c. 16×16 |

图 4-46　不同尺度的自适应增强算法结果比较

3）大津阈值分割方法去除背景噪声

对数字图像进行增强处理后，利用大津阈值分割算法（又称最大类间方差法 OTSU 法）分离裂缝和背景噪声得到二值图像（图 4-47），具体原理如下：

假设图像有 $n$ 个灰度级别，根据灰度区间 $[0, k]$ 和 $[k+1, n]$ 将图像分成 A、B 两部分，分别计算 A、B 区域的平均灰度 $m_A$、$m_B$ 和全图的平均灰度 $m$，以及 A、B 区域出现的概率 $P_A$、$P_B$，则类间方差 $\sigma^2$ 可表示为：

$$\sigma^2 = P_A (m_A - m)^2 + P_B (m_B - m)^2 \tag{4-11}$$

通过遍历得到最大类间方差 $\sigma^2$，即为最佳灰度分割阈值。

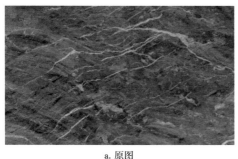 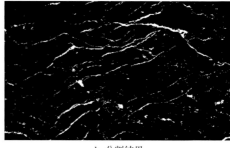

a. 原图      b. 分割结果

图 4-47 图像二值化

### 4. 基于 Beamlet 算法的线性特征识别

Beamlet 作为一种多尺度图像分析框架，主要包含两个重要的概念，即 Beamlet 字典和 Beamlet 变换。

1）Beamlet 字典

Beamlet 字典是以不同尺度、方向和位置的小线段为基构成的集合，对一幅分辨率为 $n \times n$（$n=2^J$）的图像，定义图像边长为单位长度，则 $n \times n$ 像素全部落在单位块 $[0, 1]^2$ 内，在尺度 $0 \leqslant j \leqslant J$ 上，可将图像分解成大小为 $2^{-j} \times 2^{-j}$ 的 $2^{J-j} \times 2^{J-j}$ 个二进方块，固定分辨率为 $\sigma = 2^{-j-k} \left( k \leqslant 0, \ \sigma \geqslant \frac{1}{n} \right)$。每个二进方块 4 条边上的任意两个像素点之间的连线就构成了一条 Beamlet 基，图 4-48 显示了 4 种不同尺度、方向、位置的 Beamlet 基。图 4-49 为用一个连续的 Beamlet 链来逼近一条线段，即一条 Beam。

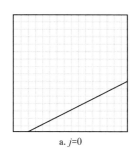 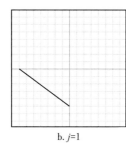 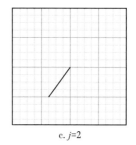 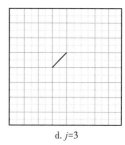

a. $j=0$      b. $j=1$      c. $j=2$      d. $j=3$

图 4-48 不同尺度、位置和方向下的 Beamlet base

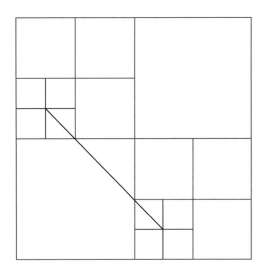

图 4-49　由一系列 Beamlet 基逼近线段

2）离散 Beamlet 变换

假设 $f(x_1, y_1)$ 为图像 $[0, 1]^2$ 上的连续函数，则对于数字图像 $f_{i_1 i_2}$，其离散 Beamlet 变换为：

$$f(x_1, y_1) = \sum_{i_1 i_2} f_{i_1 i_2} \left( \varphi_{i_1 i_2}(x_1, y_1) \right) \tag{4-12}$$

式中：$\varphi_{i_1 i_2}(x_1, y_1)$ 表示连续插值函数。

当 $\varphi_{i_1 i_2}(x_1, y_1)$ 为平均插值函数时，$f_{i_1 i_2}$ 与插值得到的连续函数 $f(x_1, y_1)$ 有如下关系：

$$f_{i_1 i_2} = Ave\{ f | Pixel(i_1 i_2) \} \tag{4-13}$$

式中：$Pixel(i_1 i_2)$ 为栅格图像 $(i_1 i_2)$ 内所有像素灰度值；$f_{i_1 i_2}$ 可看作 $f(x_1, y_1)$ 的灰度平均值。

相应的 Beamlet 系数为：

$$T_f(b) = \sum_k f_k l_k \tag{4-14}$$

式中：$f_k$ 为每个像素栅格对应像素点的灰度值；$l_k$ 为栅格内线段的长度。

归一化的 Beamlet 系数为：

$$T_f(b)' = \frac{T_f(b)}{\sqrt{L(b)}} \tag{4-15}$$

式中：$L(b)$ 为 Beamlet 的长度。

**5. 改进图像 Beamlet 变换算法裂缝提取**

1）线性特征识别算法的不足

（1）计算量大。随着遥感影像大小的增加，Beamlet 基的数量呈二次增长，在尺度 $j$ 上，Beamlet 基的数量为 $6(2^{K+J-j}-1)^2+8(2^{K+J-j}-1)+2$ 条，若获得每条基的像素坐标构建

Beamlet 字典，将进行大量的计算。

（2）出现线段重叠现象。传统 Beamlet 变换提取裂缝时，除了计算量大，同一个子方块中可能会出现 Beamlet 基重叠的现象。重叠的原因有两种，一种是同一个子方块内可能存在多个最优 Beamlet 基表征裂缝中心线，如图 4-50a 所示；另一种是裂缝过宽，刚好处在两个子方块内时，也会导致同一裂缝有两条 Beamlet 基，如图 4-50b 所示。

（3）出现基缺失现象。算法要保证每个子方块内只包含一条最优 Beamlet 基，在线性特征交叉处的方块，会出现缺失 Beamlet 基的现象，如图 4-50c 所示。

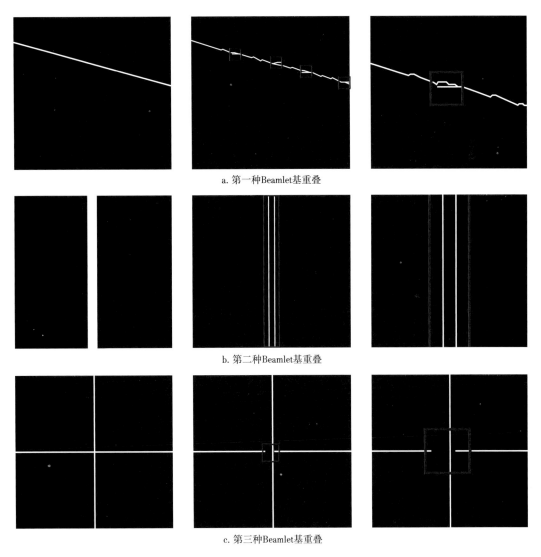

a. 第一种Beamlet基重叠

b. 第二种Beamlet基重叠

c. 第三种Beamlet基重叠

图 4-50　Beamlet 算法不足

2）线性特征识别算法的改进

针对上述不足，对算法进行了改进。基本思想是减少需要构建的 Beamlet 基数量；利用子方块为矩形的特点，通过平移和旋转构建 Beamlet 字典减少算法复杂度；引入能量统计确保每个子方块只包含一条最优 Beamlet 基；出现第二种重叠现象时，先通过骨架线提取算法进行骨架提取，然后再进行 Beamlet 变换；对 Beamlet 基方向进行约束，用两个方向的 Beamlet 基分别进行 Beamlet 变换，然后合并，避免交叉处 Beamlet 基缺失。

（1）自适应影像大小。Beamlet 变换作为多尺度分析工具，尺度的选择与影像的大小呈正相关，而 Beamlet 基的数量与尺度的大小呈二次增长。为了减少需要构建的 Beamlet 基的数量，采用双线性内插法自适应缩小影像的大小，在不改变裂缝信息的前提下，减少需要构建的 Beamlet 基。

（2）改进 Beamlet 字典。目前已有的对 Beamlet 字典进行改进的方法有一种快速 Beamlet 变换算法，可节省运算量。此外，还有一种以"空间换时间"的方法，同样能节省大量的运算时间。考虑到影像中裂缝具有一定方向性，只选取两种情况下的 Beamlet 基，首先构建方块左右边所有 Beamlet 基，记录其坐标并保存在元组中。利用矩形对称的特点，将左右方向的 Beamlet 基旋转 90°，直接得到方块上下边所有 Beamlet 基，将其坐标保存在另外的元组中减少构建 Beamlet 字典的复杂度。每次进行 Beamlet 变换时，直接调用 Beamlet 基坐标而无需重新构建 Beamlet 字典，因而可大大减少算法时间。

（3）能量阈值、方向约束。针对 Beamlet 基重叠的缺陷，有文献运用能量统计的方法，计算每个子方块中最大能量值所对应的 Beamlet 基作为最优基。本书则在 Beamlet 变换算法中加入能量阈值来保证每个子方块中只包含一条最优基。同时加入方向约束，用两个方向的 Beamlet 基分别对影像进行 Beamlet 变换，在裂缝交叉处即可得到两条最优 Beamlet 基，避免缺失。

3）离散 Beamlet 基连接算法

通过 Beamlet 变换得到的裂缝中心线，相邻窗体之间的 Beamlet 基可能会出现断裂现象，如图 4-51 所示。运用离散 Beamlet 基连接算法对部分断裂的 Beamlet 基进行连接，具体算法实现如下（图 4-52）。

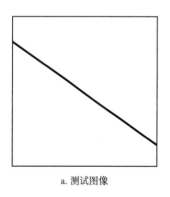 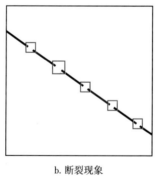 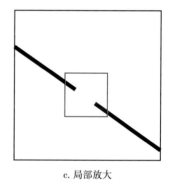

a. 测试图像　　　　　　b. 断裂现象　　　　　　c. 局部放大

图 4-51　Beamlet 基断裂

标记所有包含 Beamlet 基的区域，记录每个 Beamlet 基两端点的坐标 $B_i^1$、$B_i^2$。根据两端点坐标求出所有区域 Beamlet 基的斜率 $\delta_i$。对第一个区域，求出 Beamlet 基第一个端点与其他所有区域 Beamlet 基两端点的距离，记录最短距离 $D_{min}$，设置一个距离阈值 $D$，和方向阈值 $\delta$。如果 $D_{min}<D$，则连接最短距离所对应的两个端点并求出斜率 $\varphi$；如果 $D_{min}>D$，则考虑 Beamlet 基第二个端点。如果 $\varphi$ 与 $\delta_i$ 的方向差小于方向阈值 $\delta$，则保留当前线段，反之则去掉当前线段。

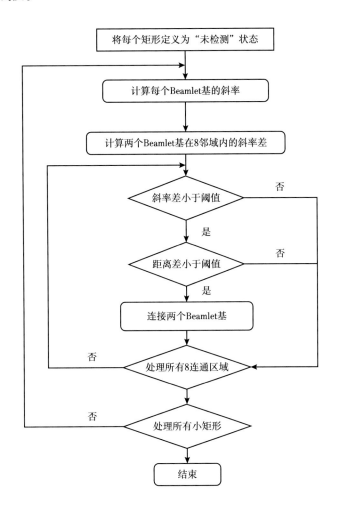

图 4-52　离散线段连接算法流程图

**6. 算法实现**

基于 MATLAB 平台对裂缝提取算法进行了实现与验证。图像预处理与裂缝提取算法流程如下所述，算法流程见图 4-53。

为了使采集到的原始图像大小满足 Beamlet 变换的需求（$2^n \times 2^n$），首先利用双线性插值算法将图像的大小转换为 $n \times n$（$n=2^j$）。将图像灰度化后采用自适应增强算法处理，用大津阈值分割算法进行分割，得到裂缝二值图像。

根据裂缝二值图像大小选择要划分的尺度 $j$（$j=2^m, j < n$），$j$ 的取值根据实际情况而定，$j$ 越大，变换时图像裂缝局部细节丢失的越多；$j$ 越小，图像裂缝细节越完整，但包含的噪声点越多。

按照尺度 $j$ 将图像划分成许多二进方块，根据二进方块的大小构建所有 Beamlet 基并保存在一个元组中，即 Beamlet 字典。用构建的 Beamlet 字典分别对每个小方块进行

Beamlet 变换，计算所有二进方块的 Beamlet 变换系数 $T_f(b)$ 和相应的 Beamlet 基长度 $L(b)$。

设定一个阈值 $f$，当方块的最大 Beamlet 系数 $T_f(b)$ 小于 $f$ 时，认为该方块能量不足，将其自动识别为噪声，并将该方块置零作为背景。反之当方块的 Beamlet 系数大于 $f$ 时，选取该方块最大的 Beamlet 系数所对应的 Beamlet 基长度 $L(b)$ 作为该子方块的最优基，并显示出来。这样既能保证每个子方块中只含一条最优基，又消除了图像中非线性特征的点状、块状噪声。

输出所有符合条件的 Beamlet 基，并进行断裂线段连接，得到裂缝线性特征的提取结果图像。

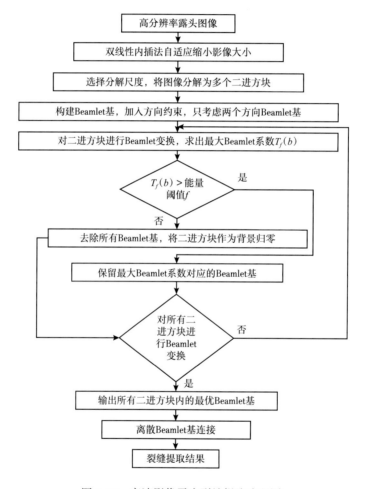

图 4-53　高清影像露头裂缝提取流程图

### 7. 精度评估

为了验证方法的可行性，本书运用 Beamlet 变换对自动生成的含高斯噪声的图像进行了初步测试与验证。如图 4-54 所示，其中图 a 为原始图像，图像大小为 256×256；图 b 为添加均值为 0.4，方差为 0.8 的高斯噪声处理的图像；图 c 是采用自适应增强算法在 16×16 的尺度上对含噪声图像进行增强后的图像；图 d 是用大津阈值算法分割得到的二值图像；图 e 是利用 Beamlet 变换对二值图像提取线性特征后的结果，其中选取的尺度为 32×32。由结果图像可以得出，基于像素亮度的图像处理方式容易受光照和噪音的影响，导致提取结果出现噪声和漏检（图 d）。本书方法提取的线性特征准确，不存在噪声，对噪声不敏感，适用于复杂背景下线性特征的提取，但存在部分线段断裂的情况，需要进行后处理。

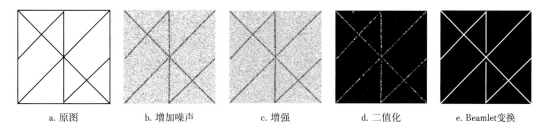

| a. 原图 | b. 增加噪声 | c. 增强 | d. 二值化 | e. Beamlet变换 |

图 4-54 基于 Beamlet 变换线性特征提取流程

数字露头裂缝类型有很多种，包括填充缝、非填充缝等。选取这两类裂缝进行了四组实验，并同 Canny 变换、Hough 变换进行了对比。

图 4-55 中第一、二行为填充缝图像实验，裂缝为浅色调，图上还存在其他浅色区块，容易对裂缝提取造成干扰。图 4-55 中第三、四行为非填充缝，裂缝为深色调，图上

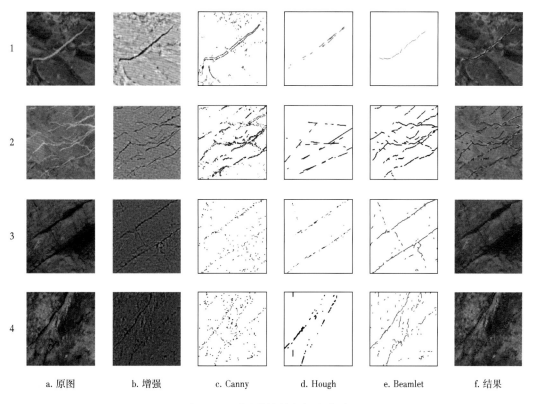

| a. 原图 | b. 增强 | c. Canny | d. Hough | e. Beamlet | f. 结果 |

图 4-55 裂缝线性特征提取实验

存在其他深色调区块，会对裂缝提取造成干扰。同时图中还存在明暗不一的情况，会对裂缝提取产生负面影响。图 4-55c、d、e 分别为 Canny 变换、Hough 变换和 Beamlet 变换提取结果。Canny 变换是边缘提取算法，图中亮度突变区域均被很好的检测出来，但各种非线性特征也被检测出来，需要大量的后处理（图 4-55c）。Hough 变换对线性特征方向性有很好的指示，基本不存在非线性特征噪音，但提取的线段不连续，对线性特征位置、形态的表示不精确（图 4-55d）。Beamlet 变换提取的结果相对最优，准确的提取出了裂缝的形态，没有噪声，但是存在一些线段中断的问题，提取结果需要后续进行连接处理（图 4-55e）。通过离散 Beamlet 基连接算法进行连接后，与原始图像进行叠加显示（图 4-55f），提取结果更加精确。

通过使用如下两种评价指标对 Beamlet 算法精确度进行评价。

准确率 = 正确提取的裂缝长度 / 真实裂缝长度

误检率 = 错误提取的裂缝长度 / 总的提取裂缝长度

四组测试结果如表 4-19 所示。从提取结果看，整体的提取准确率比较高，误检率较低，能在具有较高的准确率前提下，保证较低的误检率。

**表 4-19　裂缝检测精度**

| 图像 | 准确率 /% | 误检率 /% |
|---|---|---|
| Image1 | 80 | 0 |
| Image2 | 83 | 3 |
| Image3 | 89 | 9 |
| Image4 | 85 | 15 |

## 三、裂缝信息表征

通过裂缝密度、长度、倾向、间距四个参数表征裂缝发育。裂缝提取结果导入到 ArcMap 软件中进行分析，若数据本身还有空间参考信息，裂缝长度、条数等信息可直接在软件中统计。其他表征，主要通过 ArcMap 空间分析功能获取。各参数具体含义、计算方法和表征方式如下所述。

### 1. 裂缝密度

裂缝密度指单位长度或单位面积内裂缝的条数或宽度。本书中，将计算单位面积内裂缝条数。露头面积可在 ArcMap 中量测，裂缝条数在裂缝矢量文件中可直接获取。为了分析裂缝发育可按地层进行裂缝密度计算，比较各地层差异。

线密度分析是计算每个输出栅格像元邻域内的线状要素的密度。密度的计量单位为长度单位 / 面积单位（图 4-56，式（4-16），其中 $L1$、$L2$ 表示各条线落入栅格像元邻域内部分的长度，$V1$、$V2$ 为权重，可设置为 1，$S$ 为圆形邻域面积）。使用核函数根据点或折线要素计算每单位面积的量值，以将各个点或折线拟合为光滑锥状表面，用于计算要素在其周围邻域中的密度。利用核密度分析方法和线密度分析方法对解译区裂缝空间分布进行分析（图 4-57）。

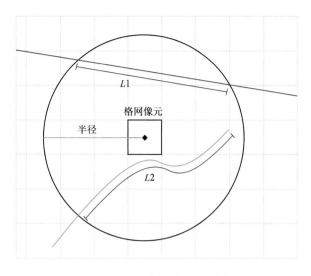

图 4-56　线密度计算示意图

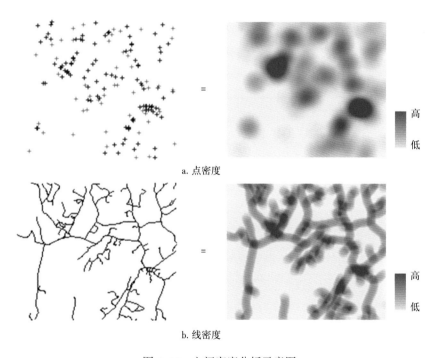

a. 点密度

b. 线密度

图 4-57　空间密度分析示意图

$$Density = \frac{(L1 \times V1) + (L2 \times V2)}{S}$$　　（4-16）

## 2. 裂缝长度

裂缝长度是每条裂缝长度之和。裂缝长度数据可直接通过裂缝矢量文件计算统计得

157

到。可同时统计计算得到平均长度、最大长度等其他长度信息。通过裂缝长度直方图表现裂缝长度分布。

### 3. 裂缝倾向

裂缝倾向指裂缝延伸方向与正北向的夹角。一组线要素的趋势可通过计算这些线的平均角度进行度量，该统计量称为方向平均值（在计算裂缝倾向时，并无起点和终点区分，实际上计算的是平均方位）（图4-58）。尽管大多数线在起点和终点之间具有多个折点，在计算裂缝倾向时只使用起点和终点来计算方向。线性方向平均值（LDM，Linear Directional Mean）计算公式如下：

$$LDM = \arctan \frac{\sum_{i=1}^{n} \sin \theta_i}{\sum_{i=1}^{n} \cos \theta_i} \tag{4-17}$$

其中，$\theta_i$ 是始于单个源的线要素的方向。

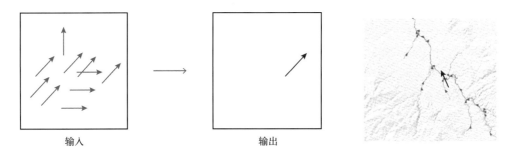

图 4-58　裂缝平均倾向计算示意图

倾向分布一致性通过计算圆方差值（CV）来指示［式（4-18）］，倾向分布通过绘制方向玫瑰花图直观表示。圆方差值指示方向平均值矢量与输入矢量集的一致性程度。圆方差的范围介于0到1之间。如果所有输入矢量具有完全相同（或非常相似）的方向，则圆方差将很小（接近于0）。当输入矢量方向差异很大时，圆方差将很大（接近于1）。

$$CV = 1 - \frac{\sqrt{\left(\sum_{i=1}^{n} \sin \theta_i\right)^2 + \left(\sum_{i=1}^{n} \cos \theta_i\right)^2}}{n} \tag{4-18}$$

### 4. 裂缝间距

裂缝间距是指两个依次出现的裂缝之间的距离。通过计算每条裂缝与最邻近的裂缝之间的距离得到裂缝间距数据。可进一步计算裂缝平均间距、中位数、标准差、变异系数等统计指标描述裂缝分布与发育情况。

在ArcGIS中，线要素称为折线。线和折线这两个术语可互换。折线是点的有序集合，这些点称为折点。一条折线可以拥有任意多的折点。由两个折点定义的线叫作线段。定义一条线段的两个折点称为端点。裂缝间距计算依照下述规则方法计算。

规则一：点到折线间的距离是点到折线的垂线或最近的折点的距离（图4-59）。

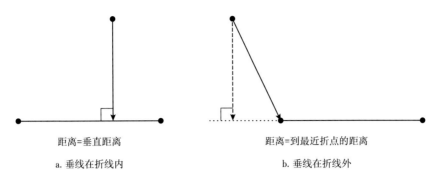

图 4-59　点到折线的距离

规则二：折线间的距离取决于线段折点。使用规则一计算输入线段的每个端点到邻近线段的距离。计算出邻近线段的每个端点到输入线段的距离。两个距离值中较小的一个为两条线段间的距离。当两条折线都有多条线段时，找到最近的两条线段，之后根据规则二计算两者间的距离。

图 4-60 显示从折点 C 到由折点 AB 定义的线段的垂线 CX。也可以计算从折点 D 到线段的垂线，但是该距离长于 CX。因此，CX 是从线段 CD 到线段 AB 的最短距离。因为无法画出从折点 A 或 B 到线段 CD 的垂线，因此要从折点 A 或 B 到折点 C 计算最短距离。结果是 AC 为线段 AB 到线段 CD 的最短距离。在两个计算出的距离（AC 和 CX）中，因为 CX 在所有折点到线段的距离中最短，因此它是两条线段间的最短距离。

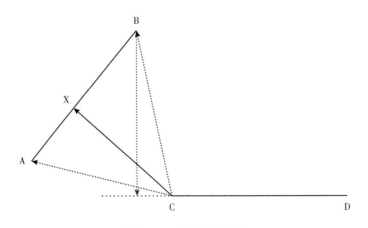

图 4-60　线段间的距离

变异系数是衡量各观测值离散程度的一个统计量，适用于比较不同组数据。通过计算变异系数（$C_v$）来确定间距一致性，变异系数值等于间距的标准差除以平均间距［式（4-19）］。$C_v=1$ 表示裂缝是随机间距，$C_v=0$ 表示裂缝等距，$C_v<1$ 表示裂缝间距比随机间距更均匀，$C_v>1$ 表示裂缝间距分布差异大。

$$C_v = \frac{\sigma}{X} \tag{4-19}$$

### 四、先锋露头剖面裂缝发育特征

以先锋露头剖面灯影组岩溶储层为例进行剖面的裂缝参数提取与表征。在先锋剖面灯二段17~20层数字露头模型上，运用改进图像Beamlet变换裂缝提取方法自动提取裂缝，缝的识别能力为长度大于1mm。图4-61是先锋剖面灯二段17~20层裂缝自动提取结果，在此基础上，对裂缝长度、裂缝密度、裂缝方位、裂缝间距等裂缝参数进行定量表征。

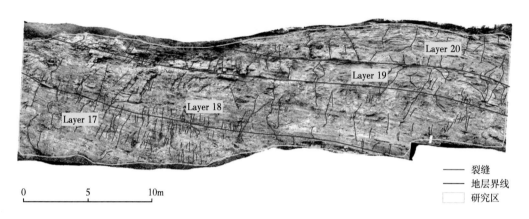

图 4-61　先锋剖面灯二段（17~20层）裂缝提取结果

根据各层计算裂缝的数量、密度、平均长度和累积长度（表4-20），四层裂缝发育存在差异。17层的裂缝密度和平均长度均高于其他层（图4-62）。

表 4-20　先锋剖面灯二段（17~20层）裂缝参数

| 层号 | 露头面积 /m² | 数量 / 条 | 密度 /（条 /m²） | 平均长度 /（m/m²） | 总长度 /m |
|---|---|---|---|---|---|
| 20 | 52.6 | 25 | 0.48 | 0.68 | 35.83 |
| 19 | 62.6 | 43 | 0.69 | 0.96 | 59.94 |
| 18 | 147.1 | 90 | 0.61 | 0.75 | 110.06 |
| 17 | 79.9 | 81 | 1.01 | 1.03 | 82.5 |

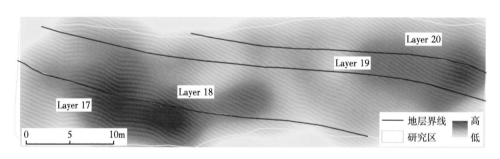

图 4-62　先锋剖面灯二段（17~20层）裂缝密度图

17~20层的裂缝总体平均方位为18°，圆方差0.30，显示较强的方向一致性，为近似垂直地层发育的高产状缝（图4-63，表4-21）。裂缝方位各层存在差异，17层裂缝更竖直，主要为构造应力缝，溶缝不发育；20层裂缝产状较缓，与地层斜交，溶蚀缝发育，由孔洞提取结果可知，20层顺溶蚀缝溶蚀孔洞也更为发育。

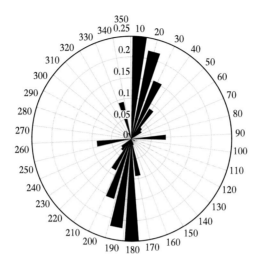

图 4-63  裂缝方位玫瑰图

表 4-21  先锋剖面灯二段（17~20 层）裂缝方位

| 层号 | 平均方位 /（°） | 圆方差 |
|---|---|---|
| 20 | 31.29 | 0.24 |
| 19 | 37.21 | 0.38 |
| 18 | 25.97 | 0.24 |
| 17 | 19.94 | 0.34 |
| 总体 | 17.67 | 0.30 |

17~20 层的裂缝间距随层位上升而增加。$C_v$（裂缝间距分布聚集程度）值介于 0.52 到 0.83 之间，没有表现出明显的聚集特征，而是具有随机性特征，说明裂缝不是局部发育，而是分布较为均匀（表 4-22）。

表 4-22  先锋剖面灯二段（17~20 层）裂缝间距

| 层号 | 平均间距 /cm | 中位数 /cm | 标准差 | 变异系数 $C_v$ |
|---|---|---|---|---|
| 20 | 49.93 | 56.31 | 26.13 | 0.52 |
| 19 | 38.07 | 28.82 | 30.52 | 0.80 |
| 18 | 32.09 | 27.54 | 23.90 | 0.74 |
| 17 | 22.07 | 16.18 | 18.23 | 0.83 |
| 总体 | 27.07 | 22.72 | 20.40 | 0.75 |

# 第五章　数字露头三维可视化与地质解译

数字露头技术作为地表与近地表精细地质分析的一种强有力的手段，在推进油气勘探与开发多个专业领域走向精细化与定量化中发挥作用。数字露头应用的关键因素是能够实现海量仿真三维露头模型的快速可视化和地质信息矢量的交互编辑和解译。

首先需要实现将野外露头带到专业地质分析人员计算机中的功能，以接近实地观测精度的虚拟现实方式在室内还原野外露头，让地质分析人员无须到达现场即可随时随地对露头进行观摩、浏览；其次是具有在数字露头上测量、标注、解译、表征及使用解译结果进行专业制图的能力，以此作为专业人员随心构建、表述自己的解译与分析成果的工具，为此开发了数字露头三维可视化与地质解译系统。由于数字露头具有高分辨率、海量数据的特性，为实现海量露头数据管理、便捷快速访问以及在更广泛的范围中应用，以客户/服务器结构实现云上数字露头库以及访问该数据库的轻量级客户端即是必由之路，所以需要云上数字露头库的构建与网络环境下以实时仿真方式实现数字露头数据下载、模型重构与三维露头显示的客户端。本章将分别介绍数字露头三维可视化、地质信息解译和云上数字露头库的实现技术。

## 第一节　数字露头三维可视化

数字露头仿真系统设计使用 VS2017 作为开发工具，采用 C++ 作为编程语言，以开源软件开放视景图形（OSG）作为露头渲染引擎，开源软件 QT 作为用户界面框架。OSG 是一个开放源码，跨平台的图形开发包，它为诸如飞行器仿真、游戏、虚拟现实、科学计算可视化这样的高性能图形应用程序开发而设计。QT 是一个跨平台 C++ 图形用户界面应用程序开发框架，其具有优良的跨平台特性、面向对象机制、丰富的 API 接口、支持二维/三维图形渲染及图表展示等优势。

数字露头仿真实现有两项关键技术，即基于 OSG 的数字露头三维实时仿真（模型加载渲染）和大规模数字露头模型的 LOD 重建（露头模型简化算法、露头模型 LOD 重建算法）。

### 一、基于 OSG 的数字露头三维实时仿真

目前实时三维渲染技术日趋成熟，其中 OSG 三维渲染引擎是当今众多选项中优秀的代表之一。1962 年全景仿真机的出现推动了虚拟现实（Virtual Reality, VR）技术的发展（杜永浩等，2019）。其中三维可视化是虚拟现实技术的一大重要分支，早期由于计算机配置较低，用户对于三维图形应用程序的操作交互存在相当大的难度，随着三维渲染技术和计算机图形学的发展为三维图形引擎的研究注入了新的活力。除了类似 OpenGL 这样的跨平台主流底层图形软件接口，各种中间层高级三维渲染引擎应运而生（Bartz D. et al.,

1999）。相比于使用底层图形引擎进行三维可视化应用开发，强大的中间层三维渲染引擎简化了研发的实现细节，使得研发人员可以更加专著于特定应用场景下的具体应用需求，降低了开发门槛，提高了开发效率。于是，OSG 于 1998 年应运而生，OSG 使用 C++ 和 OpenGL 编写而成（肖鹏等，2009）。它提供一个在 OpenGL 之上的面向对象的框架，从而能把开发者从实现和优化底层图形的调用中解脱出来，并且它为图形应用程序的快速开发提供很多附加的实用工具。OSG 的关键优势在于开源、可扩展性、快速开发、高性能渲染等多个方面（Pajarola R.，1998），广泛应用于科学和工业项目。

### 1. 总体技术流程

基于 OSG 的数字露头三维实时仿真技术流程（图 5-1）总体上分为三个步骤。

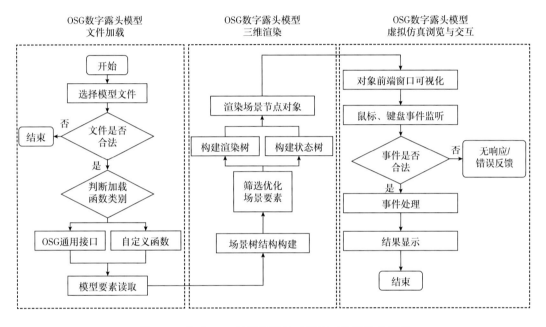

图 5-1　基于 OSG 的数字露头三维实时仿真业务流程

第一步，数字露头模型文件加载。用户在露头仿真与三维矢量编辑系统主界面工具栏中点击加载按钮选择模型文件，之后程序将根据文件路径搜索模型文件，并判断文件是否合法，若文件类型不是系统所支持的格式或文件损坏，则加载失败。若文件合法，程序会根据文件格式判断需要调用的加载函数类别，其中包括 OSG 通用文件读取接口以及自定义格式的模型加载函数。此时模型加载函数成功运行，函数将自动解析模型文件中存储的几何、纹理、材质等要素信息，将图形元素读入系统内部。

第二步，数字露头三维场景构建与渲染。被读进内存的模型元素集将交由 OSG 渲染引擎进行场景图形组织，OSG 底层函数通过树状的场景图形将各元素组织起来，完成场景树结构构建。由于此时内存中可能存在大量元素，为避免系统内存过度占用而导致程序卡顿，OSG 借助图形对象筛选器对显示窗外部的图形要素进行剔除，并构建剩余元素节点的渲染树和状态树，最终仅在三维渲染引擎中绘制有效范围内的图形节点。

第三步，数字露头三维场景浏览与交互。当露头模型成功渲染，系统通过展示的图形界面接受鼠标和键盘等事件与用户进行交互。系统内部定义多个监听器对事件进行监听，当系统或用户事件发生时，调用相应的响应函数进行处理，处理结束后则将结果返回图形界面进行反馈。

为保证业务流程的灵活性、高效性和逻辑性，可将业务流程抽象成三个技术模块：OSG 数字露头模型文件加载、OSG 数字露头模型三维渲染、OSG 数字露头模型虚拟仿真浏览与交互。下面介绍三个模块的研究背景、技术原理、功能实现和图形界面。

### 2. OSG 数字露头模型文件加载

数字露头三维可视化与地质解译系统借助 OSG 提供的函数接口完成模型文件的加载。数字露头漫游场景中涉及的基本图元数量庞大、种类众多，因此，本系统通过 OSG 中负责文件读写的 OSGDB 库进行文件读取。OSGDB 库可以支持多种常见的文件格式，其中包括三维模型、图像、文本文档等（表 5-1），其中 OSGB 格式文件是一种 OSG 独有的 3D 模型二进制文件，较之 OSG 文本文件，读取更便利，渲染更高效。

**表 5-1  OSG 支持的部分文件格式**

| 名称 | 扩展名 | 文件描述 | 读 | 写 |
|------|--------|----------|----|----|
| OBJ | .obj | 标准三维模型格式 | √ | √ |
| 3DC | .3dc | 三维点云数据格式 | √ | × |
| OSG | .osg | OSG 中自定义模型存储格式 | √ | √ |
| OSGB | .osgb | OSG 中自定义模型二进制存储格式 | √ | √ |
| JPEG | .jpeg/.jpg | JPEG 图像格式 | √ | √ |
| PNG | .png | PNG 图像格式 | √ | √ |
| TIFF | .tif/.tiff | TIFF 图像格式 | √ | √ |
| BMP | .bmp | 标准位图格式 | √ | √ |
| PDF | .pdf | PDF 文档格式 | √ | × |

具体的，OSGDB 库提供多种封装好的函数接口以支持特定类型文件的读取，本系统直接使用封装好的多种函数读取不同格式的二维图像和三维图形文件（表 5-2）。

**表 5-2  OSG 中提供的部分文件读取函数**

| 读取函数接口 | 函数描述 |
|--------------|----------|
| OSGDB::readNodeFile() | 读取三维模型节点格式的文件 |
| OSGDB::readNodeFiles() | 读取多个三维模型节点格式的文件 |
| OSGDB::readImageFile() | 读取图像或视频格式的文件 |
| OSGDB::readObjectFile() | 读取字体、文档文件等对象文件 |

OSGDB 采用插件工作机制读取支持的模型文件并生成节点数据。由于 OSG 支持多种格式的二维图像与三维图形文件，为减少程序启动时系统性能开销，OSG 采用职责链的设计模式动态更新插件的信息注册表，使得内存中仅加载部分已请求的动态链接库。此外，数字露头模型数据量庞大，通常包含多段数据块。在模型加载前，系统内部将检查将要被载入的插件接口的合法性，保证用户以正确的方式设置所读取文件的格式、路径等参数。一旦系统控制台接收到任何错误信息，则文件读取失败，控制台将提示关键错误信息。若成功，系统程序将根据请求加载相关动态链接库，通过 OSGDB 读节点文件接口函数从指定路径中读取模型文件数据，并返回文件读取结果。具体文件读取流程如图 5-2 所示。

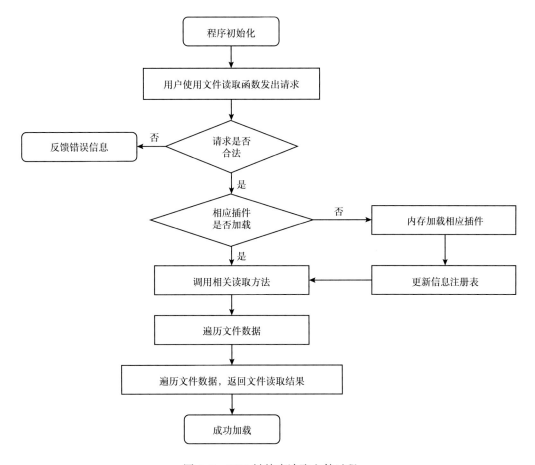

图 5-2　OSG 链接库读取文件过程

除了表 5-1 中展示的部分通用三维模型数据格式，实际应用中还可能包括其他特殊格式的数字露头模型。POL 文件是存储数字露头模型信息的二进制格式文件（图 5-3）。POL 格式露头模型文件由文件头和数据块两部分组成。文件头主要描述露头模型的整体信息，其中包含露头模型顶点个数、三角面个数、色彩纹理标记、分组数等数据。数据块是对露头模型点集、三角面集、色彩与纹理、分组等信息的详细描述，其中点集信息为模型三角网顶点三维坐标（$x$、$y$、$z$）；三角面集信息为各个三角面顶点三维坐标 $T_0$（$p_0$，$p_1$，$p_2$）、

$T_1$（$p_3$，$p_4$，$p_5$）等；色彩与纹理信息为模型色彩（Color）和纹理坐标（$u$，$v$）；分组信息为各组三角面起始号与终止号及对应影像照片名称。

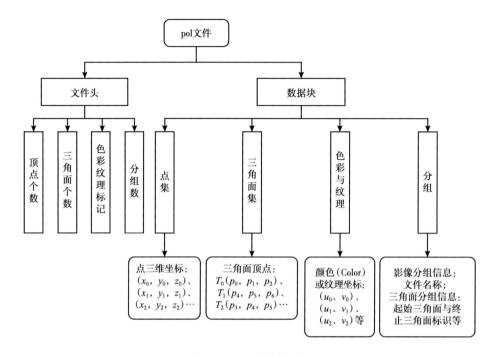

图 5-3　POL 文件结构图

解析 POL 文件结构后可通过定制 POL 文件数据读取函数获取模型各图元信息，然后按照 OSG 中提供的几何要素绘制规则进行绘制。数字露头模型文件在本质上是带有纹理图像的不规则三角网，其数据源可分为顶点数据与纹理数据，顶点数据包括模型网格顶点和多边形，纹理数据则是模型表面覆盖的纹理图像。在 OSG 中对于几何体的绘制，最基本的需要是指定顶点数组、颜色数组、法线数组和顶点关联方式。实际来说，定制的模型文件读取函数需要在加载的模型缓冲区中搜索模型，并遍历模型文件中三角网的顶点坐标、纹理坐标、法向量坐标，在指定顶点关联方式后进行绘制。

### 3. OSG 数字露头模型三维渲染

模型文件成功加载，系统内存中便已存储模型数据中所有的图形要素，此时在 OSG 三维渲染引擎中按照一定渲染机制实现模型渲染。OSG 采用场景图（Scene Graph）结构管理三维虚拟场景中的各个对象（李昌明等，2022）。OSG 场景中的所有被读取加载的对象均视为节点对象，节点对象又可细分为根节点（Node）、组节点（Group）和叶节点（Geode）。整个场景结构中采用自上而下、从左而右的树状结构进行分布。其中根节点位于场景结构最顶层；组节点则一般为某一类对象的整体节点，位于根节点之下；叶节点则位于树状结构底层，通常包含了绘制对象的具体信息（几何）与渲染状态（纹理、材质、光照）。采用场景图这样自上而下的层次树结构来组织管理三维场景中复杂的各类对象，大大优化了模型的渲染性能，以一般三维数字露头 OSG 场景为例，其场景结构如图 5-4 所示。

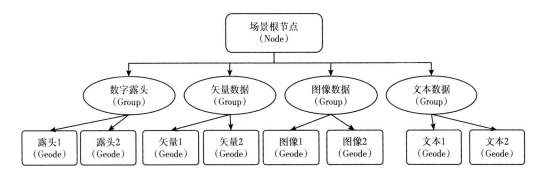

图 5-4  数字露头场景图结构

基于 OSG 的模型渲染的实现过程方便快捷，仅需要以下三个步骤：首先，申请观察器用以仿照人眼捕捉模型显示画面；然后，将自内存中读取的模型对象节点添加到观察器中并自动初始化窗口、检查和设置图形上下文、屏幕等参数；最后对添加的模型节点进行渲染。OSG 模型渲染流程见图 5-5。

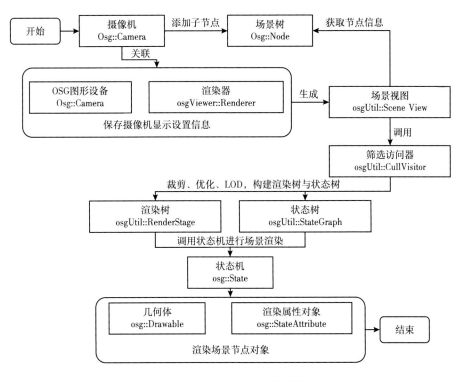

图 5-5  OSG 模型渲染流程图

三维场景中渲染的对象节点经过 OSG 坐标矩阵变换后，在屏幕显示器上通过屏幕像素进行显示，整个过程涉及多次矩阵变换，最终将对象三维空间坐标转换到屏幕二维平面坐标，坐标转换过程如图 5-6 所示。对象节点的原始坐标是世界坐标系下模型自身坐标（通常称为模型坐标）。在实际应用中，用户可根据需要对模型进行平移、旋转和缩放等操作，此时模型的位置、大小和姿态将发生改变，这一过程可被称作模型变换。如前文所述，在渲染过程中系统预先设置摄像机以代替人眼对三维对象进行观察，此时相当于以相机位置作为参考原点，因此可将模型世界坐标转换为相机坐标，此转换可称为视点转换。显然，相机坐标系下模型依然为三维坐标，无法在二维屏幕上进行显示。因此，需要通过投影转换将模型三维坐标信息转换到二维空间。最终，获取屏幕实际显示区域大小，将视域范围内的对象二维像素映射至屏幕当中，此过程称为窗口变换。

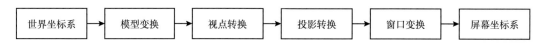

图 5-6　OSG 系统渲染坐标转换流程图

在对 OSG 模型三维渲染原理解析的基础上，OSG 依据不同的数字模型使用对应的方法生成三维渲染场景并加载来实现数字露头模型的三维渲染（图 5-7）。

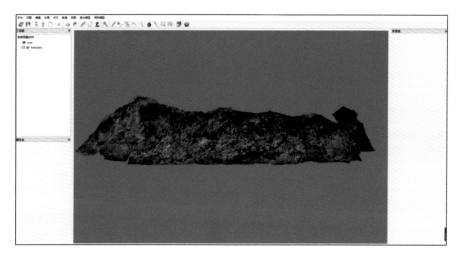

图 5-7　OSG 数字露头模型三维渲染效果

### 4. OSG 数字露头模型虚拟仿真浏览与交互

数字露头模型在添加到 OSG 的三维模型场景后，为使显示的三维露头尽可能贴近野外露头，系统必须拥有良好的人机交互 (Human-Computer Interaction, HCI) 界面，才能保证系统能够实时接受用户的指令来实现用户的沉浸式漫游。

人机交互是研究人、计算机以及两者之间相互作用的技术，而界面是人与计算机之间传递、交换信息的媒介和对话接口，二者均是计算机系统的重要组成部分（李艳民，2007）。经过多年的发展，图形用户界面与其包含的交互方法已经被大众广泛接受，对于计算机软件开发者而言，多种图形应用界面框架的诞生与发展使图形应用开发变得简单高效。其中，QT 是一种面向桌面，嵌入式与移动端的跨平台图形用户界面应用程序开发框架，采用 C++ 编写，并添加了元对象、信号与槽、属性等特性（王维波等，2018），其易用性、拓展性、稳定性高，且在不断进化，深受广大开发者的欢迎。QT 也对 OpenGL 有着全面的支持，使得程序有依赖于 OpenGL 或基于 OpenGL 开发的第三方引擎的代码时能够方便快速的集成（唐云，2008），而 OSG 正是集成了一个包括 OpenGL 底层细节的面向对象的开发框架，这为本软件以 QT 作为二维窗口交互框架，以 OSG 作为三维窗口交互框架提供了技术支撑。

对于 OSG 与 QT 而言，人机交互都是基于事件消息完成的，只是他们实现的方式有所不同。当我们在程序中添加了对应的事件处理器之后，OSG 和 QT 就会将监听到的鼠标或事件消息，匹配对应的事件处理器，事件处理器会根据传输的事件具体处理，并将可视化结果（如果有）返回到窗口中。本系统由于有同时使用两种可视化界面框架的需求，OSG 主要负责数字露头模型和其他三维模型的渲染与交互，QT 主要负责二维窗口的渲染与交互，为了将两者协同，需要对其中事件处理特殊考虑。

本系统交互窗口主要包含两类，一类是纯二维交互窗口，使用 QT 的 QWidget 类或其他派生子类；另一类是嵌套了 OSG 视口的自定义派生类，用于三维交互窗口（图 5-8）。系统中将 OSG 视口作为 QGLWidget 窗口的属性，重构 QGLWidget 的绘制函数 paintGL()，使绘制函数 paintGL() 接受 osgViewer::Viewer 输出的屏幕像素，即可将 OSG 渲染效果展示在 QGLWidget 窗口中，再利用 QWiget 对 QGLWidget 进行一次包裹，方便后续的使用。但是这种方式会导致用户的鼠标键盘事件被 QT 获取后无法被 OSG 获取，所以必须在 QGLWidget 类中获取事件，将事件对应的语义转化为 OSG 预先定义的事件类型并转发给 OSG，除此之外需要将 QT 的计时器传递到 OSG 以使程序中断处理，计时事件能够正常运行。

图 5-8　系统人机交互窗口结构与事件的分发

OSG 在接受转发事件后，主要使用 osgGA 库来处理。OSG 提供一个图形接口抽象层（GUI Abstraction），使得开发人员无需了解操作系统平台之间底层 API 的差异即可完成与不同底层窗口的交互工作。在 OSG 事件处理流程（图 5-9）中，osgGA::GUIEventAdapter 类为系统交互事件与 OSG 交互事件接口，该类支持常见窗口系统的鼠标、键盘、手写笔的输入。osgGA::EventQueue 类维护一个保存事件的队列，用于接收事件并将事件按顺序发送到 osgGA::GUIEventHandle 类，如果是持续事件（如键盘按住 Ctrl 键）这些信息，将会重新导入到新产生的交互事件导入到事件队列中。osgGA::GUIEventHandle 类，内置 handle() 函数，开发者可自定义该函数的内容，以实现对不同事件进行对应的处理。osgGA::GUIActionAdapter 类用于向系统请求操作，如请求现在鼠标坐标，移动鼠标到指定位置的坐标和请求重新绘制一帧等。QT 的事件处理流程与 OSG 类似，只不过由于 QT 支持元对象特性，所有继承于 QOBJECT 类的子类都有事件处理的能力，开发者在使用各种 QOBJECT 派生类时，只需重构对应事件处理虚函数，自定义处理操作，即可完成对事件的捕获与处理。

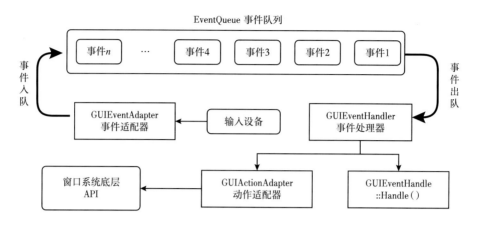

图 5-9  OSG 事件处理示意图

OSG 数字露头模型虚拟仿真浏览与交互技术，能够使用户随心所欲的调整露头的姿态，进行细致的观察，是数字露头三维实时仿真的重要组成部分。这部分技术同时也是后续三维地质特征的交互矢量化解译的基础之一。

系统中，通过响应外部鼠标点击、拖动、滚动，以及键盘快捷键输入等设备交互操作，触发直接或间接继承自 osgGA::GUIEventHandler 类中的事件处理程序中的 handle 方法，实现对场景管理器 Viewer 类中模型的控制和交互行为。其中，缩放、移动、复位等漫游操作的事件处理是 OSG 的内置操作器 osgGA::TrackballManipulator 的功能，可以直接调用。而对于露头场景下的距离、面积和产状测量等特定的交互功能，需要针对这些特定的业务需要，定制开发相应的 GUIEventHandler 图形事件处理工具类。比如产状测量，用户需要在界面上打开产状测量工具开关，然后在露头中感兴趣的地层面上连续点选三个点，系统后台则通过这三个点生成一个面，计算相应的倾向、倾角和走向，最后将测量结果显示在状态栏上（图 5-10）。其他浏览与交互工具的实现逻辑与操作过程与之类似。

图 5-10  产状测量工具演示

## 二、大规模数字露头模型的 LOD 重建

借助 OSG 提供的辅助开发工具包和各类处理可视化图形数据的插件，能够实现数字露头模型的加载、渲染和仿真交互。随着摄影测量遥感技术的进步，在地质研究中应用的数字露头也朝着大规模、多尺度、综合性方向发展，各种具有高分辨率、海量数据尺寸特性并与各种各样专题地质信息叠合显示的数字露头模型应运而生（Favalli M.，2012；Schmitz J.，2014；Tomassetti L.，2022；Inama R.，2020），这对数字露头三维可视化与地质解译系统中露头模型的实时渲染带来了新的挑战。在综合评价大型三维可视化应用系统时，场景的渲染性能是非常重要的参考指标，可直接影响系统的实用性与可操作性。当单体露头模型显示的范围过大或精度太高时，受到计算机内存、引擎渲染效率、网络带宽等限制，难以实现模型的清晰流畅渲染，通常不能一次性在内存中加载整个模型。这种情况下，采用 LOD（层次细节模型）技术对三维场景模型的渲染和管理调度进行性能优化，实现图形渲染视觉效果和系统硬件渲染速率间的平衡，才能满足大规模场景三维可视化的渲染需求。下面叙述将数字露头模型运用 LOD 技术进行重建的方法。

### 1. LOD 技术方案

LOD 技术（Clark J. et al.，1976）是计算机图形学与虚拟显示研究领域的一个热门课题。依靠 LOD 技术可以在不影响整体视觉效果的前提下，提高渲染效率，该方法较好地解决了场景真实度与绘制速度间的矛盾，广泛应用于大规模三维地形场景的动态渲染。随着 LOD 研究的不断深入，目前该技术已经较为成熟，许多领域都将 LOD 算法与各类三维渲染引擎相结合，设计开发了众多三维场景 LOD 可视化方案（Feng W.，2010；Wei-Wen，2010；He Y.，2015；Seo D.，2015；Ohno N.，2010；Ripolles O.，2011；Xia J. C.，1997；Biljecki F.，2018），但对于不同场景下的具体应用需求，需要建立特定 LOD 模型。数字露头模型的刻画对象一般为呈横向长条状分布岩层剖面，技术上往往采用带纹理图像的三角面网格模型实现，其纹理特征和局部几何图形特征是反映露头剖面上地层结构、沉积模式、局部断裂、岩石性质等地质特征的关键，因此有必要针对数字露头应用的专业性和特殊性设计满足地质专业研究需求的 LOD 重构方法。针对大规模单体数字露头模型的 LOD 重建提出一套技术实现方法，可用于将已有的大规模单体模型改造成可高效显示的 LOD 露头模型，从而提升在数字露头应用中的人机交互体验和浸入感，技术方案见图 5-11。

数字露头模型 LOD 重建技术方案包含三部分：模型简化算法、模型 LOD 重建和 LOD 模型动态调度。LOD 核心思想是预先对场景进行多级精简，并以瓦片金字塔的结构形式分块存储，渲染时按需调度相应级别的分块瓦片来兼顾三维模型精度和渲染效率之间的平衡。因此，合适的模型简化算法便是 LOD 重建的基础：首先，需要研发保持数字露头模型细节特征的网格简化算法，读取露头模型数据并进行不同程度的简化；其次，将简化结果分层分块处理，构建模型瓦片间的空间索引，并采用树状层次结构进行组织存储，构建模型瓦片金字塔，实现模型 LOD 重建；最后，借助有效的节点评价系统、可见性裁剪技术和图形渲染技术进行 LOD 模型动态调度，优化模型在显示过程中数据块的调度以减少需要绘制场景的几何复杂性，下面详述以上技术环节。

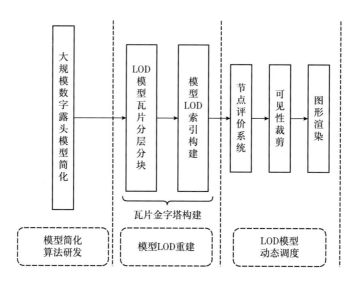

图 5-11　数字露头模型 LOD 重建技术方案

### 2. 保持数字露头模型细节特征的简化算法

#### 1）算法基本原理

三维模型简化旨在不破坏对于模型整体外观感知的前提下，有效减少模型的数据量，以提高计算机对于模型的存储和渲染效率。该技术通常会对每一个模型建立多个不同简化程度的几何模型。其中，原始模型是细节层次最高的模型，它保留了最多的细节信息；简化后的模型是较低细节层次的模型，它与原始模型相比，丢失了部分细节层次。因此，期望能研发一种保持数字露头模型细节特征的简化算法，使得在相同简化率下，尽可能保留模型的细节特征。

Garland 等（1997）提出了一种基于二次误差测度（QEM，Quadric Error Metrics）的边折叠简化算法，该算法对于网格模型具有较好的简化效果。但其并未考虑模型的纹理特征，且难以保留模型局部细节。可见，基于 QEM 的边折叠算法是一种实用性很强，应用最广泛的网格简化算法，但仍需针对特定应用的需要做相应的扩展与改进。数字露头模型表面纹理特征和局部几何图形特征是反映露头剖面上地层结构、沉积模式、局部断裂、岩石性质等地质特征的关键，因此在简化过程中应该被充分考虑。因此，我们对此种方法进行改进，在顶点三维坐标 $(x, y, z)$ 基础上增加纹理坐标 $(u, v)$，构建模型的 5 维空间，从而考虑纹理特征的保持。并且为了更好地保持模型的细节特征，在边折叠代价公式中引入了顶点尖锐度用于提高算法对于模型凹凸部分的敏感性。QEM 边折叠简化算法的基本思路如图 5-12 所示。

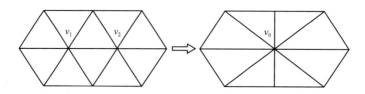

图 5-12　模型边折叠简化基本思路

在对模型网格进行简化时，模型中的一条边（$v_1$，$v_2$）作为基本操作对象，顶点$v_1$、$v_2$被收缩至同一点$v_0$处，模型中与顶点$v_1$、$v_2$相连的点重新与新顶点$v_0$相连，经过多次迭代收缩，模型三角面的数量得到一定程度的删减。

如图5-13所示，对于一个顶点$v$，其顶点尖锐度$\alpha(v)$的计算公式为式（5-1）。

$$\alpha(v) = \sum_{i=1}^{j-1} \frac{\left((S_i + S_{i+1}) * \langle N_i, N_{i+1} \rangle + (S_i + S_{i+2}) * \langle N_i, N_{i+2} \rangle + \cdots + (S_i + S_n) * \langle N_i, N_n \rangle\right)}{2S_{sum}} \quad (5\text{-}1)$$

式中，$j$为顶点环邻域内所有三角面元素的个数；$2S_{sum}$为这些三角形的总面积；$S_i$和$N_i$分别表示三角形集合中第$i$个元素的面积和法向量。

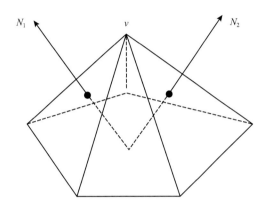

图5-13 顶点尖锐度计算原理

最终，用于评价一条边（$v_1$，$v_2$）的折叠代价的测度公式为式（5-2）。

$$Cost(v_1, v_2) = V^T [\alpha(v_1) Q(v_1) + \alpha(v_2) Q(v_2)] V \quad （5\text{-}2）$$

其中$v_1$、$v_2$为折叠边的两个顶点，每个顶点都由一个包含空间位置坐标和纹理坐标的向量构成，对应的齐次坐标向量表示为$V=[x, y, z, u, v, 1]$；$\alpha$为顶点尖锐度；$Q$表示顶点的带纹理二次误差矩阵，具体计算方法为式（5-3）。

$$\begin{cases} \boldsymbol{Q} = \begin{bmatrix} A & b \\ b^T & c \end{bmatrix} \\ A = I - e_1 \cdot e_1^T - e_2 \cdot e_2^T \\ b = (p \cdot e_1) e_1 + (p \cdot e_2) e_2 - p \\ c = p \cdot p - (p \cdot e_1)^2 - (p \cdot e_2)^2 \end{cases} \quad （5\text{-}3）$$

其中$p$，$q$，$r$分别为其中一个三角面的三个顶点所对应的向量，$e_1$，$e_2$的计算公式为式（5-4）。

$$\begin{cases} e_1 = \dfrac{q-p}{\|q-p\|} \\ e_2 = \dfrac{r-p-[e_1 \cdot (r-p)]e_1}{\|r-p-[e_1 \cdot (r-p)]e_1\|} \end{cases} \quad （5\text{-}4）$$

实施简化操作时，根据边的代价函数值，挑选代价最小的边进行边折叠操作，以达到模型简化的目的。

2）算法对比测试

为验证算法的有效性，选用 2 个数字露头单体模型（模型基本信息见表 5-3）进行简化，与经典的两种网格简化算法［MeshLab 软件边折叠算法（Cignoni P.，2008）、QEM 边折叠简化算法］进行对比实验。对于简化程度制定了以下 10 种不同层次，分别为 25%、30%、35%、40%、45%、50%、55%、60%、65%、70%。通过对比三种简化方法的几何误差、纹理误差以及视觉效果，验证后续构建 LOD 模型所需的简化算法是否满足业务需求。

表 5-3  测试用例数字露头单体模型基本信息

| 模型名称 | 模型格式 | 模型大小 /MB | 顶点数量 / 个 | 三角面数量 / 个 | 纹理格式 | 纹理图像 /MB |
|---|---|---|---|---|---|---|
| 模型 1 | .obj | 1783.289 | 648698 | 1244590 | .jpg | 1648.64 |
| 模型 2 | .obj | 859.778 | 778550 | 1501234 | .jpg | 700 |

几何误差的实质是求简化前后网格中对应顶点之间的距离。两点之间的几何距离又称欧氏距离，但几何误差的度量过程中多需考虑两个平面之间的距离。平面可以看作是由无数个点构成的集合，然而逐点计算需要消耗大量的时间空间资源，因此在实际工程中可以将平面上的点划分为有限子集，通过计算对应子集之间的最优距离来找到平面间距。常用 Hausdorff 距离作为几何误差的衡量标准，Hausdorff 距离在图像处理、表面建模和其他工程应用中有着广泛的应用。对于给定的两点集 A 和 B，Hausdorff 距离是 A 和 B 中对应点的最小距离的最大值，即对于点集 A 中的每一个点都在 B 中找到距离最近的点，反之亦然。计算出这些点对之间的距离，其中的最大值就是点集 A 和 B 之间的 Hausdorff 距离。Hausdorff 距离公式如下：

$$H(A,B)=\max\left[h(A,B),h(B,A)\right] \tag{5-5}$$

其中，$h(A,B)=\max_{a\in A}\min_{b\in B}\|a-b\|$。

关于纹理误差的计算，我们对简化前后模型的前、后、左、右、上、下 6 个正方向进行拍摄，通过计算模型简化前后拍摄图像的亮度差异来定量化评估模型的纹理误差。纹理误差 RMS 的计算公式如式（5-6）所示，其中粗化前后模型的对比图像表示为 Y 和 Y′，图像的分辨率为 m×n，拍摄的方向个数为 c，较小的 RMS 值表示简化模型与原始模型在外观上的差异相对较小。

$$RMS=\sqrt{\frac{1}{cmn}\sum_{h=1}^{c}\sum_{i=1}^{m}\sum_{j=1}^{n}\left(Y_{hij}-Y_{hij}'\right)^2} \tag{5-6}$$

模型简化几何误差和纹理误差结果如图 5-14 和图 5-15 所示。所提出的保持数字露头模型细节特征的简化算法被命名为 D-QEM。

在几何误差测试方面，三种简化方法的几何误差都在随着简化比例的增大而逐渐增大，且当简化比例超过 45%~55% 后，D-QEM 简化算法的几何误差大于另外两种方法。经分析，D-QEM 算法是顾及模型细节特征的简化算法，这种算法首先考虑保留模型局部

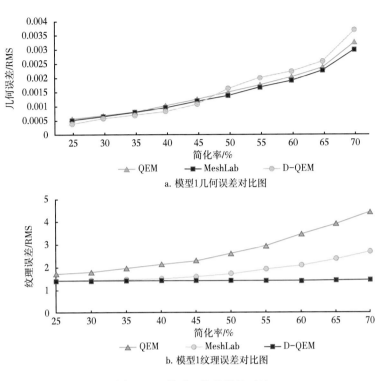

a. 模型1几何误差对比图

b. 模型1纹理误差对比图

图 5-14　模型 1 简化误差对比

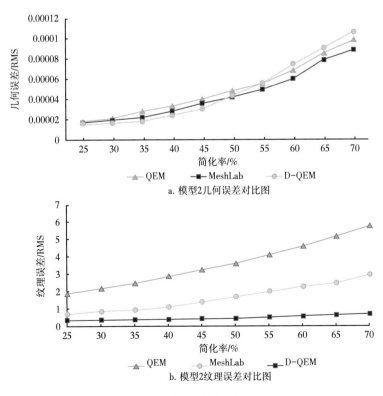

a. 模型2几何误差对比图

b. 模型2纹理误差对比图

图 5-15　模型 2 简化误差对比

特征，所以在计算整体几何误差时，并无优势，但却适合应用于数字露头模型的局部特征保留。纹理误差测试方面，三种简化方法的纹理误差都在随着简化比例的增大而逐渐增大，且 D-QEM 算法的纹理误差是最小的，QEM 算法的纹理误差最大。最后，对比不同简化方法的视觉效果，以实验得出的简化率为 70% 的简化模型为样本，检验这三种简化方法的结果是否能满足人眼对三维模型的视觉效果的要求，之所以选择简化率最高的模型作为测试对象，是因为在高简化率下更容易产生纹理的偏差和拉伸等问题，另外视觉效果评价就是为了检验在尽可能高的简化率下模型是否能保持整体外观属性和细节纹理特征的稳定。模型简化视觉效果如图 5-16 所示。

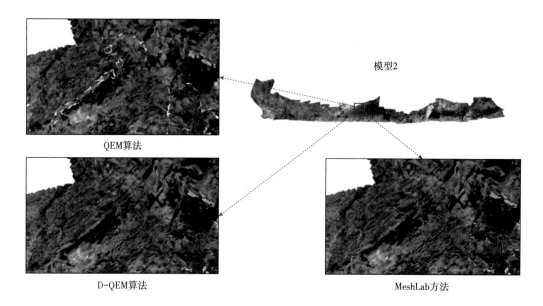

图 5-16　模型 2 简化视觉效果对比图

视觉效果测试方面，QEM、MeshLab 方法简化的三维地形出现了纹理外观失真，局部细节丢失，纹理接缝处出现破碎现象，简化效果明显不尽如人意。相比之下，D-QEM 简化算法较好的保留了模型的几何细节特征与复杂纹理特征，符合数字露头模型 LOD 重建的应用需求。

### 3.LOD 模型瓦片金字塔构建与文件组织存储

保持数字露头模型细节特征的简化算法的实现，为模型 LOD 重建提供了关键技术支持。下面将重点介绍 LOD 模型瓦片金字塔构建的具体实施方案。方案中包含 LOD 模型分层分块、空间索引构建和数据组织存储的相关细节。

1）LOD 模型瓦片金字塔构建

数字露头 LOD 模型瓦片金字塔构建流程如图 5-17 所示。

数字露头模型 LOD 瓦片金字塔构建流程包括以下步骤：

（1）单体数字露头模型数据读取。与 OSG 数字露头模型文件加载方式一致，借助 OSG 提供的函数接口读取所支持格式（OBJ、OSGB 等）模型文件。此外，使用自主开发的模型加载函数对 POL 格式模型数据进行读取。

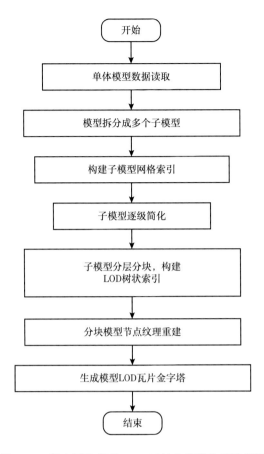

图 5-17　数字露头模型 LOD 瓦片金字塔构建流程图

（2）模型拆分成多个子模型。在数字露头单体模型数据生产的过程中，为了保证其纹理精度，常常有多个纹理图像覆盖于模型表面，且每一纹理图像的实际覆盖范围并未包含整个影像，每张图片仅覆盖单体模型的一定范围。因此，我们以各图片为拆分单元，将单体模型表面对应不同图片的区域进行拆分，得到 $k$ 个子模型 $\boldsymbol{B}=\{B_0, B_1, \cdots, B_{k-1}\}$。

（3）构建子模型网格索引。将露头剖面沿着长轴方向划分成若干等大的矩形网格，然后将每个子模型 $B_i$ 分配到与之重叠或相交的网格中，从而建立整个露头模型的顶层网格索引，其中整个模型范围对应的节点为根节点（第 0 层），每个矩形网格对应的节点为第 1 层节点，索引网格关联的子模型所对应的节点作为第 2 层节点。网格索引如图 5-18 所示。

（4）子模型逐级简化。通过上述保持数字露头模型细节特征的简化算法将子模型 $B_0$ 逐级简化，得到 LOD 简化模型序列 $\boldsymbol{M}=\{M_0, M_1, M_2, \cdots, M_{n-1}\}$，其中 $n$ 为该子模型的 LOD 层数。其具体计算方法如式（5-7）所示。

$$n = \mathrm{INT}\left[\lg_{\frac{1}{\theta}} \frac{\mathrm{Volume}\left(M_0\right)}{V_t}\right]+1 \qquad （5-7）$$

其中，$\theta$ 为相邻层间模型的简化比，需提前设定；$V_t$ 为单个分块模型文件大小的阈值，$\mathrm{Volume}\left(M_0\right)$ 为原始子模型数据量。

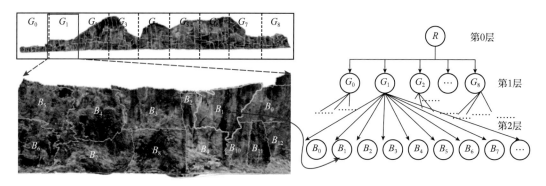

图 5-18　子模型构建矩形网格索引原理图

（5）子模型分层分块，构建 LOD 树状索引。基于伪四叉树结构对当前子模型的简化模型序列逐层分块并建立索引，递归地构建该子模型的 LOD 树结构（图 5-19）。对于第 $i$ 层任意一个 LOD 节点 $\text{Node}_i$，需要生成其子节点（第 $i-1$ 层的节点），根据该节点对应的空间范围将简化模型 $M_{n-i-2}$ 中对应的范围进行切割，设切割所得的模型块 $M'_{n-i-2}$ 的数据量为 $\text{Volume}_{i-1}$，若 $\text{Volume}_{i-1} > V_t$，则将 $M'_{n-i-2}$ 按照 4 等分切割为 4 块（$M'_{n-i-2, 0}$，$M'_{n-i-2, 1}$，$M'_{n-i-2, 2}$，$M'_{n-i-2, 3}$），并为 $\text{Node}_i$ 添加 4 个与之对应的子节点（$\text{Node}_{i-1, 0}$，$\text{Node}_{i-1, 1}$，$\text{Node}_{i-1, 2}$，$\text{Node}_{i-1, 3}$），若 $\text{Volume}_{i-1} \leqslant V_t$，则不对 $M'_{n-i-2}$ 做进一步切割，仅为 $\text{Node}_i$ 添加一个对应的子节点 $\text{Node}_{i-1}$，如此递归地进行 LOD 树构建和模型切割操作，直到完成第 $n-1$ 层的构建为止。

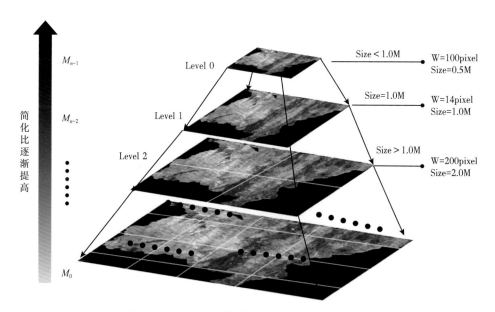

图 5-19　LOD 各层模型切块建立伪四叉树原理图

（6）分块模型节点纹理重建。对 LOD 节点所对应的纹理图像也需要按照显示等级进行下采样，同时按照各节点实际覆盖范围对每层的纹理图片进行切割，并对模型各顶点重新计算纹理坐标。对于一个第 $i$ 层的 LOD 节点，其纹理重建的具体过程为：遍历该节点所对应模型子块中各三角面顶点的纹理坐标，计算坐标 $(u, v)$ 的覆盖范围，得到 $u$ 的最大值 $u_{max}$ 和最小值 $u_{min}$，$v$ 的最大值 $v_{max}$ 和最小值 $v_{min}$；根据坐标 $(u, v)$ 的覆盖范围对原始纹理图像进行裁剪；将裁剪得到的纹理图像按照比率 $\theta^{n-i-1}$ 进行下采样，得到该节点新的纹理图像；采用公式（5-8），将该节点模型中的每个顶点的纹理坐标转换为新图像所对应的新的纹理坐标。

$$\begin{cases} u' = (u - u_{min})/(u_{max} - u_{min}) \\ v' = (v - v_{min})/(v_{max} - v_{min}) \end{cases} \tag{5-8}$$

（7）生成模型 LOD 瓦片金字塔。将所有子模型按照如上步骤进行处理，最终得到 LOD 数字露头模型瓦片金字塔，并以 OSGB 格式保存。

2）文件组织存储

本系统中将重建形成的 LOD 模型以 OSGB 格式存储。OSGB 是一种倾斜摄影测量三维模型文件格式，该格式一般采用二进制存贮。通常单个 OSGB 三维模型数据中有多个文件夹，每个文件夹下包含多个 OSGB 格式的数据文件，每个 OSGB 文件包含 1 个根节点（Root）；中间层次节点（Group 类型或 Geode 类型）含有模型的几何信息、纹理信息、上下层节点之间的父子关系；最底层节点（Geode 类型）仅包含模型的几何和纹理信息。采用这种数据结构将构建的 LOD 模型存储为一种金字塔结构（图 5-20）。

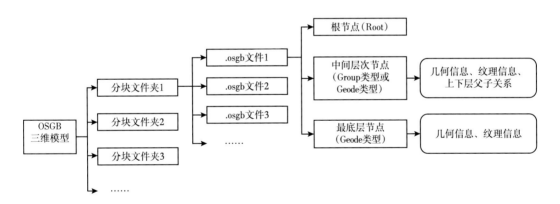

图 5-20 OSGB 文件结构示意图

### 4.算法测试效果

为了验证本书所提出的大规模数字露头模型的 LOD 重建技术的效果和效率，将通过案例测试进行佐证。测试内容主要分为两个部分，首先在系统中对所构建的 LOD 模型进行动态渲染，监控计算机的实时状态，验证算法的效率；其次观察所构建的模型金字塔的数据是否可用，不同分辨率的子模型是否可无缝拼接。测试实验所用计算机的配置：处理器为 Intel Core i7-11700K @ 3.60 GHz；RAM（Random Access Memory）大小为 16.0GB；显卡型号为 NVIDIA GeForce GTX 1650。本次案例测试依然选用"保持数字露头模型细节特征的简化算法"中的两个单体露头模型。经 LOD 重建后，两个数字露头 LOD 模型的基本信息如表 5-4 所示。

表 5-4　测试用例数字露头 LOD 模型基本信息

| 模型名称 | 子模型平均 LOD 层数 | 模型格式 | 模型大小 /GB |
|---|---|---|---|
| 模型 1 | 5 | OSGB | 9.455 |
| 模型 2 | 5 | OSGB | 4.177 |

将 LOD 模型进行加载，通过统计 LOD 模型的加载时间、加载后内存占用、显示帧率等指标，并与原始模型进行对比，综合评估 LOD 模型的实用效果。尽可能降低大规模三维数字露头模型的加载时间和内存占用，将会显著降低对用户计算机性能的要求，减少使用成本。测试数据如表 5-5 所示。

表 5-5　LOD 模型加载测试数据

| 模型 | 平均 CPU 占用 /% | 平均内存占用 /MB | 加载时间 /s | 显示帧率 /FPS |
|---|---|---|---|---|
| 模型 1（LOD） | 15 | 188 | 3.7 | 50.7 |
| 模型 1（单体） | 20 | 3506 | 117.5 | 6.7 |
| 模型 2（LOD） | 13.4 | 112 | 4.1 | 59.8 |
| 模型 2（单体） | 20.2 | 11602 | 550.7 | 1.2 |

经过测试得到加载过程中算法的平均占用率，与完全加载后的内存状态以及加载所需的时间，以及此时的显示帧率。模型 1LOD 加载的平均 CPU 占用为 15%，装载完成后内存占用为 188MB，加载时间 3.7s，显示帧率 50.7FPS，原始模型平均 CPU 占用 20%，装载完成后内存占用为 3506MB，加载时间 117.5s，显示帧率 6.7FPS；相较于直接装载整个模型，有 LOD 的模型在平均 CPU 占用降低了 25%，内存占用减少了 94.6%，加载时间降低 96.7%，显示帧率提升 656.7%。模型 2LOD 加载的平均 CPU 占用为 13.4%，装载完成后内存占用为 112MB，加载时间 4.1s，显示帧率 59.8FPS，原始模型平均 CPU 占用 20.2%，装载完成后内存占用为 11602MB，加载时间 550.7s，显示帧率 1.2FPS；相较于直接装载整个模型，有 LOD 的模型在平均 CPU 占用降低了 33.7%，内存占用减少了 99.0%，加载时间降低 99.2%。

此外，测试记录模型与摄像机在各个视距时的帧率。视距指的是摄像机与模型之间的距离，LOD 根据视距的大小，动态调整加载模型的精度。我们将视域范围内模型距离视点的距离从近到远进行 10 等分，因此视距共分为 10 个单位距离，代表 10 个不同级别，级别越低，模型距离视点越近，模型显示细节层次应越高，反之，级别越高，模型距离视点越远，模型显示细节层次越低。图 5-21 是有无 LOD 的模型在不同视距级别下显示的帧率统计。

由图 5-21 和表 5-5 可知有 LOD 的模型 1 显示帧率较高，视距减少为 8 之后一直处于屏幕刷新率上限，而无 LOD 模型的帧率根据视距变小稳定帧率依次为 6.7FPS，9.8FPS，18.7FPS，31.7FPS，39.1FPS。有 LOD 的模型 2 显示帧率也较高，一直处于 60FPS 左右，而无 LOD 模型的帧率根据视距变小稳定帧率依次为 1.2FPS，1.6FPS，2.4 FPS，6.7 FPS，14.1FPS。综上数据分析，有 LOD 的模型在不同视距下的帧率提升比较明显。此外，对 LOD 模型局部区域在不同视距级别下的实际渲染效果进行展示（图 5-22、图 5-23）。

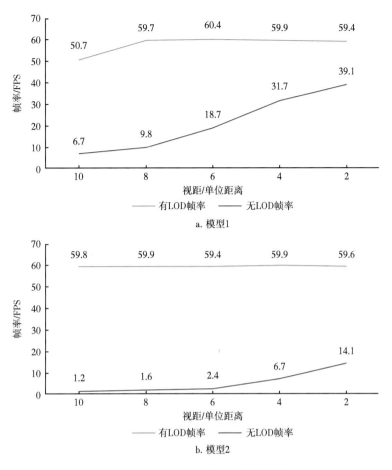

a. 模型1

b. 模型2

图 5-21　不同视距下模型渲染帧率模型

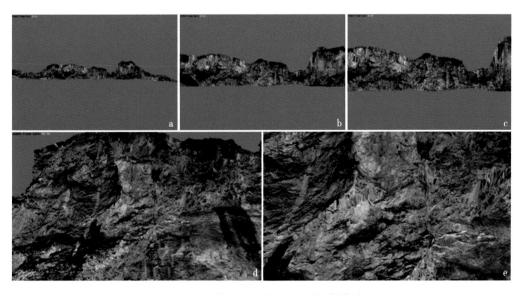

图 5-22　模型 1 局部 LOD 可视化效果

由图 a 至 e 视点距离模型视距逐渐减少

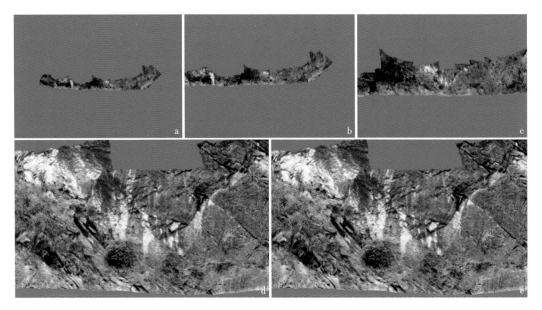

图 5-23　模型 2 局部 LOD 可视化效果
由图 a 至 e 视点距离模型视距逐渐减少

可以看出，在不同视距级别下，模型的几何形态保持稳定，瓦片接缝处紧密拼接，并未出现裂隙，且在模型多细节层次瓦片调度过程中，模型视觉效果平稳过渡，具有良好的视觉效果。

总体来说，大规模数字露头模型的 LOD 重建方法解决了大规模数字露头模型在场景中快速加载和流畅漫游的技术难题，为大规模数字露头模型的快速三维可视化提供关键技术支持。

## 第二节　数字露头三维地质解译

数字露头作为地质工作中的重要手段，在分析沉积体系的形成背景、表征砂体的展布规律、建立准确的地下储集层地质模型等方面有着极为重要的作用。当计算机技术的发展使得室内浏览大规模数字露头模型成为可能时，攻关三维地质特征的交互矢量化解译技术，作为解译平台的基础技术，进一步降低数字露头研究压力，方便地质工作人员变得至关重要（Pickel A. et al., 2015；Huerta P. et al., 2016；Stright L. et al., 2017；Wang X. et al., 2019；Yan Y. et al., 2020；Ren Q. et al., 2020；Yeste L. M. et al., 2021；Liang B. et al., 2022）。

本书数字露头三维地质解译技术包括二维图形向三维模型映射、三维矢量要素编辑、地质要素特征参数计算。数字露头三维地质解译技术为用户提供测量、标注、解译、表征等功能服务，使得其可以快捷的构建、表达自己的解译与分析成果，包括距离、高差和面积等测量，产状计算等。矢量渲染为创建的矢量要素赋予相应的地质含义，点矢量文件可以被解译为采样点和标注点，并搭配特定符号和标注进行显示；线状要素可以被解译为地层线、裂缝等地质要素；面状要素则通常表示孔洞、剖面等特定区域范围。

## 一、矢量图形数据组织

数字露头三维地质解译需要以下几项技术作为主要支撑（图 5-24）：矢量图形数据组织与存储读写用于对解译数据的生成与管理；基于 OSG 的三维矢量渲染用于在露头上显示解译数据；地质矢量交互解译用于用户在数字露头上创建解译信息。值得注意的是，上述的几种技术的使用并没有明显的先后顺序之分，因为在实际的应用中有可能先在露头上进行解译，生产解译数据，随后进行渲染。也有可能先有矢量数据进行渲染，应用交互解译将矢量赋予地质含义。根据解译与表达需求，三维数据集不仅包含三维矢量文件，还包含属性文件与样式文件。

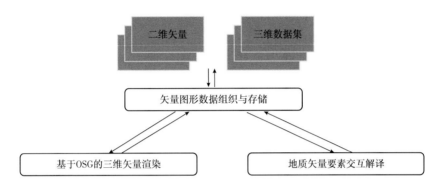

图 5-24 三维地质解译技术

三维地质解译操作的对象均为矢量数据，所以首先在本节介绍矢量图形数据组织与存储方案。

本系统采用 .shp 文件作为二三维矢量图形组织与存储方式。.shp 文件格式是由美国 ESRI 公司开发的一种开放数据格式，已被广泛的应用于地学、国土资源、环境、交通等领域，经过多年发展已成为 GIS 的一种标准格式（刘锋，2006），大量的第三方软件对其有着良好的支持，这为本软件的开发与后续的使用都提供了极大的方便。

### 1..shp 文件结构

.shp 文件由三个必要文件和其他可选文件组成，必要的文件有 .shp 文件包含了目标矢量的坐标信息；.shx 包含了每一个矢量对应形文件的位置与字节大小；.dbf 文件包含了目标矢量的属性信息。可选文件有 .prj 文件，包含了矢量的投影信息；.sbx 文件包含了几何体的空间索引信息；还有其他众多的可选文件类型，他们以二进制编码进行存储，具有较高的压缩率与读写效率。.shp 文件的编码结构如图 5-25 所示。

.shp 文件包含一个文件头和众多矢量对象。文件头包含一个文件代码，其为固定值 9994；文件长度记录该文件的大小；形状类型表示该文件存储的矢量类型；包围盒参数记录了所有矢量对象的包围盒的 $x$，$y$，$z$，$m$ 坐标的最小最大值，$x$，$y$，$z$ 为三维坐标，$m$ 为度量坐标。每一个矢量对象数据由一个矢量头和矢量坐标信息组成，其中唯一标识是该矢量的标识符；记录长度保存了该矢量所占存储空间的字节数；形状类型记录了该矢量的类型；包围盒参数记录了该矢量包围盒的 $x$，$y$，$z$ 坐标的最小值与最大值；部分数则是为了记录特殊多边形而存在，例如对于一个带洞的多边形，他的部份数就是洞的个数；顶点数是该矢量的顶点坐标个数；部分顶点坐标记录了每个部分的坐标对序列；顶点坐标记录了该矢量的顶点坐标对序列。

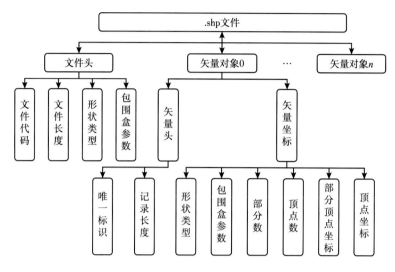

图 5-25 .shp 文件的编码结构

### 2. 形文件读写

本系统基于 shapelib 库完成对矢量图形数据组织与存储，shapelib 是一种专注于 .shp 文件格式的读写的小型第三方开源库，表 5-6 是该库的部分接口描述。

表 5-6 shapelib 部分接口描述

| API | 函数描述 |
| --- | --- |
| SHPHanlde SHPOpen（） | 打开矢量文件 |
| SHPHanlde SHPCreate（） | 创建矢量文件 |
| void SHPGetInfo（） | 获取矢量文件信息 |
| SHPObject SHPReadObject（） | 读取矢量文件内的一条记录 |
| int SHPWriteObject（） | 向矢量文件内写入一条记录 |
| void SHPDestroyObject（） | 删除一个 SHPObject 对象 |
| SHPObject SHPCreateSimpleObject（） | 创建一个 SHPObject 对象 |

表 5-6 中，SHPHanlde 是一种结构体，内部存储了矢量文件的相关信息，如文件流指针，文件类型等，SHPObject 表示为一个矢量对象，内部存储了一条矢量记录的相关信息，如矢量类型，坐标对等。对应 .dbf 文件的读写也是类似的方法，此处不再赘述。

## 二、基于 OSG 的三维矢量渲染

本系统中三维矢量地质信息的主要来源分两类，一类是由二维影像和图件中提取的二维地质要素，另一类则是地质研究人员直接在数字露头三维模型上拾取的三维矢量信息。对于前者还需要通过坐标转换和投影方法将它们叠加到三维数字露头表面，对于后者直接调用 OSG 中提供的三维矢量渲染接口即可实现，在本节的第二部分对 POL 文件的读取进行了详细的介绍，其中提及如何在 OSG 中显示 POL 模型的骨架时使用基本几何体三角面进行绘制。在 OSG 中对三维矢量的渲染本质上与 POL 模型骨架的渲染没有区别，只是将使用的基本几何体扩充到点模型、线模型、面模型，对应顶点数组、颜色数组、法线数组和顶点关联方式并无更改，因此不再赘述。下面详细介绍二维地质特征的三维矢量图形生成方法。

### 1. 二维坐标向三维模型坐标转换

数字露头模型的骨架是一种三角网格表面模型，如果将模型表面的每个三角面与其纹理坐标系下的对应三角面之间的变换视为一种正射投影，这种投影关系可近似地用仿射变换来反演。基于此我们可将纹理坐标系下的任意一点投影到模型三维表面上。将所识别的二维矢量地质特征中的图形坐标顶点依次转换到三维空间中，即可实现二维图形向三维模型空间坐标系的投影变换。对于二维图形轮廓线中的每个顶点，其投影变换过程主要有两步（图 5-26）：二维像素坐标转二维纹理坐标；二维纹理坐标转三维模型坐标。

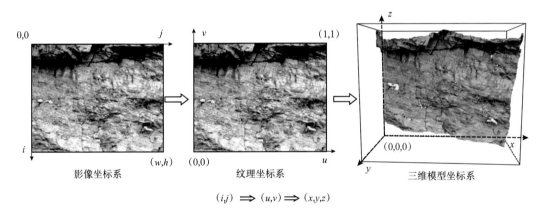

图 5-26　二维影像坐标系转三维模型坐标系

露头影像左上角为像素坐标原点，其中 $i, j$ 代表行列号。在纹理坐标系中，坐标原点在纹理图像的左下角，$u, v$ 取值范围为（0，0）到（1，1）。两个坐标系的转换公式如式（5-9）：

$$\begin{cases} u = \dfrac{j}{w} \\ v = \dfrac{h-i}{h} \end{cases} \qquad (5-9)$$

其中 $h, w$ 分别代表露头影像的高度与宽度。根据此公式可将已有的二维矢量转换到纹理坐标系下。

为了将纹理坐标空间中的图形投影到三维模型上，采用仿射变换反演露头模型中每个三角面与纹理空间中对应三角面之间的映射关系。对于两个向量空间中任意一对三角面，模型中记录了三角形各顶点的三维模型坐标和二维纹理坐标，基于此可建立这对三角面的映射关系，进而可将包含在纹理三角面中的任一顶点投影到三维空间对应的三角面上。以图 5-27 为例，设纹理空间中的三角形 $\Delta(t_1, t_2, t_3)$ 中有一点 $t(u, v)$，现要将其投影到三维空间中对应三角形 $\Delta(p_1, p_2, p_3)$ 中，投影结果记为 $p(x, y, z)$。为了简化计算，先将三维坐标系绕原点旋转，使得某一坐标轴与当前三角面的法向量的方向保持一致，从而形成一个局部三维坐标系。图 5-27（a）中描述了建立局部坐标系的具体方法，首先将原坐标系的 $y$ 轴旋转到与三角形 $\Delta(p_1, p_2, p_3)$ 法向量 $\overline{N}$ 方向一致的 $\overline{UY}$ 方向，作为局部坐标系的 $Y$ 轴，然后将原坐标系的 $z$ 轴旋转到与该三角形的边 $p_1p_2$ 重合的 $\overline{UZ}$ 方向，得到局部坐标系的 $Z$ 轴，最后将与平面 $ZOY$ 垂直的 $\overline{UX}$ 方向作为局部坐标系的 $x$ 轴方向。全局三维坐标向局部三维坐标的变换公式如式（5-10）。

$$\begin{bmatrix} X \\ Y \\ Z \end{bmatrix} = \boldsymbol{R} \begin{bmatrix} x \\ y \\ z \end{bmatrix} \tag{5-10}$$

其中旋转矩阵 $\boldsymbol{R}$ 可用与新坐标轴 $X$, $Y$, $Z$ 方向一致的三个单位向量表示，即式（5-11）。

$$\boldsymbol{R} = \begin{bmatrix} \overline{UX}^T & \overline{UY}^T & \overline{UZ}^T \end{bmatrix} \tag{5-11}$$

其中 $\overline{UX}$, $\overline{UY}$, $\overline{UZ}$ 的计算方法如式（5-12）。

$$\begin{cases} \overline{UZ} = \dfrac{\overline{p_1p_2}}{\left\| \overline{p_1p_2} \right\|} \\ \overline{UY} = \dfrac{\overline{N}}{\left\| \overline{N} \right\|}, \overline{N} = \overline{p_1p_3} \times \overline{p_1p_2} \\ \overline{UX} = \overline{UY} \times \overline{UZ} \end{cases} \tag{5-12}$$

反之，求出 $\boldsymbol{R}$ 的逆矩阵 $\boldsymbol{R}^{-1}$ 即可将局部三维坐标转换为全局三维坐标。

$$\begin{bmatrix} x \\ y \\ z \end{bmatrix} = \boldsymbol{R}^{-1} \begin{bmatrix} X \\ Y \\ Z \end{bmatrix} \tag{5-13}$$

经过旋转变换 $\boldsymbol{R}$，可以得到三角形 $\Delta(p_1, p_2, p_3)$ 三个顶点 $p_1(x_1, y_1, z_1)$, $p_2(x_2, y_2, z_2)$, $p_3(x_3, y_3, z_3)$ 在局部三维坐标系下的对应点，记为 $P_1(X_1, Y_1, Z_1)$, $P_2(X_2, Y_2, Z_2)$, $P_3(X_3, Y_3, Z_3)$。由于局部坐标系的 $y$ 轴与三角面垂直，此时三角面上全部点的 $y$ 值为一常数 $y_0$，$y_1 = y_2 = y_3 = y_0$。因此，该三角面与其在纹理坐标系下对应三角面之间的映

射关系可视为两个二维三角面之间的仿射变换（图 5-27b、c ）。

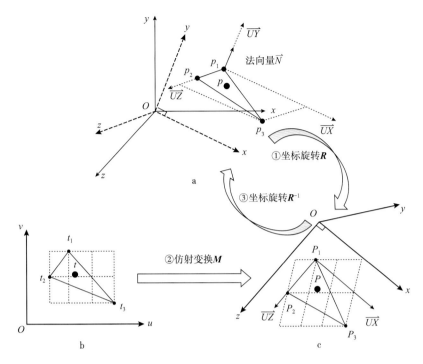

图 5-27　二维纹理坐标转三维模型坐标示意图

仿射变换是指一个向量空间进行线性变换（缩放和旋转），并接上一个平移变换从而转换为另一个向量空间的几何变换。一个对向量 $\vec{t}$ 旋转缩放 $\boldsymbol{A}$，并平移 $\vec{b}$ 的仿射变换的公式如式（5-14 ）。

$$\vec{P} = \boldsymbol{A} \cdot \vec{t} + \vec{b} \qquad (5\text{-}14)$$

齐次坐标上仿射变换矩阵 $\boldsymbol{M}$ 可表示如式（5-15 ）。

$$\boldsymbol{M} = \begin{bmatrix} \boldsymbol{A} & \vec{b} \\ 0 & 1 \end{bmatrix}, \text{ 其中 } \boldsymbol{A} = \begin{bmatrix} a & b \\ c & d \end{bmatrix}, \ \vec{b} = \begin{bmatrix} m \\ n \end{bmatrix} \qquad (5\text{-}15)$$

因此，二维纹理坐标空间下的点 $t$ 向局部三维坐标空间中的点 $P$ 映射的关系式可以表示如式（5-16 ）。

$$\begin{bmatrix} X \\ Z \\ 1 \end{bmatrix} = \begin{bmatrix} a & b & m \\ c & d & n \\ 0 & 0 & 1 \end{bmatrix} \cdot \begin{bmatrix} u \\ v \\ 1 \end{bmatrix} \qquad (5\text{-}16)$$

对于纹理空间与三维空间中的每一对三角面，将三角形的三个顶点的局部三维坐标与纹理坐标代入式（5-16 ），可解出待定参数 $a$, $b$, $c$, $d$, $m$, $n$, 从而得到仿射变换矩阵 $\boldsymbol{M}$。然后将纹理空间下的点 $t$ 代入式（5-16 ），可将该点投影到局部三维空间中，求出对应的局

部三维坐标 $P(X, Y_0, Z)$，其中 $Y_0$ 为常数。最后将 $P(X, Y_0, Z)$ 代入式（5-13），得到全局三维坐标 $p(x, y, z)$。

**2. 三维矢量图形与数字露头无缝叠合**

直接将二维图形投影到三维空间，所得三维图形与模型表面的起伏不匹配，会出现图形悬空或穿透模型的异常情况，不能精确地描绘矢量的真实形态和尺寸（图 5-28a）。因此，还需要根据模型三角网格的几何形态，重构矢量图形，让三维图形贴合模型表面绘制（图 5-28b）。三维空间中图形的重构异常复杂，为了降低算法实现的难度，我们以线状和面状要素为例，先在二维纹理空间中对二维矢量图形进行重构，然后将重构后的图形无缝地叠加到模型表面。

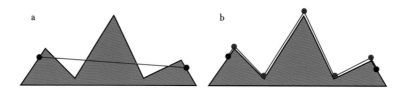

图 5-28　矢量图形重构示意图

对于二维纹理空间中的线状和面状图形的重构，可以通过图形与所覆盖的三角网叠加求交来实现。图 5-29 是叠加求交的示意图，分两种情况讨论。当一条线状要素或一个面状要素的覆盖范围非常小，被完全包含在三角网中的同一个三角形内部时，则不需要重构（图 5-29a）；反之，如果覆盖网格中的多个三角形，则按照所覆盖的三角网区域的几何图形重构二维图形，即采用线与三角网叠加和多边形与三角网叠加的方法分别实现线面多边形的重构。例如，图 5-29b 中的面状多边形与三角网求交结果为 $a, b, c, d, e, f, g, h, i$ 拼接而成的复合多边形；线要素求交后的顶点为 $A, D, C, E, B$。

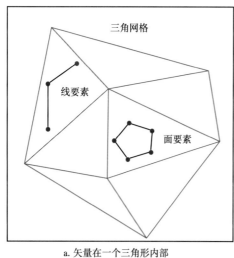
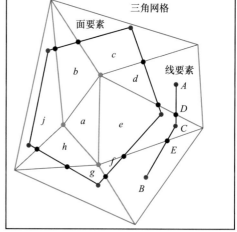

a. 矢量在一个三角形内部　　　　　　b. 矢量覆盖多个三角形
● Ⅰ类顶点　　　　　● Ⅱ类顶点　　　　　● Ⅲ类顶点

图 5-29　二维图形与三角网叠加求交

重构后的图形顶点可分为三类（图 5-30），然后分别采用相应的方法将它们投影到三维空间即可实现这些矢量图形在露头表面的无缝叠合渲染。Ⅰ类顶点为重构前原有顶点，采用本小节提出的二维坐标向三维空间转换方法实现三维坐标映射；Ⅱ类顶点为模型三角网顶点，对应的三维坐标已知；Ⅲ类顶点为叠加求交过程中新产生的交点，可采用线性插值的方法计算其对应的三维坐标。如图 5-30 所示，设纹理空间下存在一个Ⅲ类顶点 $C$，该顶点位于一条边 $AB$ 上，该边在三维空间中的对应边为 $ab$，两端点坐标分别为 $a（x_1, y_1, z_1）$ 和 $b（x_2, y_2, z_2）$。将 $AB$ 到 $ab$ 的变换视为线性变换，则 $C$ 在三维坐标系中的对应点 $c（x_0, y_0, z_0）$ 的坐标可由公式（5-17）得到。

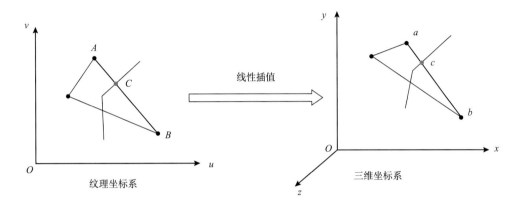

图 5-30　交点三维坐标的线性插值方法示意图

$$
\begin{cases}
x_0 = x_1 + (x_2 - x_1)\dfrac{\left\|\overrightarrow{AC}\right\|}{\left\|\overrightarrow{AB}\right\|} \\[2mm]
y_0 = y_1 + (y_2 - y_1)\dfrac{\left\|\overrightarrow{AC}\right\|}{\left\|\overrightarrow{AB}\right\|} \\[2mm]
z_0 = z_1 + (z_2 - z_1)\dfrac{\left\|\overrightarrow{AC}\right\|}{\left\|\overrightarrow{AB}\right\|}
\end{cases}
\qquad (5\text{-}17)
$$

### 3. 测试案例

图 5-31 为本算法对一个测试模型的试验效果图，图 5-31a 中线要素和面要素三维图形被准确地贴合在模型表面上。图 5-31b 为矢量线在数字露头骨架模型上的渲染效果，线要素比较吻合地依附于三角面上，未见走样、悬浮和穿透异常。图 5-31c 为矢量面在骨架模型上的渲染效果，面要素边缘被精确裁剪，内部与模型完全贴合。

## 三、地质矢量要素交互解译

在获取了三维矢量后，通过利用模型上的解译标志或其他附属资料构成地质解译信息，使数字露头的地质信息更加丰富和更具交互性，因此，地质矢量要素交互解译技术必不可少，是本节三维地质特征的交互矢量化解译的一大核心。

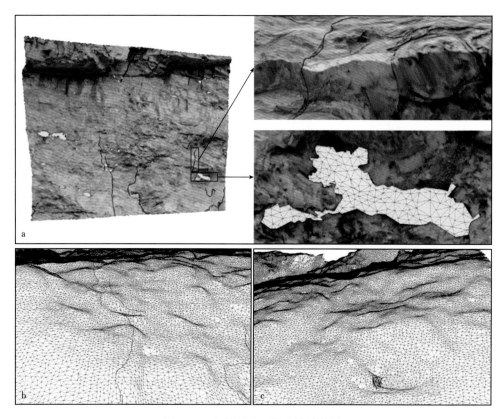

图 5-31　矢量要素三维渲染效果图

a. 整体效果；b. 线要素渲染；c. 面要素渲染

### 1. 地质矢量要素交互解译业务流程

交互解译一般为地质领域专业人员利用本系统在室内进行数字露头解译工作。解译工作人机交互频繁，整体数据量大。这些要求使得我们的业务流程的设计应有以下几个特点：（1）图形化交互操作，"所见即所得"的方式能够使地质专业人员快速上手；（2）解译功能应通过最简单的操作重复调用；（3）解译结果应可以进行保存并二次修改。基于上述分析，本系统地质矢量要素交互解译业务流程包含以下几个模块：矢量编辑模块，属性编辑计算模块，个性化设计模块。地质矢量要素交互解译具体的业务流程如图 5-32 所示。

地质信息解译通过特定算法提取或通过对专题矢量层的编辑来实现。后一种方法在进行解译之前首先需要选择或新建一个矢量图层，然后通过矢量编辑总开关打开编辑模块，其关联的编辑功能包括新建矢量、框选矢量、点选矢量、矢量删除与顶点编辑等。新建矢量通过左击鼠标添加采样点，双击完成一个矢量的绘制，并执行重新新建矢量功能。框选矢量功能通过按住鼠标左键在窗口绘制矩形框范围而确定选择对象，松开左键即可选中矢量，基于此还可点击键盘 DELETE 执行批量删除等操作。点选矢量一次只能选择一个对象，方便后续对选中的矢量进行顶点编辑，同时也支持删除操作；当点选矢量启动后，顶点编辑功能可用，此时按住鼠标左键可拖动采样点到指定位置，松开左键完成修改，并重新启动顶点编辑功能。对于属性编辑计算模块而言，系统应支持加载属性表，对表格进行编辑，将矢量计算的结果写入到对应属性项中，支持表格项与露头窗口地质矢量要素的相互查找。利用个性化模块，用户可以对图层中矢量模型的颜色、样式、大小等进行设置，并保存到样式表中，也可以设置读取属性表中内容作为标注显示到露头上。

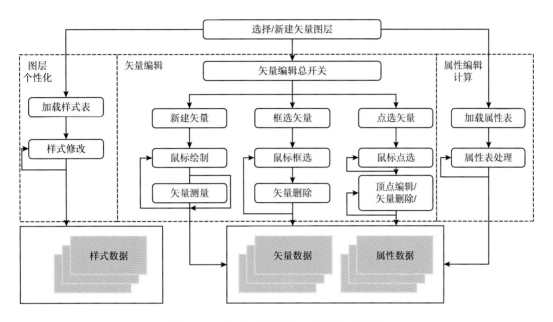

图 5-32　地质矢量要素交互解译功能模块

### 2. 地质矢量要素交互解译技术具体实现

三维矢量是由一系列坐标组成，这是我们交互解译的基础。图层个性化显示是利用 OSG 数字露头模型的三维渲染的部分技术，属性编辑与计算则利用 OSG 数字露头模型虚拟仿真浏览与交互的部分技术实现，此处主要阐述地质矢量要素交互解译功能核心——矢量拾取。

本系统采用了两种不同的方式进行矢量的拾取。第一种是基于碰撞检测的矢量拾取方式，用于对矢量要素的整体图形进行快速拾取。碰撞检测主要依赖于 osgUtil 库的 LineSegmentIntersector 线段相交类如图 5-33 所示，根据鼠标屏幕坐标构建线段 $(x, y, 0)$ 到 $(x, y, 1)$；将该线段作为参数构造线性碰撞检测器，再次将该检测器作为参数构造节点访问器并加入到场景结构中，以便能够遍历场景结构树，最后可通过节点访问器获得相交集以及交点的世界坐标。点选线矢量时可以获得一个交点坐标，计算该交点到线矢量图形上各个线段的距离，以其中最小距离作为点到线目标的距离，基于此遍历计算所有矢量选出距离该点最近的矢量对象。在框选矢量时可以获得两个交点坐标，利用两个交点生成包围盒，将在包围盒内的矢量线筛选出来。其他类型地质矢量要素的点选与框选类似。第二种则是基于屏幕坐标的拾取方式，该方法用于对矢量图形进行顶点编辑时，对矢量图形上的顶点进行精准拾取。在顶点编辑过程中，我们已经选取了一个矢量要素，将该矢量要素的所有采样点映射到屏幕上，计算现在鼠标与映射后的点集的距离，选择距离最近的点，进而可找到对应的矢量要素的采样点。解决了矢量要素的拾取问题之后，矢量删除与顶点编辑便有了明确的对象，进而可以实现矢量对象删除或编辑等交互操作。

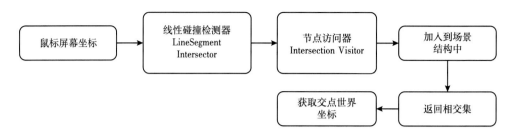

图 5-33　线性碰撞检测原理

矢量图形需要被赋予特定的地质含义才能表达数字露头上所解译的地质信息，对它们进行的相关量测、检索和分析才有实际意义。例如，点矢量可以作为露头岩性识别的采样点，点矢量的坐标记录了采样点的实际位置。线矢量可以表示地层线，计算他的长度可以记录该地层在露头上出露的横向展布范围。面矢量可以表示露头上的洞或缝面，对面矢量计算他的延伸方向和角度可以得到对应地质体的发育产状。在得到对应的矢量图形后，这些参数可基于矢量图形的几何计算获得。

# 第三节　云上数字露头库及访问

云上数字露头库设计为易于部署或迁移到任何网络数据库，以中国石油勘探开发梦想云的云上数字露头库为例，完成了云上数字露头库的实现。

## 一、云上数字露头库存储

### 1. 云上数字露头库的数据结构

云上数字露头库将多年积累的数字露头模型及其解译成果在数据湖中集中组织管理起来，通过梦想云的数据共享平台服务，广大地质研究人员可以方便、快捷地利用数字露头模型为油气勘探、开发、工程服务。云上数字露头库中相关数据内容（图 5-34）包括数字

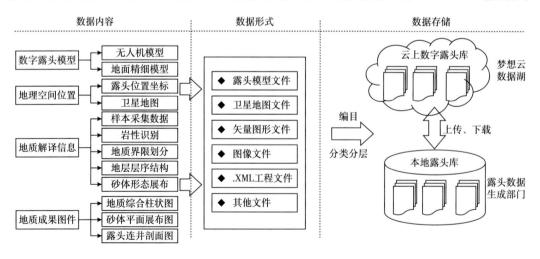

图 5-34　云上数字露头库的内容和形式

露头模型、野外露头的勘测位置、各类地质解译信息和采样信息以及多种地质成果图件。虽然数据内容涉及的专题信息众多，但从数据存储管理的角度主要包括常用格式的三维模型文件、地理坐标点位、点线面矢量图形文件和常用图片文件几种形式。梦想云的数据湖是一个各类数据的集中式存储库，允许以任意规模存储所有结构化和非结构化数据，因此可以很好的实现数字露头数据的统一存储和管理功能。对于云上数字露头库的建设而言，重点就是要对云上数字露头库中的各数字露头单元进行编目分类分层，将各类数据有效组织管理起来，然后上载到梦想云数据湖中。

云上数字露头库采用"露头列表—露头数据集—露头数据"的三层组织结构。露头列表集合了中国主要含油气盆地地质露头的基本信息，主要提供某个露头的元数据描述，例如名称、描述、采集时间、沉积相、地点、层系、储层岩性、地理坐标、规模等描述信息，采用一个 .XML 格式的文件保存这些信息。露头数据集是与一个露头剖面相关的所有数据的集合，其中包含的露头模型、矢量图形和地质图件等文件均为数据集中的露头数据。露头数据集与露头数据之间通过软件提供的 .XML 工程文件实现数据逻辑组织和物理存储。物理层面，每个露头数据集采用一个统一的文档目录存储与之相关的各种文件，其中又按照数据文件的形式分为模型、图片和矢量等子目录，进一步每个子目录再按地质专题内容细分下一级文件目录，最后各类数据文件被分门别类的存储在设计好的数据集目录结构中。逻辑层面，为每个数据集提供一个 .XML 格式的工程文件，其中每个记录（＜ record ＞）代表该数据集中的一个数据文件，描述了其名称、数据格式、是否在露头场景中显示、数据文件的路径等信息，露头浏览软件就通过这个文件获取并展示对应的数字露头模型和信息。

### 2. 云上数字露头库的存储和管理

中国石油梦想云是一套云端大数据存储平台，其最大的优势在于可以快速将不同来源和结构的数据集汇聚在一起，而不需要改变原始数据原有结构，其中的数据湖就像一个分布在网上的高性能高可靠性和高安全性的巨大磁盘，除提供数据存取功能之外，也提供严格的数据安全认证策略，为企业大数据管理奠定了软硬件基础。因此，从逻辑层面，数字露头生成部门制作的露头数据集可以按照本地主机上原有数据结构存储到数据湖中，借助服务器数据管理客户端，采用批量上传方式，可快速将建成的数字露头库上传到云服务器上，形成一个目录结构一致的云端的镜像数字露头库，为在网络环境下访问数字露头与三维浏览奠定数据基础。

由于云上数字露头库具有的镜像特征，也可以方便地将其迁移到任何网络数据库中，通过移植相应的客户端数字露头库在线访问接口并配置数字露头库服务器端管理模块，即可在任何网络数据库中实现数字露头库的构建与访问。

### 3. 云上数字露头库的信息关联查询

云上数字露头库主要包含数字露头空间与非空间数据。数字露头的采集过程中，由于数据采集尺度及角度的多样化从而形成属性信息、影像资料、矢量数据、模型文件等一系列数据（图 5-35），同时在数据的处理汇总过程中非空间数据也大量存在，通过建立多源一体化的共享数据库有助于对各类型数据进行统一的数据存储、管理、查询及发布。云上数字露头库的建立是为了进一步实现多源地质信息智能查询。云上数字露头库从露头区、地质层系两种维度提供数字露头剖面检索目录，查看相应的剖面模型，进而可以关联查询剖面对应的地质专题信息、地质图件、样本资料等成果（图 5-35）。

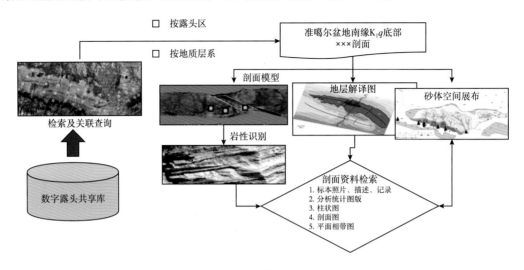

图 5-35　地质资料关联查询

下面将通过实例对地质信息关联查询功能进行详细介绍。该实例包括数字露头模型文件、矢量数据、影像资料。其中，数字露头模型文件以 LOD 结构进行组织存储，每个案例仅关联一个露头剖面；矢量数据包括地层分界线矢量文件和露头采样点矢量文件，每个露头剖面可关联多个地层线矢量图层和露头采样点矢量图层；地层线矢量文件可通过露头仿真系统中的新建矢量（线矢量）功能进行创建，采样点矢量文件可通过新建矢量（点矢量）功能进行创建；影像资料则是以柱状图、地层剖面图、样本图为主，系统支持多种通用格式影像（.JPG、.PNG、.TIF 等）。

与露头相关联的所有柱状图在程序主窗口右侧进行显示；与露头相关联的所有地层剖面图在程序主窗口下方进行显示（图 5-36）；用户可根据需求自主加载与露头相关地层线

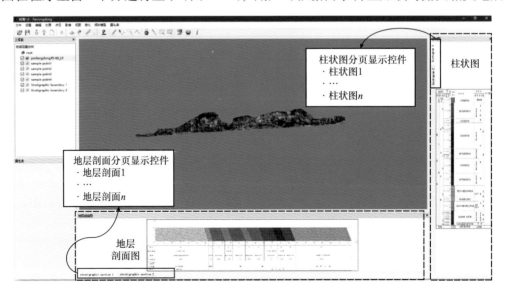

图 5-36　地层剖面与柱状图显示

矢量和采样点矢量文件，采样点与地层线以特定符号显示（图 5-37），且系统工具栏提供相关查询工具对地层线和采样点进行属性查询显示，系统左下角提供属性表编辑窗口，创建矢量文件后，可选择在其属性表中添加自定义字段与内容用于矢量信息查询，属性表存储采样点与地层线属性数据，且支持编辑操作，属性表中矢量文本信息以任意格式保存，图片信息以【图片名称.后缀】格式进行保存，用户可点击样本点或地层线触发信息查询对话框，展示与矢量对象相关的属性信息或图片信息。编辑状态时，矢量图形和对应的属性表中的记录还可以互相联动，以便属性和图形的关联交互编辑。

图 5-37　矢量信息查询显示

## 二、网络环境数字露头的访问与三维浏览

网络环境下大规模数字露头模型的访问和渲染效率受网络带宽和客户端内存大小的瓶颈制约，存储在云端的三维数字露头模型，由于其巨大的体量，难以在客户端做到实时传输、三维模型实时渲染。因此，需要采用分布式数据调度和传输技术，按照多层次的模型组织结构，根据用户视窗的显示范围、角度和视距等参数动态调度由多层次"瓦片"构成的 LOD 模型，从而提高云端模型浏览效率和用户体验。要解决的两个难点：（1）大规模单体数字露头模型的 LOD 重建；（2）网络环境下 LOD 模型的实时调度与渲染。其中，LOD 模型重构方法已在前面相关章节陈述，这里介绍网络环境下 LOD 模型的动态加载和调度技术。

### 1. OSG 中 LOD 模型加载与调度机制

在 OSG 中提供 osg::PagedLOD 类和 osgDB::DatabasePager 类，用于实现 LOD 模型的组织和调度功能。OSG 所提供 LOD 调度机制主要用于应对超大级别三维场景数据加载的需要，例如数百 GB 甚至 TB 级别的三维地形数据。此类数据不可能全部载入内存中，就算未来的计算机能够将它们一次性读入，也会损耗太多的系统性能。同时，该解决方案也可用于网络环境下，以缓解三维模型加载过程中网络带宽的瓶颈限制。网络环境下要求 LOD 模型的切分尺度更小，通常每个瓦片控制在 1MB 左右。该方法工作的基本思路是：在显示当前视域中的场景元素（可见元素）的同时，预先判断下一步可能载入的数据（预可见元素），以及那些短时间内不可能被看到的对象（不可见元素），从而做出正确的数据加载和卸载处理，确保内存中始终维持有限的数据额度，因而不会造成场景浏览时信息的丢失或渲染的迟钝。

在 OSG 的实现中采用 osg::PagedLOD 来进行模型的动态调度。在不同的视域下，PagedLOD 动态读取不同细节层次的结点模型，实现了分页 LOD 显示。osg::PagedLOD 分页数据库不会在初始化时把模型金字塔全部数据进行载入，而是在系统渲染视窗内视域发生变化时，动态地添加或删除相应的模型节点。这种动态调用方式，有效地节省计算机的内存资源与计算资源，减少了动态调度过程中频繁的场景遍历，提升了系统的模型渲染效率。OSG 内部采用 osgDB::DatabasePager 类来管理场景结点的动态调度，场景循环每一帧的时候，会将一段时间内不在当前视图范围内的场景子树卸载掉，并加载新进入到当前视图范围的新场景子树节点。为此，osgDB::DatabasePager 类中通过队列来维护这些节点信息。并且，OSG 还会对读取数据的模式按照本地数据和网络数据进行区分，根据不同类型创建不同的线程进行处理，如果是网络数据还可以设置缓存路径（OSG_FILE_CACHE），将下载的模型文件缓存到本地。整个 LOD 模型的调度机制的大致流程如图 5-38 所示。

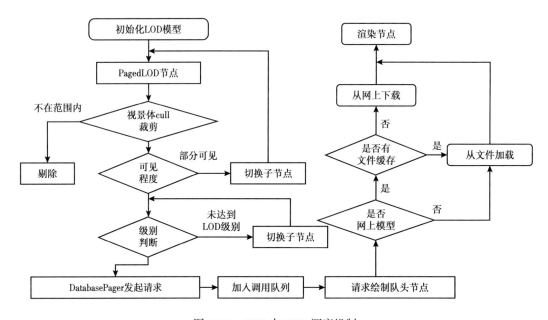

图 5-38　OSG 中 LOD 调度机制

### 2. 云端数字露头模型的异步调用与实时渲染

借助 OSG 中提供 osg::PagedLOD 和 osgDB::DatabasePager 等工具，可以实现网上 LOD 数字露头模型的调用与浏览。对前述数字露头三维可视化与地质解译系统进行扩充，增加云上数字露头库的访问与调度功能，即可实现云上数字露头库访问的 APP。该系统的总体结构如图 5-39，设想借助 curl 网络编程接口实现梦想云数据访问插件，从而实现与梦想云的数据通信。基于 osg::PagedLOD 和 osgDB::DatabasePager 工具，完成云上数字露头模型数据的命令请求与传输，实现对客户端数字露头浏览视窗内的模型显示内容的实时调度与更新。完成任务需要解决两个关键问题：LOD 模型调度参数的确定和云上 LOD 模型高速下载。

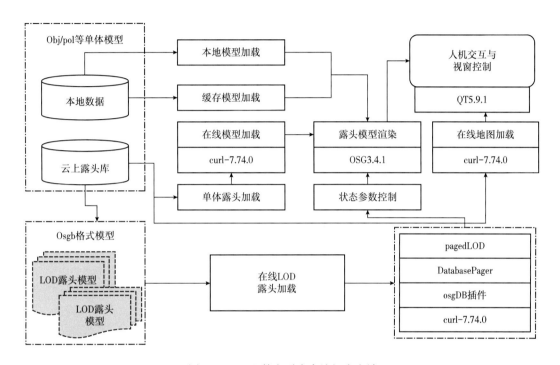

图 5-39　云上数字露头库访问客户端

在 LOD 模型的加载过程中，随着视域范围的变化，仅有部分模型子节点在屏幕可视范围内，场景根据 OSG 中提供的视锥体裁剪类（cull）自动完成视域范围内模型显示范围的裁剪，此过程为 LOD 模型显示范围的调度。除此之外，还有模型显示层级的调度。当我们从很远处观察露头模型时，屏幕上仅仅出现根节点，随着观察点的不断接近，当前屏幕上较低分辨率的节点将被分辨率较高的与之关联的子节点所代替，反之，当视距不断增大时，当前屏幕上较高分辨率的节点将被上层较低分辨率的父节点所代替。相邻层节点之间的切换条件需要依赖节点评价函数进行控制，影响节点评价的因素较多，包括视距、模型表面粗糙度、视角、运动矢量以及屏幕投影误差等（王振武等，2018）。

OSG 中采用的是一种基于视距的节点评价函数，这种策略与 LOD 近大远小的显示机制是高度契合的。实际操作中，需要在 OSGB 格式的各个子块文件中设置一个与距离相关的 RangeList 参数，当将 OSGB 文件加载到内存形成 PagedLOD 节点后，这个参数就作为节点切换条件来控制相关的上下级 PagedLOD 节点之间的切换，因此这个参数需要在构建 LOD 模型时就确定下来，并写入 OSGB 文件。而在模型未被加载到特定场景下之前，这个距离切换阈值事先是难以确定的。因此，OSGB 文件中对 RangeList 参数的设置还提供了另一种方案，即 PIXEL_SIZE_ON_SCREEN 模式，解释为模型在屏幕上的显示像素尺寸（对应的距离模式定义 DISTANCE_FROM_EYE_POINT）。图 5-40a 为 OSG 视锥体的示意图，其中随着视距的变化，模型在窗口上的投影物的尺寸呈现近大远小规律，通过图 5-40b 中给出的平面投影图，可以进一步说明这一点。PIXEL_SIZE_ON_SCREEN 模式下，RangeList 的值设置为模型屏幕投影像素最大值（Pixelsize_max），其含义是当模型在屏幕上显示尺寸达到 Pixelsize_max 时就调用下一级子节点代替之。假设当前状态下，模型屏幕投影尺寸为 Pixelsize，模型表面覆盖的纹理图像大小为 Sizetexture，随着视距由远及近变化，Pixelsize 逐渐增大达到 Sizetexture，此时模型在屏幕上处于一个近似其原本尺寸的状态，可将其作为模型切换的临界状态，当模型进一步放大，模型纹理就会放大显示，逐渐变得模糊，需要在该临界状态下切换下一级更高分辨率的子节点代替之。因此，实现中采用瓦片模型的纹理尺寸作为 Pixelsize_max 的值。

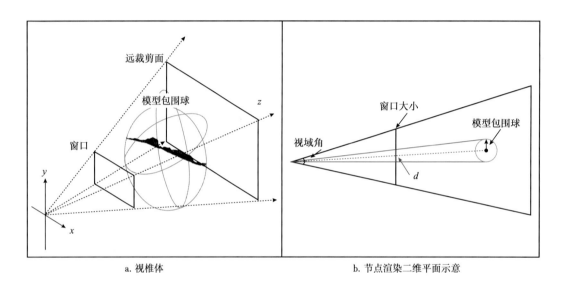

图 5-40 OSG 模型三维渲染

OSG 中的 osgDB 库提供读取与写入场景树模型的 I/O 功能，实现了一个插件框架允许各种第三方文件格式通过插件方式加载到 OSG。虽然 osgDB 提供了 osgDB_curl 插件用于通过 curl 接口从网上加载三维模型，但由于云上数字露头库所在的梦想云平台具有严格的用户认证和安全控制机制，这个内置的插件并不能直接从云上下载数字露头模型，还需要定制开发一套专门针对梦想云访问的 osgDB 插件——梦想云载入器（osgDB_mxy）。可对已有的 osgDB_curl 插件进行扩展，实现云上数字露头数据的访问插件。扩展方式就是重写其中的 readNode（）方法，首先需要在 readNode（）中添加梦想云身份认证操作，通过认证后进一步调用数据湖提供的目录访问接口、文件 ID 和令牌访问接口和文件访问接口获取所请求的数字露头模型以及相关矢量和图片等数据文件，并存在到本地缓存文件夹，访问流程如图 5-41 所示。启动后客户端程序即可在图形窗口中装入及浏览库中露头了。

启动云上数字露头库 APP，需要输入用户名、口令、客户代码等身份认证信息，然后尝试连接到服务器，对话窗口会提示现在是否与数字露头库连接成功，此时也可设置露头装入失败后的加载策略与程序运行模式切换。

　　登录完成后进入云上数字露头库装载主界面，它具有与数字露头三维可视化与地质解译系统基本统一的界面风格和功能结构，不同之处在于增加了云上数字露头库目录及数字露头分布卫星地图，数字露头分布卫星地图提供云上数字露头库中数字露头的分布位置和概要信息，同时提供访问地图中显示数字露头的访问入口，点击相应的数字露头图标便可从云上数字露头库下载对应的数字露头并在数字露头显示窗口中加载并显示。

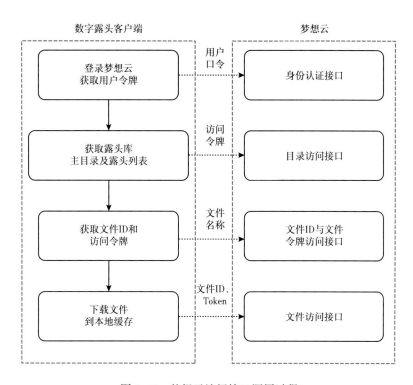

图 5-41　梦想云访问接口调用过程

# 第六章  准噶尔盆地典型数字露头剖面刻画

准噶尔盆地数字露头技术主要应用于准噶尔盆地及周缘典型碎屑岩储层剖面，包括准南喀拉扎—清水河组剖面，西北缘深底沟克拉玛依组剖面和准东石钱滩井井子沟剖面。

## 第一节  准南喀拉扎—清水河组剖面

准噶尔盆地南缘中部以天山分支博罗霍洛山—依连哈比尔根山为界，北与准噶尔盆地古尔班通古特沙漠相接，东为乌鲁木齐河、西以霍尔果斯河为界。三叠系、侏罗系、白垩系及新生界比较发育。本节重点介绍准噶尔盆地南缘中部侏罗—白垩系喀拉扎—清水河组数字露头技术应用情况。

结合遥感、无人机和地面激光等多手段采集喀拉扎—清水河组典型剖面，建立多尺度数字露头地质走廊，通过地层界线识别和砂体识别技术，定量刻画多尺度数字露头地质走廊地层和砂体参数，明确两个层组的地层和砂体分布特征，为准噶尔盆地南缘油气勘探提供数字露头技术支持。

### 一、研究区概况

#### 1. 地理位置

侏罗—白垩系喀拉扎—清水河组研究区地理位置如图 6-1 所示，遥感影像如图 6-2 所示。

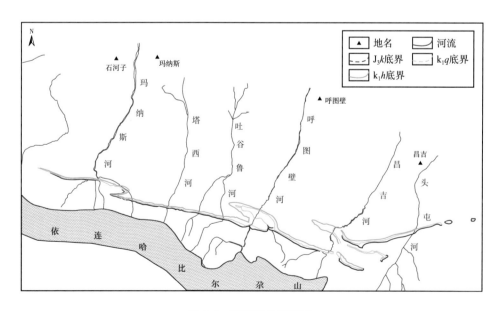

图 6-1  研究区地理位置

研究区横穿玛纳斯河、塔西河、吐谷鲁河、呼图壁河、昌吉河和头屯河。东西长约150km，宽约10km。

图 6-2　研究区遥感图

### 2. 出露地层

1）侏罗系喀拉扎组

喀拉扎组（$J_3k$）在天山山麓总体均有出露，厚度 80~800m。齐古褶皱带西段喀拉扎组沉积较为稳定，厚度在 230~270m 之间，齐古褶皱带中段喀拉扎组厚度为 85~160m，向东昌吉河地区又逐渐减薄，昌吉河地区喀拉扎组缺失；从昌吉河地区向东至头屯河地区又逐渐加厚。

研究区喀拉扎组均为碎屑岩，包括砾岩，砂岩，粉砂岩及泥岩，出露剖面岩性以砾岩和砂岩为主。总体为棕褐色砾岩，底部红色砂岩，向北变为灰绿色砂岩。

2）白垩系清水河组

白垩系沉积时期，天山北缘和准噶尔盆地构造活动减弱，清水河组（$K_1q$）超覆在上侏罗统地层之上，在区域上形成不整合。研究区清水河组露头出露厚度在 105~340m 之间。

清水河组为薄层中—细粒钙质砂岩与薄层泥岩互层，底部为厚薄不等的钙质砾岩或泥砂质角砾岩。

### 3. 数据采集

对研究区采用多源多尺度的数据采集，包括研究区 1.2m 分辨率的卫星遥感影像（长150km，宽 86km），重点区域 10 条无人机航飞地质走廊，以及 6 个地面激光扫描数字露头模型，并采集岩石样品 58 块。

其中无人机地质走廊（图 6-3）自西向东分别为沙湾镇剖面、红沟河剖面、喀拉扎城墙剖面、清水河剖面、团庄剖面、塔西河一线天剖面、雀儿沟村剖面、雀儿沟镇剖面、昌吉河剖面和头屯河剖面。

图 6-3　无人机数字露头采集点位图

### 4. 露头特征和影像特征

1）喀拉扎组

（1）露头特征。研究区西部以沙湾镇剖面为例，喀拉扎组露头特征图 6-4 所示，露头上少见植被，颜色以红褐色为主，岩性为厚层块状砾岩。

图 6-4　沙湾镇剖面喀拉扎组露头特征

研究区中部以塔西河一线天剖面为例，喀拉扎组露头特征如图 6-5 所示，露头上绿色点状植被覆盖，露头颜色以灰绿色为主夹红色，岩性为厚层块状砾岩，成层性好。

研究区东部以头屯河剖面为例，喀拉扎组露头特征如图 6-6 所示，露头以灰色中—粗砂岩为主，无植被。

图 6-5　塔西河一线天剖面喀拉扎组露头特征

图 6-6　头屯河剖面喀拉扎组露头特征

（2）影像特征。根据以上 3 个典型剖面的露头特征，结合 10 个地质走廊的野外踏勘，建立喀拉扎组影像识别标志，在遥感影像上划分出 10 个点位的喀拉扎组界线。从图 6-7 中可以分析，喀拉扎组从西到东 150km 范围大致有三种影像识别特征：①研究区西部影像以深褐色为主，多成块状，影像表面结构粗糙，色调较暗，岩性主要是粗砾岩；

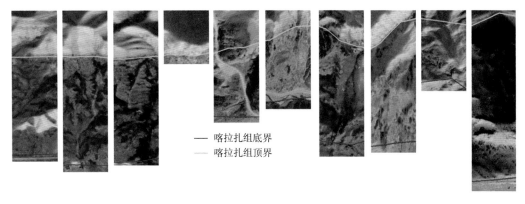

—— 喀拉扎组底界
—— 喀拉扎组顶界

图 6-7　喀拉扎组各点位影像特征

②研究区中部影像以红褐色和灰绿色为主，上面有绿色点状植被，影像表面结构比较粗糙，岩性以砾岩为主；③研究区东部影像以灰绿色为主，影像表面结构相对平滑，岩性为中粗砂岩。

2）清水河组

（1）露头特征。研究区西部以沙湾镇剖面为例，露头特征如图6-8所示，底部为一层灰色厚层状底砾岩，底砾岩之上为砂泥岩互层，灰色砂岩条带清晰，植被稀少。

图6-8　沙湾镇剖面清水河组露头特征

研究区中部清水河剖面露头特征如图6-9所示，缺失喀拉扎组，清水河组不整合在齐古组之上，底为厚层状底砾岩，底砾岩上为砂泥岩互层，灰色砂岩条带清晰。

图6-9　清水河剖面清水河组露头特征

研究区中部雀儿沟村剖面如图6-10所示，清水河组露头特征是底为厚层状底砾岩，底砾岩上为厚层砂砾岩、砂泥岩互层，成层性好。

图 6-10　雀儿沟村剖面清水河组露头特征

　　研究区东部以头屯河剖面为例，清水河组露头特征如图 6-11 所示，底为中厚层状底砾岩，底砾岩上为灰绿色砂泥岩互层，成层性好。

图 6-11　头屯河剖面清水河组露头特征

　　（2）影像特征。根据以上 4 个典型剖面的露头特征，结合 10 个地质走廊的野外踏勘，建立清水河组影像识别标志，在遥感影像上划分出 10 个点位的清水河组界线。从图 6-12 中可以看出，清水河组从西到东 150km 范围影像特征比较稳定，均以灰绿色为主，块状纹理，部分有条带纹理，岩性为砂泥岩互层。

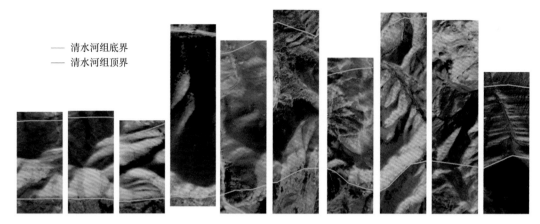

—— 清水河组底界
—— 清水河组顶界

图 6-12　清水河组各点位影像特征

## 二、无人机数字露头地层与岩性定量刻画

采用高空无人机航飞数字露头对各个露头出露地层的发育特征进行分析，根据岩石学、古生物等沉积相标志和层序界面特征，结合前人对沉积相和层序地层已有的认识成果，基于地层界线识别和砂体识别技术对 10 个地质走廊的地层和岩性进行定量刻画，其主要成果与认识分别表述如下。

### 1. 沙湾镇剖面

该剖面位于沙湾镇南，经纬度坐标为 85.7965°E，43.9475°N。

该剖面地层出露总厚度 435.07m，其中喀拉扎组厚度 261m，以红褐色砾岩为主；清水河组厚度 174.07m，划分 10 个小层，底部为一套底砾岩、中上部以砂岩和砂泥岩互层为主，上部以泥岩为主。根据砂体定量刻画数据统计（表 6-1），清水河组有五套主要砂砾岩层，累计厚度约 53.46m，其中砾岩厚度 12.81m，砂岩总厚度 67.39m，泥岩总厚度 93.87m，砂地比 46.07%。定量绘制出露头剖面图和柱状图（图 6-13）。

表 6-1　沙湾镇剖面小层厚度表

| 沙湾镇剖面 | 层号 | 岩性 | 厚度 / m | 总厚度 / m |
|---|---|---|---|---|
| 清水河组 | 10 | 砂岩 | 8.76 | 174.07 |
| | 9 | 泥岩 | 67.06 | |
| | 8 | 砂泥岩互层 | 9.72 | |
| | 7 | 砂岩 | 10.82 | |
| | 6 | 砂泥岩互层 | 12.44 | |
| | 5 | 砂岩 | 12.99 | |
| | 4 | 粉砂岩 | 7.78 | |
| | 3 | 砂岩 | 8.1 | |
| | 2 | 泥岩夹砂岩 | 23.59 | |
| | 1 | 底砾岩 | 12.81 | |
| 喀拉扎组 | 1 | 砾岩 | 261 | 261 |

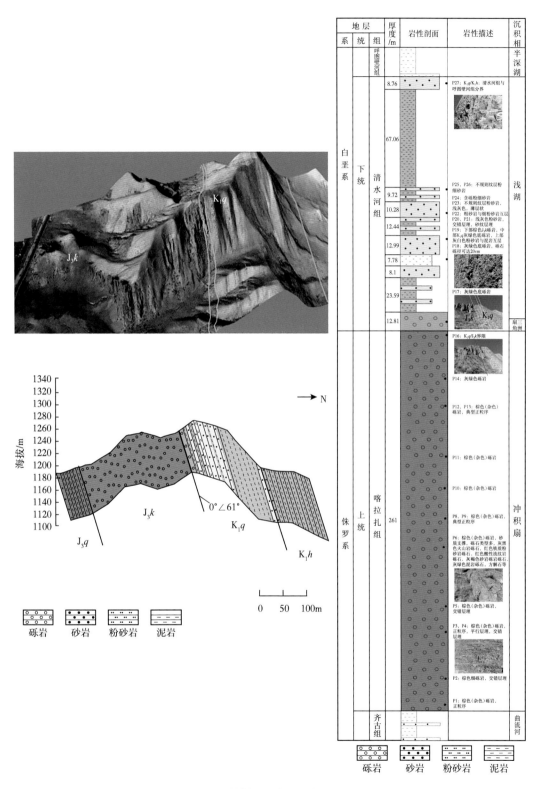

图 6-13 沙湾镇剖面露头图、剖面图和柱状图

## 2. 红沟河剖面

该剖面位于红沟河西北，经纬度坐标为85.8301°E，43.9379°N。

地层出露总厚度445.65m，其中喀拉扎组厚度237m，红褐色砾岩；清水河组厚度208.65m，划分为15个小层，底部是一套底砾岩，下部砂岩和泥岩互层，中上部以泥岩为主，夹粉砂岩。清水河组有七套主要砂砾岩层，累计厚度约62.83m，其中砾岩厚度35.05m，砂岩总厚度21.06m，泥岩总厚度146.32m（表6-2），砂地比29.87%。定量绘制出露头剖面图和柱状图（图6-14）。

表6-2　红沟河剖面小层厚度表

| 红沟河剖面 | 层号 | 岩性 | 真厚度/m | 总厚度/m |
|---|---|---|---|---|
| 清水河组 | 15 | 泥岩 | 44.69 | 208.65 |
| | 14 | 粉砂岩 | 13.63 | |
| | 13 | 泥岩 | 46.4 | |
| | 12 | 粉砂岩 | 5.17 | |
| | 11 | 泥岩 | 7.51 | |
| | 10 | 粉砂岩 | 2.26 | |
| | 9 | 泥岩 | 6.67 | |
| | 8 | 砂泥岩互层 | 12.06 | |
| | 7 | 泥岩夹砂岩 | 16.44 | |
| | 6 | 砂岩 | 2.53 | |
| | 5 | 泥岩 | 10.85 | |
| | 4 | 砂岩 | 3.74 | |
| | 3 | 泥岩夹砂岩 | 19.81 | |
| | 2 | 砂岩 | 10.67 | |
| | 1 | 底砾岩 | 6.22 | |
| 喀拉扎组 | 1 | 砾岩 | 237 | 237 |

## 3. 喀拉扎城墙剖面

该剖面位于红沟河西北方向，经纬度坐标为85.8657°E，43.9360°N。

地层出露总厚度437.86m，其中喀拉扎组厚度265m，红褐色砾岩；清水河组厚度172.86m，底部为底砾岩，中上部砂岩与泥岩互层。有六套主要砂砾岩层，累计厚度约98.73m。根据砂体定量刻画数据统计（表6-3），清水河组砾岩厚度13.43m，砂岩总厚度85.3m，泥岩总厚度74.13m，砂地比57.12%。定量绘制出露头剖面图和柱状图（图6-15）。

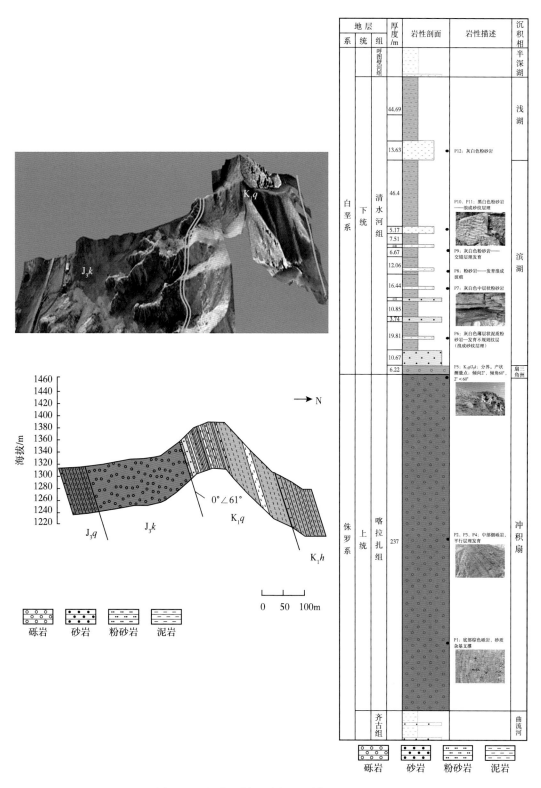

图 6-14　红沟河剖面露头图、剖面图和柱状图

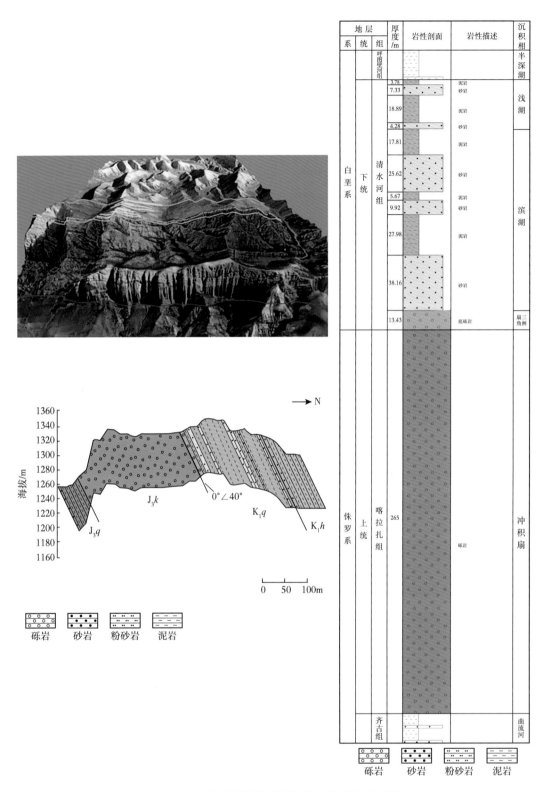

图 6-15　喀拉扎城墙剖面露头图、剖面图和柱状图

表 6-3　喀拉扎城墙剖面小层厚度表

| 喀拉扎城墙剖面 | 层号 | 岩性 | 厚度 / m | 总厚度 / m |
|---|---|---|---|---|
| 清水河组 | 11 | 泥岩 | 3.78 | 172.86 |
| | 10 | 砂岩 | 7.33 | |
| | 9 | 泥岩 | 18.89 | |
| | 8 | 砂岩 | 4.28 | |
| | 7 | 泥岩 | 17.81 | |
| | 6 | 砂岩 | 25.62 | |
| | 5 | 泥岩 | 5.67 | |
| | 4 | 砂岩 | 9.92 | |
| | 3 | 泥岩 | 27.98 | |
| | 2 | 砂岩 | 38.16 | |
| | 1 | 底砾岩 | 13.43 | |
| 喀拉扎组 | 1 | 砾岩 | 265 | 265 |

### 4. 清水河剖面

该剖面位于清水河附近，经纬度坐标为 85.0505°E，43.9156°N。

地层出露总厚度 107.9m，喀拉扎组缺失，清水河组与齐古组不整合接触，清水河组中上部未采集数据。清水河组厚度 107.97m，划分 10 个小层，底部为底砾岩、中部砂岩与粉砂岩互层，上部泥岩与粉砂岩互层。根据砂体定量刻画数据统计（表 6-4），清水河组砾岩总厚度 13.76m，砂岩厚度 30.61m，粉砂岩总厚度 33.14m，泥岩总厚度 30.46m，砂地比 71.79%。定量绘制出露头剖面图和柱状图（图 6-16）。

表 6-4　清水河剖面小层厚度表

| 清水河剖面 | 层号 | 岩性 | 厚度 / m | 总厚度 / m |
|---|---|---|---|---|
| 清水河组 | 10 | 粉砂岩 | 8.4 | 107.97 |
| | 9 | 泥岩 | 12.14 | |
| | 8 | 粉砂岩 | 7.37 | |
| | 7 | 泥岩夹砂岩 | 16.55 | |
| | 6 | 泥岩 | 7.29 | |
| | 5 | 砂岩 | 12.78 | |
| | 4 | 粉砂岩 | 7.34 | |
| | 3 | 砂岩 | 12.31 | |
| | 2 | 粉砂岩 | 10.03 | |
| | 1 | 底砾岩 | 13.76 | |

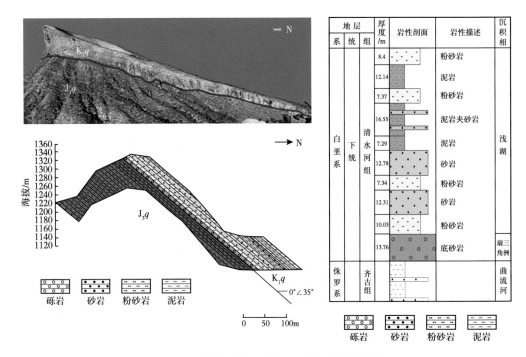

图6-16 清水河剖面露头图、剖面图和柱状图

## 5. 团庄剖面

该剖面位于团庄村东南方向,经纬度坐标为86.17°E,43.8683°N。

地层出露总厚度243.1m,其中喀拉扎组厚度85m,红褐色砾岩;清水河组厚度158.09m,划分11个小层,底部为底砾岩,中部砂岩与泥岩互层,中上部砂岩为主,上部泥岩与粉砂层互层。根据砂体定量刻画数据统计(表6-5),清水河组有七套主要砂砾岩层,累计厚度约102.24m,砾岩厚度25.17m,砂岩总厚度55.42m,粉砂岩总厚度21.65m,泥岩总厚度55.45m,砂地比54.67%。定量绘制出露头剖面图和柱状图(图6-17)。

表6-5 团庄剖面小层厚度表

| 团庄剖面 | 层号 | 岩性 | 厚度/m | 总厚度/m |
|---|---|---|---|---|
| 清水河组 | 11 | 泥岩 | 6.42 | 158.09 |
| | 10 | 粉砂岩 | 9.66 | |
| | 9 | 泥岩 | 11.58 | |
| | 8 | 粉砂岩 | 11.99 | |
| | 7 | 泥岩 | 5.67 | |
| | 6 | 砂岩 | 17.83 | |
| | 5 | 泥岩 | 1.39 | |
| | 4 | 砂岩 | 13.81 | |
| | 3 | 泥岩 | 18.9 | |
| | 2 | 砂岩夹泥岩 | 35.67 | |
| | 1 | 底砾岩 | 25.17 | |
| 喀拉扎组 | 1 | 砾岩 | 85 | 85 |

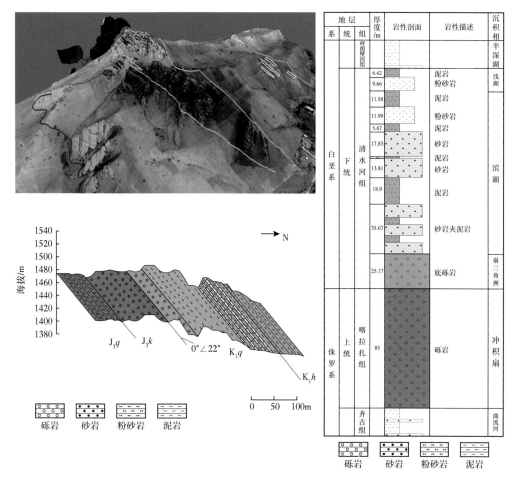

图 6-17　团庄剖面露头图、剖面图和柱状图

### 6. 塔西河一线天剖面

该剖面位于塔西河东侧，经纬度坐标为 86.2563°E，43.8581°N。

地层出露总厚度 249.88m，其中喀拉扎组厚度 98.5m，红褐色砂砾岩；清水河组厚度 151.38m，划分 12 个小层，底部为底砾岩，下部砾岩与泥岩互层，中部以砂岩为主，上部以泥岩为主，有六套主要砂砾岩层，累计厚度约 93.27m。根据砂体定量刻画数据统计（表 6-6），清水河组砾岩总厚度 55m，砂岩总厚度 33.07m，粉砂岩厚度 5.2m，泥岩总厚度 58.11m，砂地比 61.61%。定量绘制出露头剖面图和柱状图（图 6-18）。

表 6-6　塔西河一线天剖面小层厚度表

| 塔西河一线天剖面 | 层号 | 岩性 | 厚度 /m | 总厚度 /m |
|---|---|---|---|---|
| 清水河组 | 12 | 泥岩 | 27.4 | 151.38 |
| | 11 | 粉砂岩与泥岩（1:2） | 15.59 | |
| | 10 | 泥岩 | 6.68 | |
| | 9 | 砂岩 | 18.02 | |
| | 8 | 砂岩与泥岩（2:1） | 16.3 | |

续表

| 塔西河一线天剖面 | 层号 | 岩性 | 厚度/m | 总厚度/m |
|---|---|---|---|---|
| 清水河组 | 7 | 砂岩 | 4.18 | 151.38 |
| | 6 | 泥岩 | 2.79 | |
| | 5 | 砾岩 | 2.66 | |
| | 4 | 泥岩 | 2.34 | |
| | 3 | 砾岩 | 3.62 | |
| | 2 | 泥岩 | 3.08 | |
| | 1 | 底砾岩 | 48.72 | |
| 喀拉扎组 | 1 | 砾岩 | 85 | 98.5 |

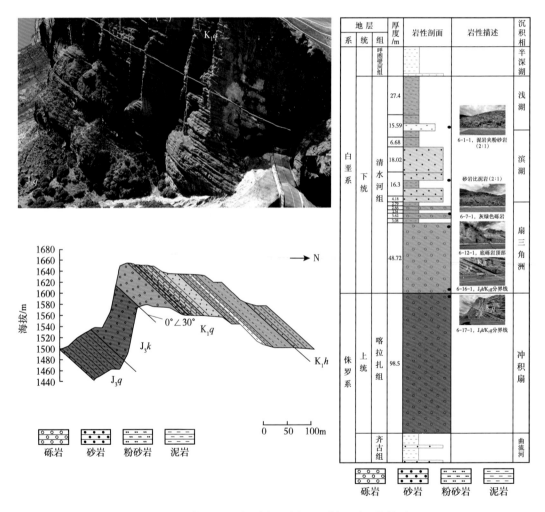

图6-18 塔西河一线天剖面露头图、剖面图和柱状图

### 7. 雀儿沟村剖面

该剖面位于雀儿沟村南侧，经纬度坐标为 86.3811°E，43.8464°N。

地层出露总厚度 413m，其中喀拉扎组厚度 118m，以红褐色砾岩为主，有 8m 砂岩；清水河组厚度 295m，划分 11 个小层，底部为底砾岩、中部砂岩与泥岩互层，上部泥岩与砂岩互层。有七套主要砂砾岩层，累计厚度约 181.75m。根据砂体定量刻画数据统计（表 6-7），清水河组砾岩厚度 43.18m，砂岩总厚度 181.7m，泥岩总厚度 113.4m，砂地比 61.59%。定量绘制出露头剖面图和柱状图（图 6-19）。

表 6-7　雀儿沟村剖面小层厚度表

| 雀儿沟村剖面 | 层号 | 岩性 | 厚度 /m | 总厚度 /m |
|---|---|---|---|---|
| 清水河组 | 11 | 泥岩 | 32.86 | 295 |
| | 10 | 砂岩 | 28.05 | |
| | 9 | 泥岩 | 43.58 | |
| | 8 | 砂岩 | 45.76 | |
| | 7 | 泥岩 | 17.79 | |
| | 6 | 砂岩 | 23.1 | |
| | 5 | 泥岩 | 10.12 | |
| | 4 | 砂岩 | 6.08 | |
| | 3 | 泥岩 | 9.03 | |
| | 2-2 | 砂岩 | 15.95 | |
| | 2-1 | 砂岩 | 19.63 | |
| | 1 | 底砾岩 | 43.18 | |
| 喀拉扎组 | 1 | 砾岩 | 118 | 118 |

### 8. 雀儿沟镇剖面

该剖面位于雀儿沟镇南侧，经纬度坐标为 86.4827°E，43.8251°N。

地层出露总厚度 447.5m，其中喀拉扎组厚度 160m，红褐色砾岩；清水河组厚度 287.05m，划分 15 个小层，底部为一套厚度 52.42m 底砾岩，中部砂岩与泥岩互层、上部泥岩与粉砂岩互层。根据砂体定量刻画数据统计（表 6-8），清水河组有七套主要砂砾岩层，累计厚度约 207.26m，砾岩厚度 52.42m，砂岩总厚度 124.28m，粉砂岩总厚度 30.43m，泥岩总厚度 79.92m，砂地比 72.2%。定量绘制出露头剖面图和柱状图（图 6-20）。

### 9. 昌吉河剖面

该剖面位于昌吉河附近，经纬度坐标为 86.9415°E，43.73°N。

地层出露总厚度 311.94m，喀拉扎组缺失；清水河组划分 12 个小层，底部为一套厚度 78.56m 的底砾岩，中部砂岩与泥岩互层，上部泥岩与粉砂岩互层。根据砂体定量刻画数据统计（表 6-9），清水河组有七套主要砂砾岩层，累计厚度约 207.26m，砾岩厚度 78.56m，砂岩总厚度 63.3m，粉砂岩总厚度 65.36m，泥岩总厚度 104.6m，砂地比 66.44%。定量绘制出露头剖面图和柱状图（图 6-21）。

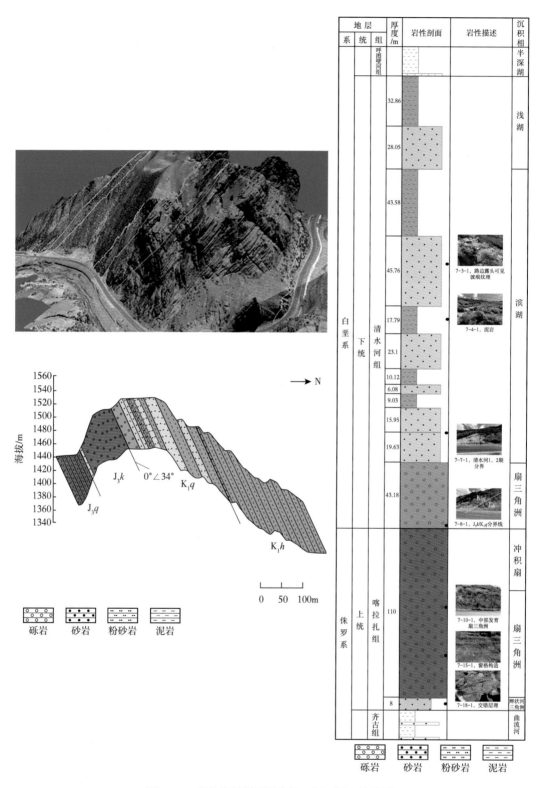

图 6-19　雀儿沟村剖面露头图、剖面图和柱状图

表 6-8 雀儿沟镇剖面小层厚度表

| 雀儿沟镇剖面 | 层号 | 岩性 | 厚度 /m | 总厚度 /m |
|---|---|---|---|---|
| 清水河组 | 15 | 泥岩 | 16.39 | 287.05 |
| | 14 | 粉砂岩 | 30.43 | |
| | 13 | 泥岩 | 13.98 | |
| | 12 | 砂岩 | 23.99 | |
| | 11 | 泥岩 | 9.83 | |
| | 10 | 砂岩 | 18.04 | |
| | 9 | 泥岩 | 7.09 | |
| | 8 | 砂岩 | 16.4 | |
| | 7 | 泥岩 | 8.96 | |
| | 6 | 砂岩 | 15.65 | |
| | 5 | 泥岩 | 8.87 | |
| | 4 | 砂岩 | 21.35 | |
| | 3 | 泥岩 | 14.8 | |
| | 2 | 砂岩 | 28.85 | |
| | 1 | 底砾岩 | 52.42 | |
| 喀拉扎组 | 1 | 砾岩 | 160 | 160 |

表 6-9 昌吉河剖面小层厚度表

| 昌吉河剖面 | 层号 | 岩性 | 厚度 /m | 总厚度 /m |
|---|---|---|---|---|
| 清水河组 | 12 | 粉砂岩 | 30.02 | 311.94 |
| | 11 | 泥岩 | 35.62 | |
| | 10 | 粉砂岩 | 35.34 | |
| | 9 | 泥岩 | 28.98 | |
| | 8 | 砂岩 | 15.61 | |
| | 7 | 泥岩 | 14.83 | |
| | 6 | 砂岩 | 4.27 | |
| | 5 | 泥岩 | 16.37 | |
| | 4 | 砂岩 | 18.7 | |
| | 3 | 泥岩 | 8.88 | |
| | 2 | 砂岩 | 24.76 | |
| | 1 | 底砾岩 | 78.56 | |

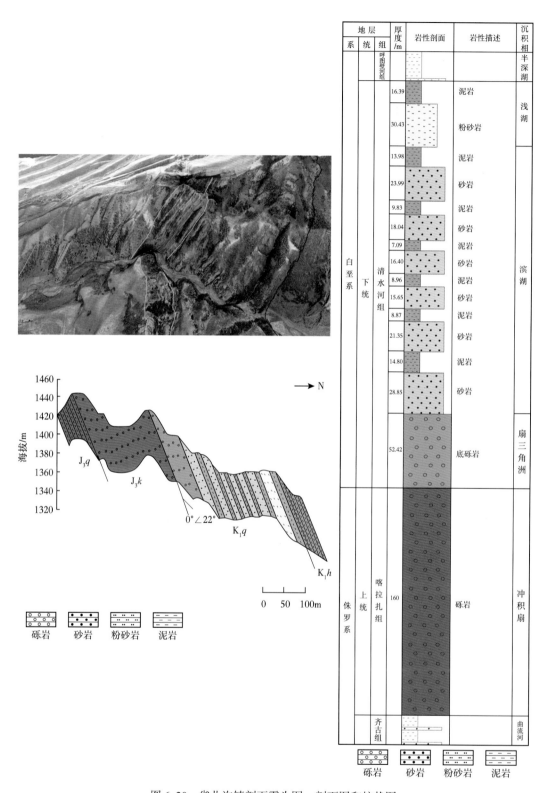

图 6-20　雀儿沟镇剖面露头图、剖面图和柱状图

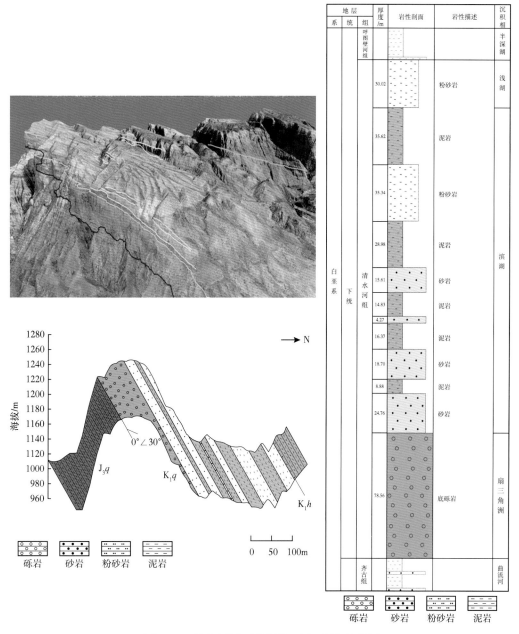

图 6-21　昌吉河剖面露头图、剖面图和柱状图

## 10. 头屯河剖面

该剖面位于头屯河附近，经纬度坐标为 87.2657°E，43.7898°N。

地层出露总厚度 1072.7m，其中喀拉扎组厚度 737m，以灰色中砂岩为主；清水河组厚度 335.7m，划分为 4 个小层，底部为底砾岩，下部砂岩，中部泥岩，上部砂岩与泥岩互层。根据砂体定量刻画数据统计（表 6-10），清水河组有两套主要砂砾岩层，累计厚度约 215.2m，砾岩厚度 4.6m，砂岩厚度 210.6m，泥岩总厚度 120.4m，砂地比 64.1%。定量绘制出露头剖面图和柱状图（图 6-22）。

表 6-10　头屯河剖面小层厚度表

| 头屯河剖面 | 层号 | 岩性 | 厚度 /m | 总厚度 /m |
|---|---|---|---|---|
| 清水河组 | 4 | 砂岩与泥岩互层 | 179.28 | 335.7 |
| | 3 | 泥岩 | 30.79 | |
| | 2 | 砂岩 | 121 | |
| | 1 | 底砾岩 | 4.6 | |
| 喀拉扎组 | 1 | 中砂岩 | 737 | 737 |

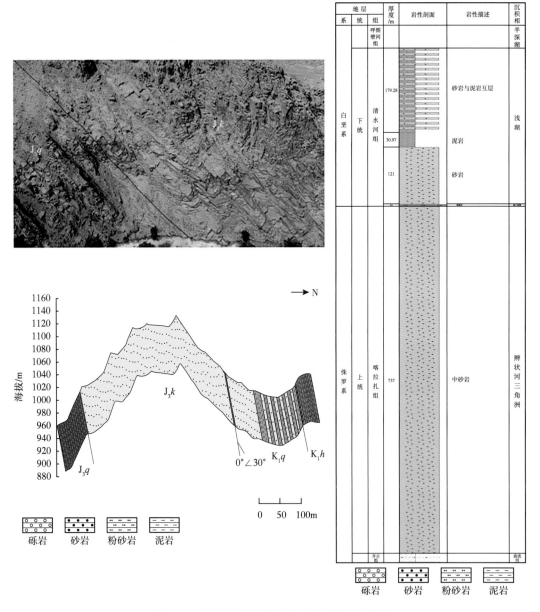

图 6-22　头屯河剖面露头图、剖面图和柱状图

## 三、喀拉扎—清水河组地层分布特征

通过野外现场踏勘，结合高分遥感影像，分析喀拉扎—清水河组的露头特征和影像特征，建立喀拉扎—清水河组的影像识别标志，明确区域地层分布范围及分布特征。

依据 10 个喀拉扎—清水河组地质走廊剖面的地层界线建立的喀拉扎—清水河组遥感解译标志，在遥感影像上解译两个层组的地层界线，见图 6-23。蓝色为喀拉扎组，橙色为清水河组，红色为齐古组。

图 6-23　喀拉扎—清水河组地层分布图

为了获取喀拉扎—清水河组地层出露的真实厚度，在 DEM 数据上计算了 32 个点的喀拉扎—清水河组地层产状，根据倾角计算喀拉扎—清水河组地层真实厚度（表 6-11）。图 6-24 显示了 32 个点位的地层倾向和地层真实厚度，西部地层走向为北北东向，地层倾角多为 40° 以上；中部地层走向近正北和北北东向，地层倾角 30° 左右；东部地层走向为北北西向，地层倾角多为 50° 以上。整体上呼图壁河和头屯河附近，喀拉扎组和清水河组出露厚度最大。

**表 6-11　产状和地层真实厚度表**

| 点号 | 倾向 /（°） | 倾角 /（°） | $K_1q$ 厚度 /m | $J_3k$ 厚度 /m |
|---|---|---|---|---|
| 1 | 20 | 68 | 193 | 0 |
| 2 | 33 | 61 | 209 | 261 |
| 3 | 3 | 47 | 174 | 237 |
| 4 | 3 | 40 | 167 | 286 |
| 5 | 4 | 40 | 135 | 202 |

续表

| 点号 | 倾向 /（°） | 倾角 /（°） | $K_1q$ 厚度 /m | $J_3k$ 厚度 /m |
|---|---|---|---|---|
| 6 | 3 | 39 | 122 | 135 |
| 7 | 5 | 40 | 29 | 105 |
| 8 | 21 | 40 | 216 | 0 |
| 9 | 21 | 35 | 501 | 0 |
| 10 | 21 | 30 | 105 | 0 |
| 11 | 13 | 22 | 82 | 31 |
| 12 | 13 | 22 | 125 | 151 |
| 13 | 13 | 22 | 147 | 159 |
| 14 | 13 | 22 | 96 | 187 |
| 15 | 9 | 26 | 209 | 83 |
| 16 | 9 | 30 | 219 | 231 |
| 17 | 2 | 40 | 366 | 107 |
| 18 | 16 | 33 | 256 | 190 |
| 19 | 21 | 37 | 227 | 232 |
| 20 | 21 | 37 | 514 | 446 |
| 21 | 21 | 35 | 517 | 582 |
| 22 | 21 | 35 | 338 | 430 |
| 23 | 21 | 35 | 391 | 172 |
| 24 | 21 | 30 | 357 | 200 |
| 25 | 21 | 30 | 615 | 333 |
| 26 | 21 | 30 | 280 | 230 |
| 27 | 21 | 30 | 255 | 120 |
| 28 | 50 | 36 | 305 | 317 |
| 29 | 343 | 37 | 329 | 366 |
| 30 | 349 | 51 | 435 | 490 |
| 31 | 348 | 58 | 263 | 729 |
| 32 | 348 | 50 | 200 | 498 |

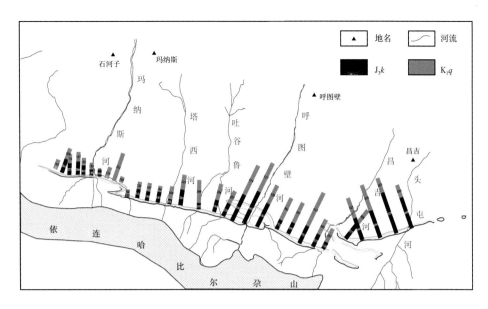

图 6-24　喀拉扎—清水河组地层厚度图

上侏罗统喀拉扎组（$J_3k$）发育冲积扇、扇三角洲、辫状河三角洲沉积，岩性以红褐色、杂色砾岩为主，东部头屯河区域过渡为含砾砂岩，沉积类型与岩性发育都受控于古地貌。喀拉扎组地层对下伏齐古组地层进一步填平，后期又遭暴露剥蚀，与上覆清水河组之间不整合接触。横向上喀拉扎组地层厚度变化较大，呈现出东西厚、中间薄的特征，西部玛纳斯河区域，厚约 250m，清水河区域缺失，自塔西河至呼图壁河区域，地层厚度由 40m 逐渐增加至 160m，昌吉河区域再次缺失，东侧头屯河区域过渡为辫状河三角洲沉积，地层厚度显著增加，最厚可达 729m。

下白垩统清水河组（$K_1q$）底部发育一套近岸水下扇沉积，中部为滨浅湖沉积，上部逐渐过渡为半深湖沉积。岩性以灰绿色和杂色底砾岩，灰白色砂岩、粉砂岩，灰色泥岩为主。清水河组与下伏的喀拉扎组（$J_3k$）呈不整合接触，地层厚度在横向上相对稳定，但呈现出中部厚、东西两侧薄的特征。尤其是底砾岩，受控于古地貌，底砾岩厚度变化较大，呈现出东西薄、中部厚的特征，吐谷鲁河至昌吉河区域较厚，最后可达 60m。东部头屯河、西部玛纳斯河等区域，厚度仅为数米。清水河组地层总体厚度在 29~615m 范围内。

## 四、喀拉扎—清水河组砂体发育特征

10 条地质走廊砂体连通情况总体来看（图 6-25），$J_3k$ 厚度不稳定，局部缺失；西部为砾岩，东部为中砂岩。$K_1q$ 底部发育一层底砾岩，中上部为砂泥岩互层。

喀拉扎组沉积时期构造运动较为剧烈，气候极度干旱，在盆地南缘主要表现为红色砾岩等粗碎屑沉积。剖面出露的喀拉扎组均为巨厚层的砾岩沉积。从岩性上来说，雀儿沟剖面为多期叠置的褐红色厚层块状砾岩，发育交错层理，窗格构造和波痕，表明该时期盆地迅速抬升，在山前局部地区形成快速堆积，且湖平面变化较快，沉积物时而水下时而暴露。根据露头模型解译得出喀拉扎组中下部为扇三角洲沉积，发育扇三角洲平原、扇三角洲前缘及前扇三角洲亚相；上部为冲积扇沉积。

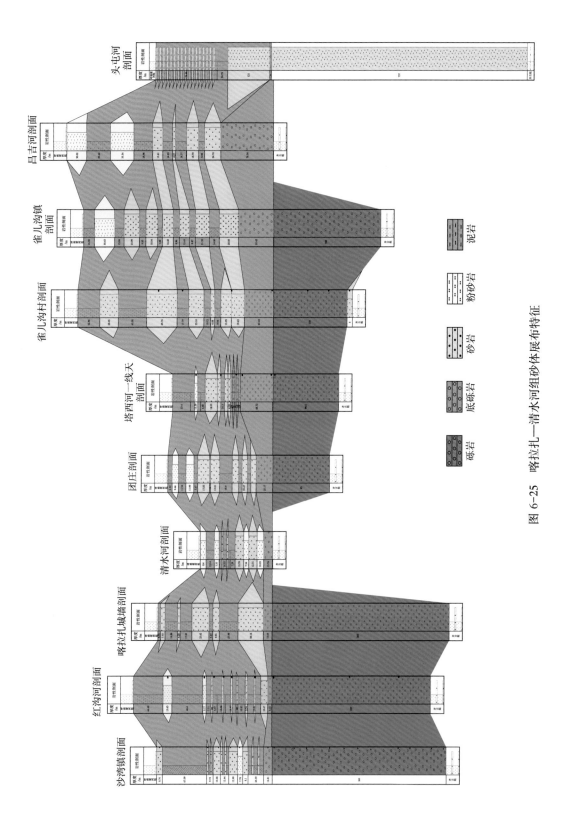

图 6-25 喀拉扎—清水河组砂体展布特征

清水河组底部为一套灰绿色砾岩沉积，主要为扇三角洲沉积物，砾岩整体中部厚，在整个南缘地区该套砾岩可对比性强；向上沉积灰色、灰绿色含砾细砂岩、细砂岩、粉砂岩和细粉砂岩与薄层砂质泥岩互层，沉积相类型主要为湖泊相，由扇三角洲前缘和滨浅湖滩坝亚相组成，平行层理和低角度交错层理非常发育，砂岩段是主要的储集层段。清水河组沉积期，准噶尔盆地南缘从西到东为一个完整的湖进湖退旋回。

## 五、喀拉扎—清水河组沉积模式

准噶尔盆地侏罗系喀拉扎组沉积时期，气候干燥炎热，盆地湖平面萎缩，发育一套低位体系域沉积体。准噶尔盆地南缘天山山脉的隆起导致盆地边缘坡度较陡，陆相冲积扇为主要的沉积类型，局部地势较低区域发育扇三角洲沉积，相对平坦区域发育辫状河三角洲沉积。导致喀拉扎组地层厚度不稳定，局部地区后期抬升剥蚀，缺失喀拉扎组（月牙湾剖面附近），清水河组与下伏齐古组呈不整合接触。

准噶尔盆地吐谷鲁群沉积时期，气候潮湿，盆地湖平面逐步上升，清水河组为上升体系域沉积。清水河组沉积早期，受控于准噶尔盆地南缘盆地边缘较陡坡度，主要发育一套扇三角洲或近岸水下扇沉积形成的底砾岩，厚度不稳定，为0~10m，对早期古地貌进行补平。清水河组沉积中期，湖平面继续上升，发育滨浅湖沉积，主要特征为发育灰白色泥岩夹薄层的粉砂岩，粉砂岩层面常见波痕，发育波纹层理，砂地比为30%~60%。清水河组沉积晚期，湖平面进一步上升，发育半深湖—深湖沉积，主要为泥岩，夹薄层粉砂岩，砂地比小于10%。

喀拉扎组沉积模式为由西向东呈现冲积扇向扇三角洲、辫状河三角洲变化的规律（图6-26）。清水河组沉积模式为自西向东下部有一套扇三角洲、辫状河三角洲沉积，发育底砾岩；上部为滨浅湖—半深湖沉积（图6-27）。喀拉扎—清水河组沉积模式见图6-28。

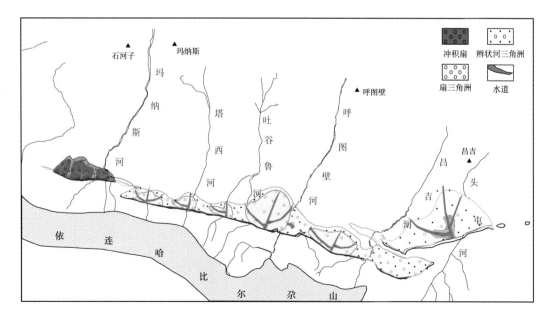

图6-26  喀拉扎组沉积模式图

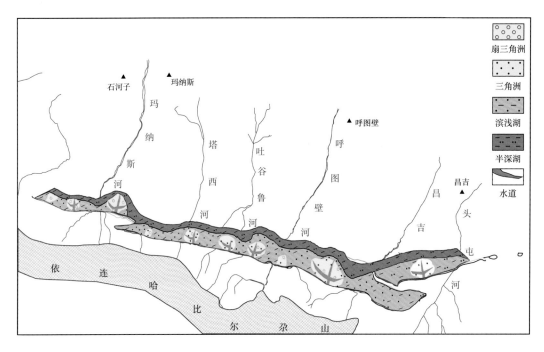

图 6-27　清水河组沉积模式图

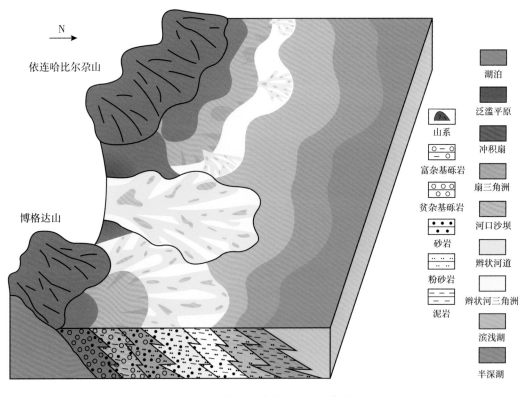

图 6-28　喀拉扎—清水河组沉积模式图

# 第二节　西北缘深底沟克拉玛依组剖面

扎伊尔山出露的石炭系地层与三叠系地层呈不整合接触。采用高精度遥感影像和数字露头技术手段，结合地面地质调查，对不整合下面、扎伊尔山南侧的深底沟出露较好的克拉玛依组露头砂体相关信息进行解译和提取，定量表征和分析克拉玛依组近地表砂体结构特征，进而获取克拉玛依组储层建模相关参数，指导井下克拉玛依组储层建模和提高建模精度，为新疆油田主力产层克拉玛依组高效勘探开发提供支持。

## 一、区域概况

### 1. 地理位置

选择西北缘克百断裂带北侧、扎伊尔山南测的深底沟出露的克拉玛依组露头为参照，进行建模参数信息提取，指导和约束中拐凸起北覆盖区地下克拉玛依组砂体储层特征分析和建模（图 6-29）。

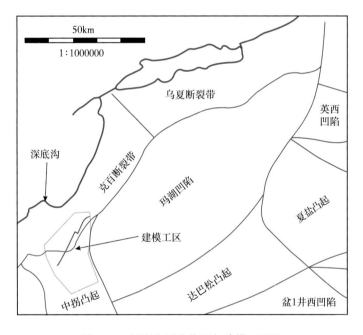

图 6-29　深底沟露头位置与建模工区图

### 2. 出露地层

深底沟出露有石炭系、三叠系、侏罗系等地层（图 6-30）。石炭系地层以中基性火山喷发岩为主，其次为少量酸性喷发岩、轻变质岩和凝灰岩；三叠系地层与石炭系地层呈不整合接触，三叠系地层缺失了下三叠统百口泉组地层（$T_1b$），中三叠统克拉玛依组划分为下克拉玛依组（简称克下组 $T_2k_1$）和上克拉玛依组（简称克上组 $T_2k_2$）。克上组以山麓河流相砾岩与泥岩交互为主，克下组以洪积砾岩夹泥岩为主，其次为近山的河流相砂砾岩和泥岩互层。上三叠统白碱滩组（$T_3b$）为浅湖相黄色泥岩。

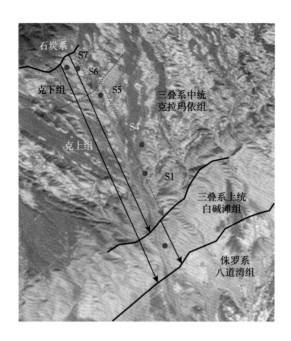

图 6-30    深底沟露头地层出露图

下克拉玛依组为油田主要储集层，建模区埋深 300~1000m，该组分为 S6、S7 两个砂组；孔隙以粒间孔为主，中等渗透，是油田重要的储层。上克拉玛依组建模区埋深 150~1000m，该组分为 S5、S4、S1 三个砂组。

**3. 数据采集**

深底沟露头区范围 2000m×800m（图 6-31）。在深底沟区域，采集数字露头模型剖面如图 6-32 中红色曲线位置，共采集数字露头模型 7 个；采集高精度照片剖面如图中绿色曲线位置，共采集高精度照片剖面 8 个。

图 6-31    深底沟露头数据采集图

## 二、近地表砂体发育特征

基于高精度遥感影像和地面激光扫描数据及高精度照片，精细刻画露头剖面，获取砂体、河道等参数定量数据，分析砂体展布特征及区域砂体连通性。

### 1. 剖面精细刻画

对深底沟露头区基于高精度遥感影像、地面激光扫描数字露头模型（图 6-32），精细刻画了剖面的地层和岩性等信息，绘制了精细数字地质剖面图（图 6-33）。

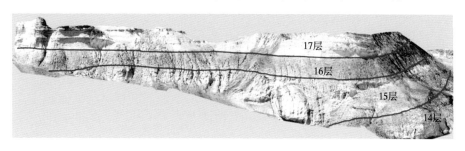

图 6-32　深底沟数字露头地层刻画

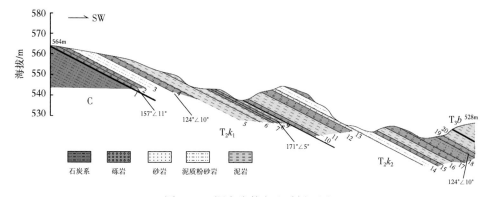

图 6-33　深底沟数字地质剖面图

### 2. 砂体空间展布特征

1）单个砂体特征

基于高精度数字露头三维模型（图 6-34），刻画砂体分布图等（图 6-35），可以定量获取每个模型中单个砂体的多项参数信息（表 6-12）。

图 6-34　深底沟数字露头砂体刻画

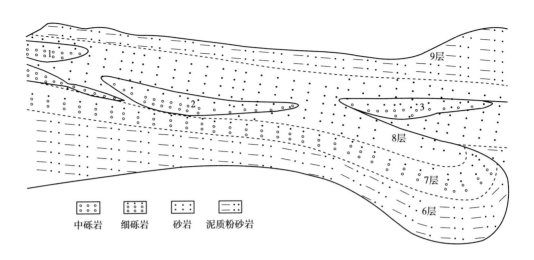

图 6-35　砂体展布特征

表 6-12　单个砂体宽厚比

| 序号 | 砂体宽度 /m | 砂体厚度 /m | 宽厚比 |
|------|------------|------------|--------|
| 1 | 6.1 | 1.3 | 4.7 |
| 2 | 5.8 | 1.6 | 3.6 |
| 3 | 6.2 | 1.2 | 5.2 |

2）砂体平面展布特征

高精度遥感影像纹理颜色信息可以准确识别岩性：砂砾岩、砂岩以土黄色、灰绿色为主，泥岩颜色以红色为主（图 6-36）。图中清晰反映克拉玛依组砂体平面展布特征，并定量表征砂体相关参数。

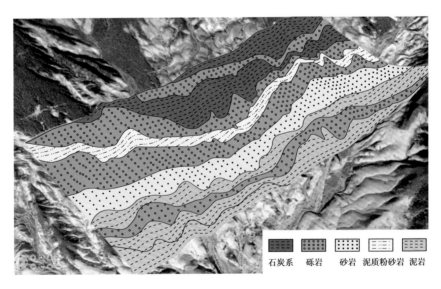

图 6-36　深底沟克拉玛依组遥感解译岩性分布图（局部）

3）砂体纵向分布特征

利用高精度遥感影像，通过地面激光扫描数据和野外地质调查数据标定，绘制了岩性柱状图（图6-37），了解砂体纵向分布特征。图中清楚表明：下克拉玛依组岩性以灰色砂

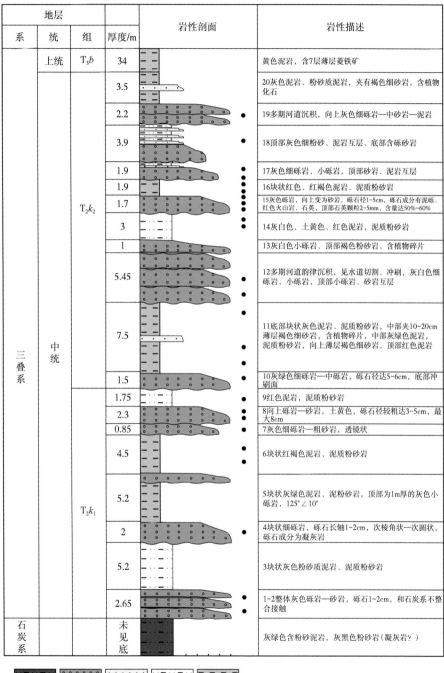

| 地层 | | | | 岩性剖面 | 岩性描述 |
|---|---|---|---|---|---|
| 系 | 统 | 组 | 厚度/m | | |
| 三叠系 | 上统 | T₃b | 34 | | 黄色泥岩，含7层薄层菱铁矿 |
| | 中统 | T₂k₂ | 3.5 | | 20灰色泥岩、粉砂质泥岩，夹有褐色细砂岩，含植物化石 |
| | | | 2.2 | | 19多期河道沉积，向上灰色细砾岩—中砂岩—泥岩 |
| | | | 3.9 | | 18顶部灰色细粉砂、泥岩互层、底部含砾砂岩 |
| | | | 1.9 | | 17灰色细砾岩、小砾岩，顶部砂岩、泥岩互层 |
| | | | 1.9 | | 16块状红色、红褐色泥岩、泥质粉砂岩 |
| | | | 1.7 | | 15灰色砾岩，向上变为砂岩，砾石径1~5cm，砾石成分有泥砾、红色火山岩、石英，顶部石英颗粒2~5mm，含量达50%~60% |
| | | | 3 | | 14灰白色、土黄色、红色泥岩，泥质粉砂岩 |
| | | | 1 | | 13灰白色小砾岩，顶部褐色粉砂岩、含植物碎片 |
| | | | 5.45 | | 12多期河道韵律沉积，见水道切割、冲刷，灰白色细砾岩、小砾岩，顶部小砾岩、砂岩互层 |
| | | | 7.5 | | 11底部块状灰色泥岩、泥质粉砂岩，中部夹10~20cm薄层褐色细砂岩，含植物碎片，中部灰绿色泥岩、泥质粉砂岩，向上薄层褐色细砂岩，顶部红色泥岩 |
| | | | 1.5 | | 10灰绿色细砾岩—中砂岩，砾石径达5~6cm，底部冲刷面 |
| | | T₂k₁ | 1.75 | | 9红色泥岩，泥质粉砂岩 |
| | | | 2.3 | | 8向上砾岩—砂岩，土黄色，砾石径较粗达3~5cm，最大8cm |
| | | | 0.85 | | 7灰色细砾岩—粗砂岩，透镜状 |
| | | | 4.5 | | 6块状红褐色泥岩、泥质粉砂岩 |
| | | | 5.2 | | 5块状灰绿色泥岩、泥粉砂岩，顶部为1m厚的灰色小砾岩，125°∠10° |
| | | | 2 | | 4块状细砾岩，砾石长轴1~2cm，次棱角状—次圆状，砾石成分为凝灰岩 |
| | | | 5.2 | | 3块状灰色粉砂质泥岩、泥质粉砂岩 |
| | | | 2.65 | | 1-2整体灰色砾岩—砂岩，砾石1~2cm，和石炭系不整合接触 |
| 石炭系 | | | 未见底 | | 灰绿色含粉砂泥岩，灰黑色粉砂岩（凝灰岩？） |

石炭系　砾岩　砂岩　泥质粉砂岩　泥岩

图6-37　深底沟克拉玛依组地层柱状图

砾岩、紫红色泥岩为主，为冲积扇沉积；上克拉玛依组岩性以灰色、灰绿色砂砾岩、褐红色泥岩为主，为扇三角洲沉积。克拉玛依组整体为一个冲积扇到扇三角洲的沉积过程，岩性组合呈现下粗上细的正旋回特征，砂砾岩整体粒径 0.2~5cm。下克拉玛依组发育大于 2m 厚度砂砾岩有 3 层，最大砾石粒径达 8cm，砾石以泥砾为主，可见凝灰岩成分砾石；上克拉玛依组发育大于 2m 厚度砂砾岩有 4 层。

### 3. 砂体区域连通性

深底沟近地表砂体三维分布图（图 6-38）表明：下克拉玛依组 1—2 层砂体 NE 向延伸稳定，达 2km；上克拉玛依组 12-13、15 和 19 层砂体向 NE 向逐步消失。

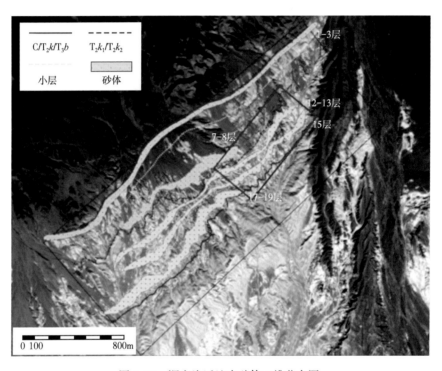

图 6-38　深底沟近地表砂体三维分布图

基于绘制的 4 条深底沟岩性柱状图，结合高精度数字高程模型（DEM），绘制含有精确地形信息的地层数字剖面图（图 6-39）；依据这些剖面，可以精确计算地层厚度、地层产状等定量信息（表 6-13）；同时，为定量研究砂体区域连通性提供新的技术手段（图 6-40）。

表 6-13 结果显示：下克拉玛依组砂砾岩厚度占地层厚度比例为 40%，其中剖面 2 砂地比达 50%；上克拉玛依组砂砾岩厚度占地层厚度比例为 54%，其中剖面 2 砂地比达 63%；4 个剖面地层砂砾岩厚度占地层厚度比例为 43%。此数据将作为井下砂体建模的有效辅助数据。

深底沟地层数字剖面图（图 6-39）和深底沟地层数字剖面砂体连通图（图 6-40）都表明：下克拉玛依组 2 层砂体和上克拉玛依组下部 3 层砂体从 SW 向 NE 向延伸相对稳定；上克拉玛依组上部 2 层砂体向 NE 向延伸不远而缺失。这跟图 6-39 反映的情况一致。

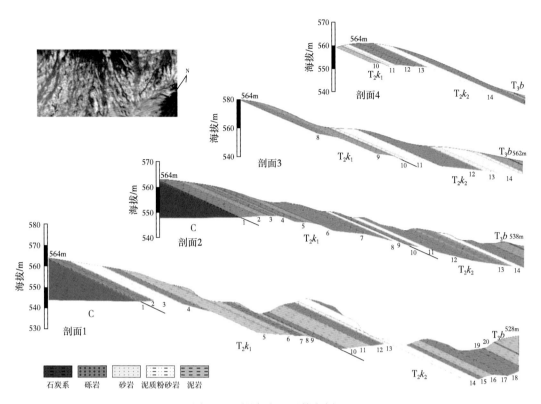

图 6-39 深底沟地层数字剖面图

表 6-13 深底沟地层数字剖面砂地比统计

|  | 层位 | 地层厚度 /m | 砂砾岩厚度 /m | 砂地比 /% |
|---|---|---|---|---|
| 剖面 1 | 克上组 | 33.35 | 17.65 | 53 |
|  | 克下组 | 24.45 | 7.80 | 32 |
| 剖面 2 | 克上组 | 24.70 | 15.50 | 63 |
|  | 克下组 | 18.40 | 9.20 | 50 |
| 剖面 3 | 克上组 | 18.60 | 8.20 | 44 |
| 剖面 4 | 克上组 | 12.70 | 6.70 | 53 |
| 平均值 | 克上组 | 89.35 | 48.05 | 54 |
|  | 克下组 | 42.85 | 17.00 | 40 |

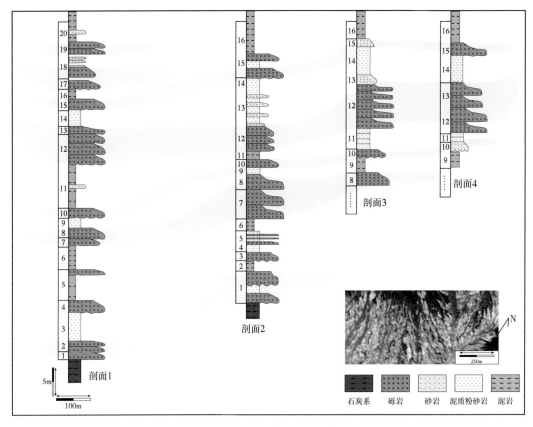

图 6-40　深底沟地层数字剖面砂体连通图

## 三、井下砂体发育特征

相建模参数的获取可以依靠录井、测井曲线等地球物理方法获取砂体宽度、河道砂体长度、扇体长度及宽度等数据。玛湖凹陷北斜坡主要使用地层电阻率（Resistivity Logging，RT）、自然伽马（Gamma-ray Logging，GR）等测井曲线为依据将砂砾岩与泥岩划分开。测井相标志中，砂砾岩的地层电阻率曲线以呈现箱状、钟形特征为主，电阻率范围为 20~40Ω·m。通过资料收集、测井曲线手工划分等方法，获取井下砂体发育特征参数，见图 6-41 和表 6-14。

表 6-14　井下砂体发育情况

| 层位 | 单砂体厚度 /m | | | 砂地比 | | |
|---|---|---|---|---|---|---|
| | 最小值 | 最大值 | 平均值 | 最小值 | 最大值 | 平均值 |
| $T_2k_2$ | 0.5 | 30.2 | 4.0 | 0.03 | 0.58 | 0.24 |
| $T_2k_1$ | 0.6 | 30.0 | 2.7 | 0.08 | 0.86 | 0.39 |

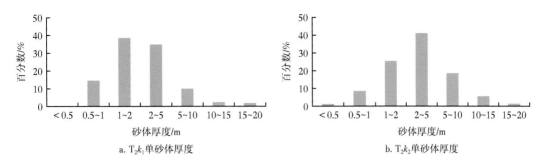

a. $T_2k_1$单砂体厚度　　　　　b. $T_2k_2$单砂体厚度

图 6-41　单砂体厚度分布直方图

从克下组到克上组单砂体从下到上平均厚度逐渐增加，克下组（$T_2k_1$）单砂体厚度集中在 1~5m，占 66%；克上组（$T_2k_2$）单砂体厚度集中在 2~5m，1~5m 占 73%。

砂体累积厚度上，克上组砂体厚度比克下组大，说明克上组沉积时期内物源与沉积空间匹配最好，砂体最为发育；砂地比从下到上呈现减小的趋势，在相对湖平面上升过程中，砂砾岩含量有逐渐减小的特点，间接反映了构造活动减弱导致的物源供应的变化。

## 四、数字露头约束地下砂体勾连与建模

### 1. 数字露头约束地下砂体勾连

基于数字露头的砂体连通几何特征（图 6-40），指导井下砂体勾连。在图 6-40 砂体连通模型中，克上组 5 个砂层组，克下组 2 个砂层组，这种勾连方式作为一种模式认识，指导建模工区进行地下砂体连通模型建立（图 6-42、图 6-43），进而依据地下砂体连通模型，预测了地下单砂体厚度分布图（图 6-44）。

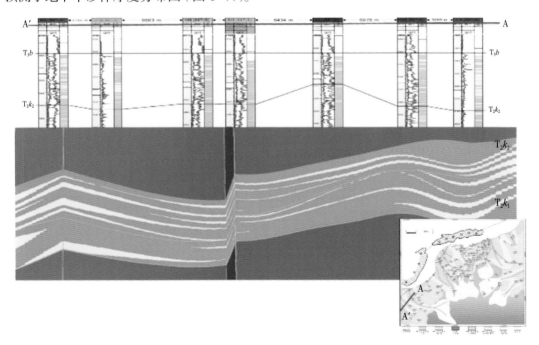

图 6-42　垂直物源砂体连通对比图

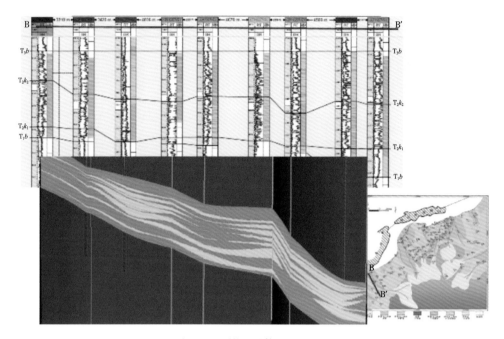

图 6-43　顺物源砂体连通对比图

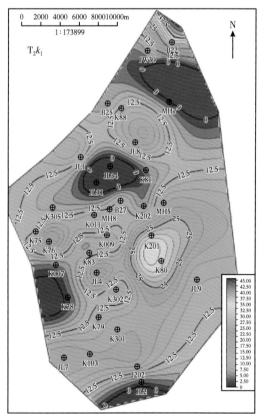

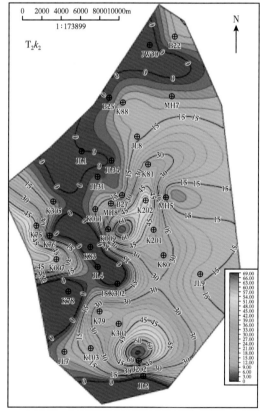

图 6-44　克下组和克上组单砂体厚度分布图

利用连井剖面，对建立的地下砂体连通模型进行对比分析，表明与井下实际情况比较吻合。

**2. 数字露头砂地比约束地下砂体储层建模**

1）建模参数选择

用井上的砂地比来估计整个工区的砂地比可能有些不恰当，井上砂地比不足以代表整个工区。实际工作中，露头砂地比较高，井上砂地比较低，探索性地使用二者的中值砂地比进行相建模参数控制。

依据露头砂地比对井下砂地比做出调整，取露头与井下砂地比中值作为建模参数。在结合露头、井下等信息基础上，总结出多点相模拟的建模物源方向参数表 6-15、单砂体形态特征参数表 6-16、单砂体厚度及宽度参数表 6-17。这些参数为相建模中的变差函数的调整、训练图像的生成提供了依据。

表 6-15　物源方向参数表

| 地层 | 物源方向 /（°） | | |
| --- | --- | --- | --- |
| | 最小值 | 最大值 | 平均值 |
| $T_2k_2$ | 320 | 340 | 330 |
| $T_2k_1$ | 330 | 350 | 340 |

表 6-16　砂体形态参数表

| 地层 | 河道横向摆动 /m | | | 河道纵向长 /m | | |
| --- | --- | --- | --- | --- | --- | --- |
| | 最小值 | 最大值 | 平均值 | 最小值 | 最大值 | 平均值 |
| $T_2k_2$ | 1000 | 3000 | 2000 | 1000 | 4000 | 2500 |
| $T_2k_1$ | 1000 | 2000 | 1500 | 500 | 3500 | 2000 |

表 6-17　砂体厚度及宽度参数表

| 地层 | 河道砂体宽度 /m | | | 河道砂体厚度 /m | | |
| --- | --- | --- | --- | --- | --- | --- |
| | 最小值 | 最大值 | 平均值 | 最小值 | 最大值 | 平均值 |
| $T_2k_2$ | 200 | 500 | 350 | 1 | 30 | 4 |
| $T_2k_1$ | 150 | 450 | 300 | 1 | 20 | 2 |

2）砂体储层建模方法

目前传统的相模型建立方法主要是序贯指示模拟，通过数据点计算出顺物源、垂直物源的变差函数进行待估点的赋值；还有多点相模拟以目标体建立的训练图像及训练模式来考察地质体的空间分布，结合了基于像元和基于目标的优点，是近年来发展迅速学科分支。

运用目标体法建立训练图像，结合辫状河相—辫状河三角洲相，对克下组（$T_2k_1$）、克上组（$T_2k_2$）建立砂体发育训练图像（图 6-45）。

训练图像网格数量设置：100 个 ×100 个 ×30 个。

训练图像网格尺寸设置：100m×100m×10m。

训练图像尺寸：10km×10km×300m。

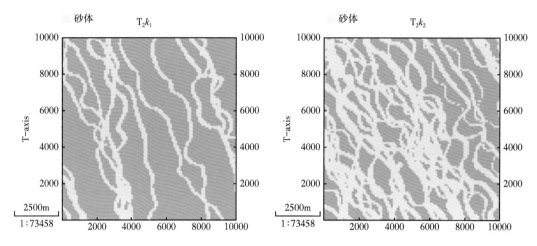

图 6-45　克下组和克上组训练图像设置

3）砂体储层模型

将此训练图像模式作为依据进行多点相模拟，得出模型（图 6-46 至图 6-49）。

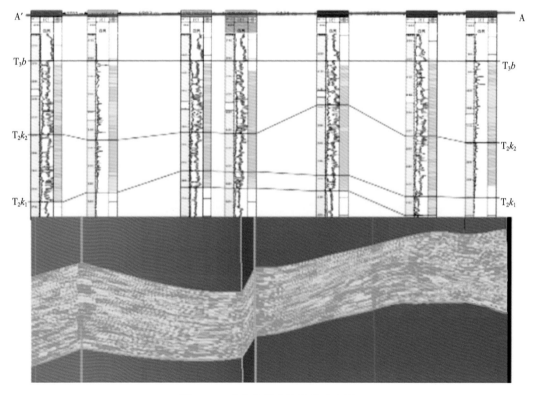

图 6-46　垂直物源砂体连通对比图

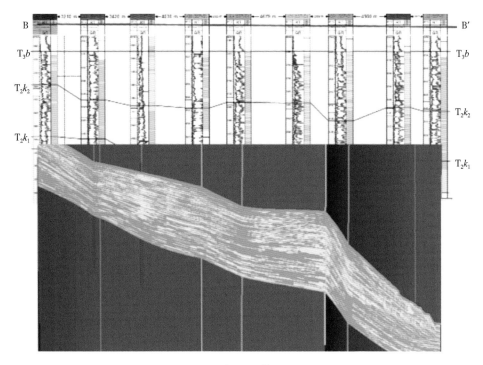

图 6-47　顺物源砂体连通对比图

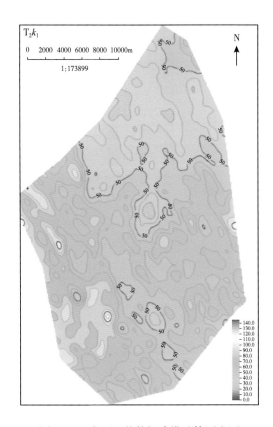

图 6-48　克下组井数据建模砂体厚度图

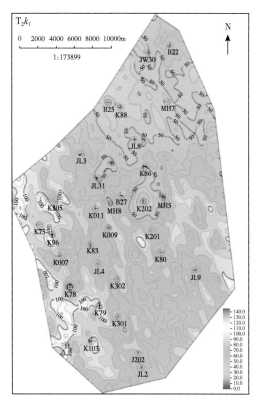

图 6-49　克下组露头约束井上建模砂体厚度图

239

从砂体厚度图 6-48、图 6-49 上可以发现：露头约束的建模结果在砂体厚度、连通性有所增加。

4）建模精度分析

建模过程中 K009 井不参与建模，作为验证井，建模结果在 K009 井上的显示中值砂地比进行控制较为符合原始数据（图 6-50）。

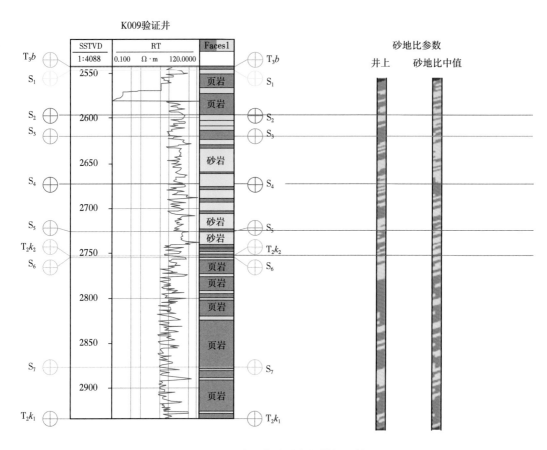

图 6-50　验证井砂砾岩相模拟比较

通过相模型所成图件显示，使用多点相模拟在工区井位稀疏情况下进行砂砾岩相模拟方面具有较大优势，不仅能够充分使用钻井数据，而且能凸显地质人员对工区与露头的认识，建模结果能够体现砂砾岩扇体的沉积特点，认为运用多点相建模在克拉玛依地区较为可靠；运用露头砂体勾连方式指导井下手工砂体勾画，进而结合露头砂体比例进行约束砂砾岩相建模，可以提高相建模精度，也是对建模方法的一种补充。

## 第三节　准东石钱滩探槽剖面

### 一、探槽与地层出露概况

准东石钱滩探槽位于准噶尔盆地东部石钱滩凹陷内（图 6-51），其北侧为克拉美丽山。

探槽走向为近 EW 向，长度约 15km，宽度约 200m，深度 10~15m。探槽结构为中间较窄的深部位为沟槽（埋藏管线位置），两侧各有一平台，剖面分割为上下两块（图 6-52），上断面为斜坡（U），坡积物较多，下断面（L）较直立。地层出露较好，地质解译多以北坡的 L 断面进行。探槽内地层倾向大致朝西倾，倾角较小，基本小于 20°，部分地层近于水平。

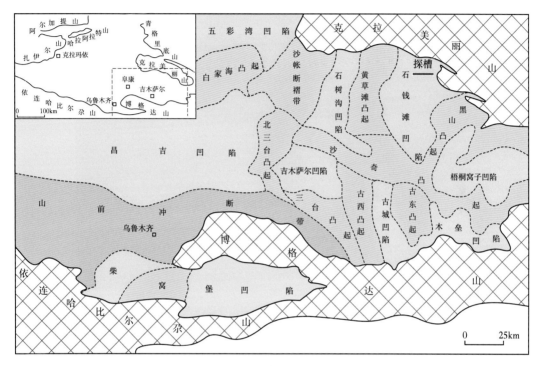

图 6-51　探槽位置图

探槽所在地区整体上为一接近平卧的大型背斜核部（图 6-53），而探槽所经地段则与背斜的轴迹较为吻合，背斜的脊向西突出。探槽右端地层呈块状色斑结构，其他地段均呈条带状影纹，反映为沉积地层。

由东向西，探槽内地层逐渐变新。探槽东端为巴塔玛依内山组，向西依次为石钱滩组、金沟组、将军庙组、平地泉组和梧桐沟组（图 6-54）。

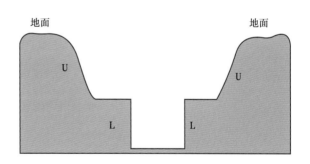

图 6-52　石钱滩凹陷探槽横截面图

上石炭统巴塔玛依内山组主要由上、下两套火山岩中间夹一套碎屑岩组成。下部以中酸性火山熔岩、凝灰质火山碎屑岩为主；中部碎屑岩段为火山活动间歇期沉积，局部地区夹煤层或煤线，含丰富的植物和孢粉化石，植物为典型的安加拉植物群；上部以中基性火山熔岩夹凝灰质火山碎屑岩为主，向西上石炭统石钱滩组不整合于其上，二者之间发育风化壳。

石钱滩组与下伏巴塔玛依内山组（巴山组）一般认为是局部不整合接触，主要为浅海相碳酸盐岩、碎屑岩及凝灰质碎屑岩，自下而上可划分为弧形梁碎屑岩段、双井子灰岩段、平梁绿色泥岩段和杂色凝灰碎屑岩段。

图 6-53　石钱滩凹陷遥感影像

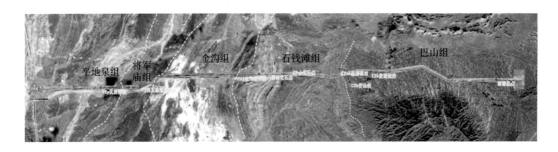

图 6-54　石钱滩探槽地质界线

金沟组与下伏石钱滩组为整合接触，主要是一套杂色细碎屑岩沉积，其下部为灰色、褐色泥岩、含砾粉砂岩与细砂岩不等厚互层，中部主要为白云质泥岩夹薄层灰质粉砂岩，上部以灰色泥岩为主，夹薄层灰色灰质粉砂岩和白云质泥岩（罗正江等，2014；冯陶然，2017）。

将军庙组与下伏金沟组平行不整合接触（冯陶然，2017），岩性变粗，主要为紫红色、褐红色砾岩、砂砾岩、砂质泥岩夹灰绿色砂砾岩条带。将军庙组下段具有明显的河流二元结构，以河流相沉积为主；上段则是三角洲或滨浅湖沉积（刘男卿等，2016）。将军庙组气候干旱化的过程可能在整个古亚洲洋西段都同时有反映。

平地泉组与下伏将军庙组有人认为为低角度不整合接触（邓云山等，1996；冯陶然，

2017），古亚洲洋关闭过程中由于板块碰撞造成地形差异明显，发育了大量大型冲刷界面，与低角度不整合相类似。该组以湖相沉积为主，岩性较细，主要为灰色、灰绿色砂岩、细粉砂岩、深灰色、灰绿色泥岩、粉砂质泥岩夹灰黑色油页岩、薄—中厚层状泥灰岩及少量白云岩，顶部砂岩增多并出现碳质泥岩和煤线。平地泉组产植物、双壳类、叶肢介、介形类、轮藻和孢粉等化石。

梧桐沟组与下伏平地泉组为平行不整合接触（邓云山等，1996；冯陶然，2017），在克拉美丽山前零星出露。主要为一套灰绿色、黄绿色、暗红色砂砾岩夹砂质泥岩及少量炭质泥岩，含植物化石（唐勇等，2022）。

## 二、区域地形地貌与构造形迹

### 1. 地形地貌

探槽北、北东侧为较高地形，西南侧为较低地形，这可由沟谷的流向得到揭示。探槽北西端的北侧，干沟沟谷的流向基本为近 SN 向。往东，河流干沟的流向逐渐变为 NE—SW 向，并且沟谷规模变大，发育有较开阔的河谷，属季节性河流。遇季节性洪水，可大量搬运沉积物。可以看到一处发育决口扇，河水冲开堤坝，将细沙带至河道之间的漫滩，在地表形成浅色（白色）的沉积物（图 6-55）。

图 6-55　准东地区现代决口扇地貌

根据色调差异可以区分地表覆盖类型。颜色为灰褐色、褐绿色区块，生长有斑点状植物，细沙与黏土分布；与原来沉积岩也有关，金沟组中段细粒沉积，易遭受风化剥蚀，地形趋低，同时因黏土矿物含量高，土壤易形成，有利于地表生长植物。探槽南侧可见生长有大型的树木或灌木。颜色为黑绿色、褐灰色的地段，基本无植物生长，可能为较粗的沙砾、砾石堆积。金沟组上段，砂砾岩发育，地表以粗碎屑的石英长石矿物为主，少量的黏土可能在风沙季被风携带到别处，因而植被不易生长。部分暗色调为突出块状、条带状残丘、垄岗地形，代表了地层中的较粗粒沉积，如古河道的滩坝等，它们是较理想的储集体。

因含水而形成的暗色块影像段，往往分布有近 EW 向的沟谷，作为 NE—SW 向总趋势的转换过渡地形，推测这些近 EW 向河道分布段与裂隙发育和构造挠曲等有较大关系，主要是因为这类河道与地层走向近于垂直（图 6-56），与造成该构造变形的近 EW 向应力有关，有产生近 EW 向裂隙的地质条件，枝状水系与决口扇往往因泥沙堆积而成浅色调，形态与色调容易识别。

总之，地形地貌与岩性和构造有关。泥质岩易遭受风化剥蚀而成为相对洼地与积水区，泥质岩含有丰富的粘土矿物及较大的比表面积，也容易储存地表水，因此植被相对发育。砂砾岩抗风化能力强，往往为突出的地貌单元。断裂及裂缝造成的破碎带易成为后期的沟道与河流地貌。火山喷发、岩浆侵入则形成块状的隆起与侵蚀高地。

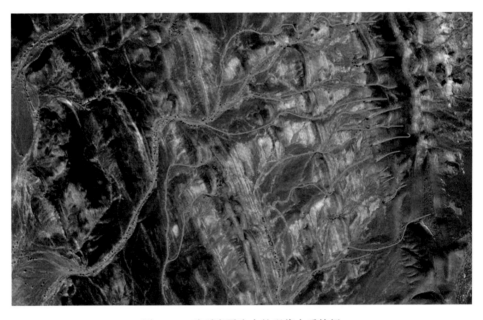

图 6-56　砂砾岩露头中的现代水系特征

### 2. 区域构造形迹

探槽周边的地质构造较为复杂，这可由凌乱的影纹条带和不规则的结构得到说明。由区域影像可以看出，主要褶皱走向基本为近 SN 向，反映了这套地层沉积后受到了一定程度的近 EW 向挤压应力。探槽内地层倾角较小，说明构造掀斜抬升作用并不强烈。因此，可以推断其东侧 NW—SE 向克拉美丽山的块断造山作用通过克拉美丽深大断裂对盆地所产生的侧向挤压应力的影响（图 6-57）。

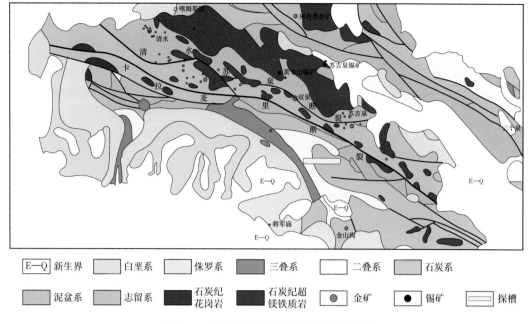

图 6-57　区域构造显示该区压扭构造发育

　　遥感影像与地质图均显示，靠近克拉美丽深大断裂，盆缘地层的牵引、挠曲变形较为强烈。地层走向与克拉美丽深大断裂近于平行或小角度斜交，而远离克拉美丽深大断裂，地层的延展方向逐步转变为与克拉美丽深大断裂和克拉美丽山的走向近于垂直。这些特征说明造山带对盆地变形的影响集中于走滑断层带附近，远离克拉美丽走滑断裂带，构造变形相对较弱，受改造程度低，主要表现为低幅度的隆升。

　　总体构造表现为向西倾斜的单斜。探槽位于准东石钱滩凹陷的东缘，构造单元应属于石钱滩凹陷的东斜坡。向东地层时代变老，延伸至盆缘。地层倾向总体向西倾斜，大部分地段倾角较缓，甚至水平。说明后期构造变形总体不强，盆地未遭受大的破坏。

　　区内地层挠曲与局部扭动现象较为清楚，反映了深部断裂构造对局部地区的改造作用。地层倾角在探槽西端附近变大，显示该处存在构造转换或变异，由此向西为石钱滩深凹陷的主体。有关资料揭示此处深部有大的断层，至于断层的深度、性质还有待进一步探讨。

### 三、地层影像与沉积特征

　　探槽经过的地层主要是二叠系，石炭系出露于东段，二叠系分布于西段，探槽东端位于巴山组内，向西分别有上石炭统石钱滩组、二叠系金沟组、将军庙组、平地泉组和梧桐沟组。

#### 1. 巴山组

　　巴塔玛依内山组，简称巴山组，岩性以玄武岩、安山岩、流纹岩等火山熔岩为主（图 6-58），另外可见一定比例的火山碎屑岩，局部发育沉积岩夹层，夹层岩性为碳质页岩、煤线及粉砂岩，形成于后碰撞期伸展背景下。

图 6-58　探槽内巴山组火成岩影像

巴山组无一致的地层走向，大部分区域缺少成层性。探槽通过的区域，巴山组内呈现 SW—NE（或 N65°E）方向的条纹，推测为溢流火山岩流动形成。而在探槽东端位置的南侧区域，条纹的方向大约为 N30°W。说明在巴山组沉积期，石钱滩凹陷开始发育，至少有两组流动方向的火山岩汇入该区。在南侧区域，可以看到多个破火山口（图 6-59）。东部区域，也有几个小的破火山口。

图 6-59 中的较均一溢流构造指示在其西侧（图左）可能存在近 SN 向的线性裂谷，火山活动期间，线状排列火山口喷溢出熔岩流，向东西两个方向流动，图中所示为向东流出的一段。图左侧向北，还可以见到隐约的火山口，并有呈之字形延伸的特点，具有张裂隙的空间格局，说明该阶段该区地壳具有较强的伸展活动。

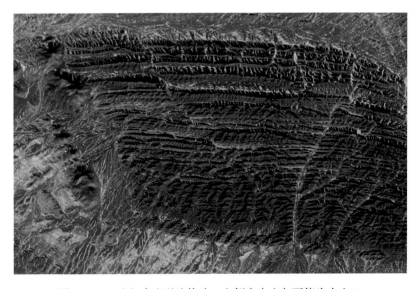

图 6-59　巴山组火山溢流构造，左侧突出山包可能为火山口

在火山活动的间歇期，为湖泊沼泽沉积，发育了碳质泥岩与煤系地层（图6-60）。

图6-60 巴山组碳质泥岩影像

上述特征表明，该期盆地的发育背景为裂谷伸展环境。探槽东南区域，石钱滩组与巴山组不整合线的东侧，可以看出一组Z字形火山口展布。

### 2.石钱滩组

巴山组与石钱滩组的界线在遥感图像上特征较为明显。石钱滩组具有明显的成层性，尤其是下段与上段的地层突出走向线条比较清楚，呈近SN走向的弧形（图6-61）。石钱

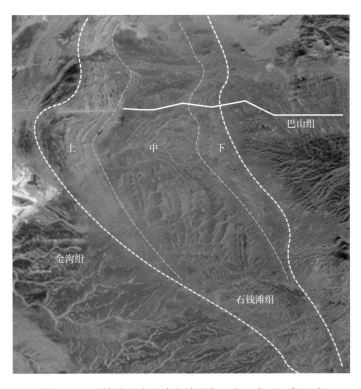

图6-61 石钱滩组为凹陷充填形态，由上中下三段组成

滩组底部砂砾石层出露良好，为突出的条带。该组中段在探槽的北侧，垄岗条带出露不多，是被松散堆积物覆盖，到探槽南侧转变为 NW—SE 向。而其东侧下伏的巴山组在探槽向南延伸方向上则无明显地层走向线，隐约见到 SWW—NEE 方向的影纹条带，推断是安山岩、玄武岩的流动形迹。

石钱滩组与巴山组的不整合非常清楚，是典型的角度不整合面（图 6-62）。石钱滩组底部砂砾岩层系的产状基本一致，与不整合相邻处，巴山组内的层系则呈现多个产状，代表抬升后巴山组顶部各处遭受了不同程度的剥蚀作用。可以看出，石钱滩组与巴山组之间的不整合面是区域性的。巴山组内，部分地层产状具有多变性，并可见到小规模的褶皱。反映了巴山组沉积后有一定的构造活动，地层经受了变形，产生了挠曲，顶部地层遭到了风化剥蚀。

图 6-62　石钱滩组与下伏巴山组不整合面

探槽内，不整合面风化壳红色泥岩之上为颗粒较粗的砾岩堆积，红色泥岩下方的玄武岩淋滤层。沿探槽一线，可根据条带影纹与平滑影纹出现的特点将石钱滩组由下至上划分为三段（图 6-63），下段与上段为砂质条纹段，中间为偏泥质的平滑影纹段。下段砂质

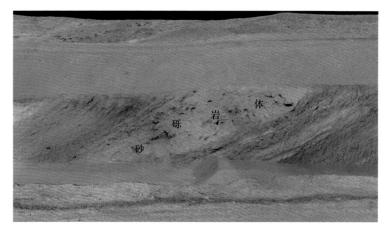

图 6-63　石钱滩组内夹块状砂砾岩体

含量高，为粗碎屑沉积。沿地层走向，砂质段分布不均，横向上存在相变和尖灭；下段的条纹砂质段厚度较小，但其在侧向上有变化。中段平滑泥质段，以泥岩为主，夹少量砂质层。在探槽的南侧，石钱滩组中段为砂泥岩互层沉积，基本的暗色调特征显示其沉积环境可能属于水下还原环境。中段影纹呈光滑状，色调较暗，可能主要发育泥质段，其间亦有砂岩层，表现为突出的影纹条带略微稀疏些。当然该特征在横向上也有较大变化。向南有一段变的较宽，再向南则逐渐收窄，并且基本为粗碎屑沉积，可能指示接近辫状河三角洲平原河流相。

　　探槽揭示有较复杂的软变形构造出现于中段泥岩段。该段岩性为凝灰质粉砂岩、泥灰岩、薄层泥岩，图 6-64 可以看出，软变形严重。软变形的形成可能与构造活动有关，即该段地层沉积后不久，由于震动或底板掀斜，导致未完全固结地层沿较硬质的底面发生塑性变形与挠曲。该塑性变形也说明了东部小次凹的北部斜坡有一定的坡度并在周边构造活动背景下边缘发生了翘倾，使得坡度更大（次洼更深）。

图 6-64　石钱滩组中段泥质段软变形构造

　　因此可以看到石钱滩组沉积时，探槽东侧发育一个小的沉积次凹，地层厚度相对厚一些，但砂质层也较为发育，这与该次洼靠近边缘有关。探槽的北侧，块状光滑影纹较为完整，面积也较大。似乎说明该段主要发育泥质沉积。因此对石钱滩组来说，该处是当时的沉积中心，而南侧的凹陷则可能为沉降中心。由粗碎屑条带影纹的空间展布推断，石钱滩组沉积时，其物源可能来自东南侧（不考虑后期可能的旋转变形）。

　　还可以分析出，石钱滩组至少有两期凹陷过程，早期的凹陷较小，在沉积厚度上也小于晚期的凹陷，早期凹陷可能是双向物源，沉积中心在探槽的南侧，为大套泥岩发育段。向南、向北，均是砂质段。反映了石钱滩组早期沉积阶段，地形起伏较大，沉降也不均匀。

　　到了石钱滩组中期（图 6-61 中段），物源变远，沉降加深，凹陷范围变大，湖盆有所扩展。说明层序演化进入海侵期，此阶段泥质沉积增多，泥岩颜色偏暗，往往是形成烃源岩的阶段。由于石钱滩凹陷面积较小，又处于盆地边缘，因而并没有出现大套的泥岩层，只是相对下段与上段，中段的泥质层在数量与厚度上有所增加。总的来看，探槽所经段落的沉积处于三角洲前缘相一带，主要为砂质沉积，并且颜色主要呈现为浅色调。

后期凹陷演化进入到上段沉积，此时可能属于陆上河流沉积，或湖盆发育后期的高位域体系。推测为辫状河相带。表示石钱滩组沉积的结束，该期湖盆的抬升。探槽通过段，砂质沉积的厚度偏厚些，向南、向北有变薄、尖灭。上段砂岩段的特点是密集分布的浅色条带（图6-66上段），从条带的宽度及展布看，向南迅速变薄、尖灭，南部边界似乎较下部前积结构萎缩，即离盆地中心方向更近。向北，砂质段的厚度近乎稳定，有均衡延伸的特点，说明此时凹陷沉降中心有向北部（克拉美丽山前）发展或迁移的迹象，但沉降中心应该还在探槽一线。该部位也就是石钱滩凹陷位置所在，因为在这个区域，砂质段的厚度相对较大。

从条带影纹延伸的延续性、出露宽度、地形突出度、颜色等参数，可以看出，石钱滩组底部砂质岩的粒度要大于中段，上段砂质段的碎屑颗粒粒度也要大些。颜色偏浅，代表次凹萎缩阶段的陆上河流沉积。

影像地层信息揭示了石钱滩组发育阶段，石钱滩凹陷可能发育多个次凹。探槽南段虽整体处于石钱滩凹陷的斜坡或边缘处，但石钱滩组沉积阶段此处实为一小型次凹，并且该组的沉积充填具有较完整的由盆地初始沉降、盆地（水体）扩大、盆地萎缩的发育过程。该小型次凹的存在说明那个阶段水体的分隔性较强，向凹陷腹部，则有利于形成烃源岩发育的深次凹，为油气勘探带来前景。

### 3. 金沟组

金沟组与石钱滩组为平行不整合接触，风化壳不发育。金沟组底部河道充填形成的下切谷规模也较小。最大的特点是，不整合两侧地层的颜色发生了显著变化。不整合下方的石钱滩组呈灰黑色、灰绿色，而金沟组则出现了紫色与棕色等氧化色。说明进入金沟组阶段，气候环境与沉积环境发生较大变化。气候转为干旱，沉积环境以浅水或陆上为主，有资料认为是滨岸相沉积。揭示该地区在早二叠世或许是过补偿特征，即沉积速度高于构造沉降速度。季节性的洪水携带大量风化产物，搬运至洪水期扩张湖盆中，洪水过后，湖泊水体逐渐蒸发，大部分沉积物暴露地表，被氧化为棕红色等氧化色。因沉积环境不稳定，粉砂质泥岩与泥质粉砂岩等细粒沉积的展布范围相对较小，横向上变化大。形成泥不泥、砂不砂的沉积体，主要以红色泥岩为主的泥包砂沉积。

探槽内，金沟组较为平缓，地层大致西倾，倾角较小，某些层段的泥岩层近于水平。

与石钱滩组不同，金沟组沉积时，凹陷已不具有明显的分隔性，原来南侧金沟组小型次凹的位置已发展成为统一凹陷的平缓斜坡或较宽阔的滨岸带，石钱滩凹陷成为一相对统一的沉降单元。

可能因岩性偏泥质，风化剥蚀作用较强，探槽所经地段的地表已基本为第四系冲积物所覆盖，局部已形成土壤，并有植被发育（图6-65）。

此外，在较大面积的冲积平原中，也有几处条块状的丘陵突起地貌（图6-65）。影像揭示为抗风化的砂砾质岩石。探槽剖面中也见到了此类块状砂砾岩体，大套细粒的沉积中局部出现块状构造的较粗粒岩石（图6-66），如果成岩作用不强，则可能是含油气系统中重要的储集体类型，形成机制研究应该很有意义。

探槽南侧金沟组呈现为向SWW方向突出的弧形，棕红色、灰白色条带状影纹结构，具有细密的条带，代表了细粒砂泥的互层特点，对应探槽内明暗相间的条纹影像（图6-67）。

图 6-65　金沟组风化地表植被发育

由中往左下延伸的黑色条块可能为抗风化能力较强的砂砾岩体

图 6-66　金沟组砂（砾）岩层段

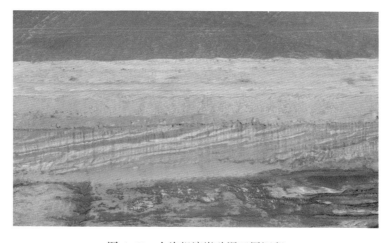

图 6-67　金沟组滨岸砂泥互层沉积

由影纹差异与厚度变化特征分析，金沟组下段的沉积范围基本继承了石钱滩组沉积末期的格局，也显示出小型次凹的特点。随着盆地继续发育，沉降中心开始向腹部转移，金沟组中段延伸范围已超出下段和石钱滩组的界线，说明该凹陷逐步由早期的多次凹发育为统一的沉降单元。

金沟组大部分层段为细粒沉积。细粒沉积易遭受风化剥蚀。金沟组在探槽沿线及其北侧的影像特征不明显，尤其在探槽的北侧，基本没有突出的影纹特征，主要呈现为较为平缓的地形地貌，间或出现突起垄岗状形态。平缓地形区应为泥质、粉砂质等细粒沉积岩分布区，垄岗状形态代表粗碎屑的砂砾质沉积岩。

探槽南侧则隐约出现金沟组细粒沉积岩露头。主要呈现为棕红色、灰白色、绿灰色的条带纹理，地形较为平缓，其上有第四纪冲沟分布，沟内有细砂堆积，影像上为发白的斑状结构。因此，金沟组大部分层段呈浅色调的薄互层砂泥岩条纹。推测金沟组主要为滨岸潮水沼泽沉积特征。

### 4. 将军庙组

该组可以分为上下两段，下段为块状砂砾岩沉积，厚度较小，上段为薄互层的砂泥岩，即砂质泥岩夹灰绿色砂砾岩条带，厚度较大。将军庙组与金沟组不整合特征明显（图6-68），砂砾岩河道沉积与金沟组顶面以波浪式的侵蚀面接触。根据接触面两侧的地层产状变化不大，可以判断为平行不整合接触。近3m的红色风化壳泥岩的存在，说明了二叠纪之前该区可能处于抬升剥蚀夷平状态。

图6-68　将军庙组与金沟组接触关系

将军庙组上段为棕（红）色薄互层细粒沉积，可能是干旱气候条件下的滨浅湖沉积。

### 5. 平地泉组

分布于探槽的西段，该组以湖相沉积为主，岩性较细，主要为灰色、灰绿色砂岩、细粉砂岩、深灰色、灰绿色泥岩、粉砂质泥岩夹灰黑色油页岩、薄—中厚层状泥灰岩及少量白云岩，顶部砂岩增多并出现碳质泥岩和煤线。平地泉组的煤系地层影像标志较为典型（图6-69），平稳延伸的黑色煤线之间分布的是碳质泥岩、粉砂质泥岩与粉砂岩。

图 6-69　平地泉组煤系地层，黑色线条为煤层

### 6. 梧桐沟组

分布于探槽的西端，主要为一套灰绿色、黄绿色、暗红色砂砾岩夹砂质泥岩及少量碳质泥岩。颜色偏氧化色，主要为陆上或浅水沉积，相带有河流、漫滩、决口扇等。该段地层产状相对其东侧的平地泉组，倾角变大，反映该地段处于构造带的挠曲部位。可能与深部的基底断裂活动有关。

## 四、石钱滩凹陷构造演化与油气地质要素

探槽整体属于一凹陷边缘的单斜结构，构造变形不强，槽内多处见有断层，以正断层为主，部分断层倾角较大，具有一定的走滑性质，平地泉组内发育低角度的正断层。地层倾向大致向西，倾角较小，基本小于 20°，部分地段甚至近于水平。探测东端，接近盆缘，为巴山组火山岩，主要为玄武岩和安山岩块状构造分布，无层理；火山活动间歇期发育层状岩层，夹有煤层，倾角稍陡，可达 30° 左右。

巴山组顶部赤红色风化壳特征显著，表示上覆石钱滩组沉积前该区处于抬升剥蚀状态。石钱滩组沉积之初，凹陷沉降，边缘风化产物向凹陷堆积，以河流、冲积扇沉积为主；随后凹陷沉降加深，水体变大，三角洲与浅海沉积占据优势，发育三角洲前缘细粉砂岩与前三角洲泥岩，部分地段发育薄层灰岩。泥（灰）岩具有一定的生油气潜力，但由于处于凹陷边缘，物源充足，未达到浅补偿阶段，烃源岩质量略差。前缘砂较为发育，为较好的储层。石钱滩组上段，次凹进入萎缩阶段，水体变浅，甚至暴露为陆地，以河流砂砾质沉积为主，为较好的储集层。分割性的次凹发展基本结束，进入了石钱滩凹陷统一的发展新阶段。

金沟组沉积阶段，该区基本为石钱滩凹陷的东斜坡或滨岸地带。沉积物为振荡性水体环境中发育的红色细粒砂泥岩互层。间或有（陆上或水下）河道沉积，发育小规模、小

范围的砂砾岩体。发育于滨岸的金沟组主要是薄互层的红色粉砂岩和泥岩，为氧化环境形成，生储条件均较差。到了将军庙组，凹陷抬升，海水退去，进入陆上河流沉积，发育砂砾岩。随后发育浅水湖泊，以湖泊三角洲与滨浅湖沉积为主。平地泉组则以湖泊与沼泽为特征，发育煤层与暗色泥岩，为较好的烃源岩。梧桐沟组沉积阶段，水体变浅，沉积物变粗，以发育砂砾岩为特征，部分段落发育碳质泥岩，泥岩生烃能力较差。

烃源岩发育的层段自下而上有：巴山组的煤层、石钱滩组的浅海相泥（灰）岩、平地泉组煤层与暗色泥岩。较好的储集体有巴山组的火山岩基岩风化壳、石钱滩组的河道砂砾岩、三角洲前缘水下河道、河口坝、席状砂及将军庙组的河道滩坝砂等。

总体而言，石钱滩凹陷探槽处于凹陷斜坡东部边缘，经历了分隔洼地、凹陷斜坡等演化阶段。总的来说该凹陷为处于盆地边缘的构造单元，以河流、滨海、浅湖、沼泽等沉积环境为特征。该凹陷发育初期，该区为伸展环境，表现为拉张伸展型的火山喷发特征，沉积了盆地底部的巴山组火山岩与火山间歇期的沉积地层。随后盆地进入不均匀沉降的分隔断陷发育期，探槽所在地为小型洼地，沉积了石钱滩组，其具有三个较完整的沉积序列，反映了较完整的沉积旋回。进入金沟组，该区演化为规模较大的滨岸沉积，沉积了一套浅水的泥质与粉砂质红色地层，生、储条件较不利。将军庙组沉积初期为陆相河流沉积，反映盆地抬升，水体退出；后期水侵，发育三角洲沉积。平地泉组沉积期间，气候变暖潮湿，同时水体范围扩大，发育暗色泥岩与煤系地层，形成了较好的烃源岩。石浅滩组海侵期泥质层、金沟组泥质岩层以及平地泉组的泥岩层均是是较好的油气藏盖层。

石钱滩凹陷探槽较完整地揭示了巴山组至梧桐沟组的沉积序列、各组之间接触关系以及深部隐伏的构造信息，对于分析该凹陷的演化、构造样式是较为直接的基础素材。遥感解译工作不仅探讨了地面地质对地形地貌的影响机制，也从油气地质角度分析了探槽所在区的生油条件、储盖分布等地质要素。

# 第七章 鄂尔多斯盆地典型
# 数字露头剖面刻画

鄂尔多斯盆地是我国大型沉积盆地，中生界的河、湖相砂岩是盆地中最为重要的石油产层。其中延长组砂岩是湖盆三角洲平原亚相和前缘亚相砂岩的典型代表，砂体发育，区域展布稳定，具低孔、低渗、低产的特点，是极具代表性的致密油储层。

本章介绍数字露头技术在鄂尔多斯盆地东部延河和南部彬县等地延长组致密砂岩剖面沉积储层刻画方面的应用。运用地面激光雷达采集了延长组长 3 段至长 10 段的典型剖面，建立了相应数字露头模型；结合数字露头和岩样综合分析了彬县长 8 段的储层非均质性；基于数字露头刻画了谭家河长 $6_3$ 亚段、翠屏山长 $6_1$ 亚段的砂体展布；基于数字露头建立了杨家沟长 3 段的层序地层结构，明确了砂体发育特征，并建立了砂体三维模型。

## 第一节 彬县延长组长 8 段剖面

### 一、剖面概况

鄂尔多斯盆地上三叠统延长组彬县露头，主要发育一套滩坝沉积，为陆源碎屑经波浪作用形成的与湖岸线近似平行的砂质坝体，常与三角洲伴生。从剖面上看，彬县露头为湖泥与滩坝砂体互层，主要发育砂体包括坝顶的中—细砂岩、滩坝侧缘的粉砂岩，砂体厚度较稳定，横向连续。总体上彬县剖面可划分为上、下两部分，下部为湖泥夹一套中—厚层状的中砂岩，砂体厚度大，粒度粗，但总体砂地比较低；上部为中—细砂岩、粉砂岩与薄层泥岩的互层，砂体厚度变薄，粒度变细，但砂地比高，砂体更为发育。因为紧邻湖泥烃源岩，滩坝砂体成为有利的油气储集体，也是油气勘探的有利相带。

利用地面激光扫描仪和高精度数码相机采集了彬县延长组长 8 段滩坝沉积露头的数据，建立了高精度三维数字露头模型（图 7-1），并详细分析了砂体结构及非均质性。

图 7-1 彬县延长组长 8 段数字露头模型

## 二、层序格架划分

基于数字露头模型对岩性分布和沉积层序进行了定量解译（图 7-2）。从整个剖面分析，共分 3 个短期旋回（图 7-3）。其中 SSC3 和 SSC2 为以上升半旋回为主的 A 型层序；SSC1 为对称的 C 型层序。SSC1 历经一期海侵和一期海退，水深由开始的上升到后期下降，岩性由底部的中—细砂岩过渡到泥岩，然后再次过渡为细—粉砂岩，粒度由粗至细再到粗；SSC2 开始新一轮海平面上升，粒度由粗变细；到 SSC3 海平面再次上升，岩石粒度向上变细，层厚变薄。

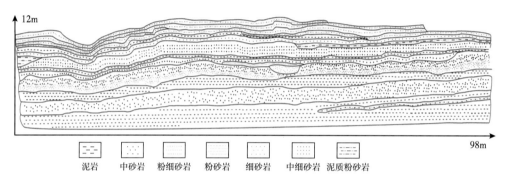

图 7-2　彬县延长组长 8 段数字露头岩性解译

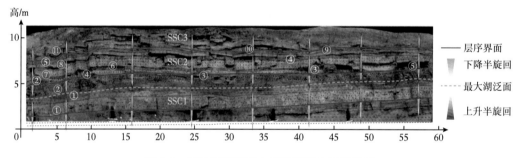

图 7-3　彬县延长组长 8 段数字露头层序格架

SSC1 砂体厚度稳定，SSC2、SSC3 由下至上砂体逐渐变薄，表现为水体逐渐变深的滩坝沉积。SSC1 底部为厚度稳定（1.5m）的坝主体中细砂岩，中部为湖相泥岩（1m），上为一套反粒序的坝侧缘粉砂岩（1.5m）。SSC2 为一套滩砂、湖泥、细粉砂岩薄互层（2m）。SSC3 为滩砂粉砂质泥岩（1.8m）。

## 三、非均质性分析

### 1. 层间岩性非均质性

夹层较为发育，共有 5 套泥岩岩性隔层，SSC1 中部发育有①号泥岩，横向分布稳定，厚度 1m，SSC2 发育细—粉砂岩与泥岩薄互层；②号泥岩在剖面出露较少，平均厚度 0.3m；③号泥岩较薄，厚度 0.35m，尖灭于中细砂岩中；④号泥岩尖灭现象明显，厚度 0.65m；⑤号泥岩分布于 SCC2 顶部，较厚处 0.5m，最薄处约为 0.248m。

剖面砂体较为发育，共发育 11 套砂体。SSC1 下部①号砂体厚度 1.5m，且发育较稳定，分层系数 2（越大非均质性越强），垂向砂岩系数 0.6（砂岩占地层厚度比例）；上部发育②号砂体，细—粉砂岩及中砂岩，厚度稳定，延伸较远，厚度 1.8m；③号砂体为粉砂岩，延伸不远，出现尖灭现象，厚度 0.4m；④号砂体横向分布稳定，局部变厚和尖灭，厚度 0.45m；⑤号砂体出露较少，有尖灭现象，厚度约 1.4m；⑥号砂体较薄，有尖灭现象，厚度约 0.3m；⑦号砂体横向分布稳定，厚度约 1.6m；⑧号砂体分布稳定，厚度 0.4m；⑨号砂体延伸不远，厚度 0.65m；⑩号砂体两侧尖灭呈透镜状，平均厚度 0.3m；⑪号砂体为坝缘外侧，发育粉细砂岩，厚度为 1.2m。

**2. 层内非均质性**

1）垂向粒度分布韵律性

岩性的非均质性表现明显，为细砂岩、粉砂岩、泥岩互层。SSC1 短期旋回坝砂体，表现出粒度的复合韵律，上部坝主体，为反韵律，下部为正韵律；SSC2、SSC3 短期旋回表现为粒度的正韵律（图 7-4）。

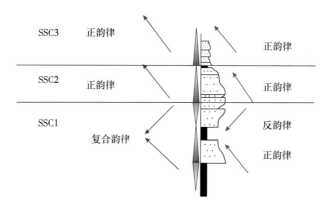

图 7-4　彬县延长组长 8 段滩坝沉积垂向粒度分布韵律特征

2）层内夹层发育情况

可见 SSC2 顶部发育泥岩夹层，厚度稳定，泥岩厚度 1m；可见 SSC2 发育细—粉砂岩与泥岩薄互层，夹层异常发育，平均有 4 套，厚度不均，局部尖灭。

3）层内渗透率非均质性

基于 SSC1 底部分流河道砂取样分析测试数据可计算其渗透率非均质性定量表征参数，突进系数 1.60，渗透率极差 3.25，变异系数 0.30。基于这 3 个参数表明，SSC1 底部河道砂体均匀程度较好。

# 第二节　延河延长组长 6 段剖面

## 一、区域概况

鄂尔多斯盆地上三叠统延长组主要发育曲流河三角洲沉积。延河剖面自东至西，研究区依次出露长 9 段至长 4+5 段，露头点分布与沉积体系类型见图 7-5。受控于湖平面的升降，延河剖面东侧长 8 段沉积时期，湖平面逐渐上升，以退积型三角洲为主，发育三角洲前缘与三角洲平原亚相；中部长7段属于高位体系域沉积，主要发育三角洲前缘与前三角洲沉积；西侧长6段沉积时期，湖平面逐渐下降，以进积型三角洲为主，发育三角洲前缘与三角洲平原亚相。谭家河、翠屏山露头位于陕西延长县延河剖面，谭家河剖面出露长7段—长$6_3$亚段，翠屏山剖面主要出露长$6_1$亚段。

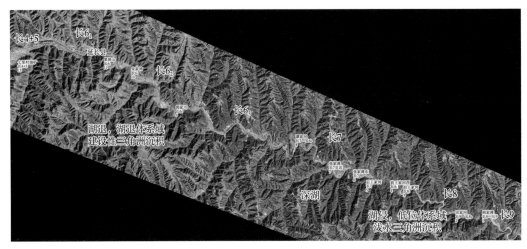

图7-5　延河剖面遥感影像与剖面位置图

## 二、延河延长组长6段地质特征

延河剖面长6段为曲流河三角洲沉积环境，发育三角洲前缘与三角洲平原亚相，其中三角洲平原亚相可见水上分支河道、陆上天然堤、决口扇、洪泛平原、洪泛沼泽、洪泛湖泊等沉积微相，三角洲前缘亚相可见水下分支河道、支流间湾、河口沙坝、远沙坝微相。储集砂岩岩相类型有水上分支河道粗—中砂岩、陆上天然堤粉砂岩、水下分支河道粉—细砂岩、河口砂坝粉砂岩。

### 1. 谭家河长$6_3$亚段剖面

谭家河数字露头剖面全长约850m，高约40m，如图7-6所示，主要出露长$6_3$亚段。从剖面上看，谭家河露头长$6_3$亚段三角洲平原水上分支河道（DCH）河道形态明显，砂体为上平下凸的透镜体，砂体侧向迁移垂向多期叠置。河道内部为四期沉积充填，整体表现为复合正韵律，从下向上由中—细砂岩，过渡为粉—细砂岩，顶部灰绿色泥质粉砂岩分布不连续。河道间沉积泥岩、粉砂泥岩，整体具有砂泥互层的特点。

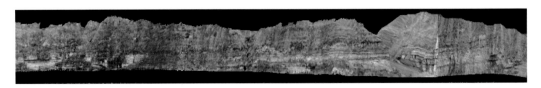

图7-6　谭家河长$6_3$亚段数字露头剖面

### 2. 翠屏山长$6_1$亚段剖面

翠屏山长$6_1$亚段数字露头剖面高约50m，长度约500m，如图7-7所示，主要出露长$6_1$亚段。翠屏山剖面长$6_1$亚段下半部为三角洲前缘沉积，主要发育水下分流河道（SCH）

和河口砂坝（MB）灰绿色粉—细砂岩，横向连续性好；上半部为三角洲平原沉积，主要发育水上分支河道（DCH）浅黄色河道砂岩，河道形态明显，表现出典型的上平下凸的透镜体形态，局部可见被泥岩上下封闭的废弃河道沉积（ACH）透镜砂体、陆上天然堤（LV）倒粒序砂体和上凸下平的决口扇（CVS）沉积砂体。该区域低渗透油气资源丰富，油层组长 $6_1$ 亚段致密砂岩储层是油气勘探的有利相带。

图 7-7　翠屏山长 $6_1$ 亚段数字露头剖面

## 三、砂体参数定量表征

### 1. 潭家河长 $6_3$ 亚段

根据第三章岩性识别方法对潭家河数字露头剖面长 $6_3$ 亚段进行岩性分类、砂体识别（图 7-8）。图中橘色表示中—粗砂岩，黄色表示细—粉砂岩（部分砂岩含泥质），未标注颜色表示泥岩以及第四系覆盖。定量量测了各个砂体的宽度、厚度，计算砂体宽厚比。图 7-8 中砂体 1 至 4 为三角洲平原分流河道砂体，单河道砂体垂向叠置关系为孤立型；砂体 5 至 7 为三角洲前缘水下分流河道砂体，单河道砂体垂向上多期连续叠置。通过砂体宽厚比计算得出三角洲平原分流河道砂体的宽厚比明显小于三角洲前缘水下分流河道砂体的宽厚比（表 7-1）。

图 7-8　潭家河数字露头剖面长 $6_3$ 亚段砂体识别

表 7-1　谭家河数字露头剖面长 6₃ 亚段砂体统计表

| 序号 | 砂体厚度 /m | 砂体宽度 /m | 宽厚比 | 砂体类型 |
|---|---|---|---|---|
| 1 | 13.8 | 198.5 | 14.38 | 三角洲平原分流河道砂体 |
| 2 | 5.1 | 100 | 19.61 | 三角洲平原分流河道砂体 |
| 3 | 4.3 | 47.5 | 11.05 | 三角洲平原分流河道砂体 |
| 4 | 6.5 | 98.5 | 15.15 | 三角洲平原分流河道砂体 |
| 5 | 4.9 | 295 | 60.20 | 三角洲前缘水下分流河道砂体 |
| 6 | 7.9 | 323 | 40.89 | 三角洲前缘水下分流河道砂体 |
| 7 | 5.2 | 222 | 42.69 | 三角洲前缘水下分流河道砂体 |

　　基于数字露头的砂体定量解译，为储层构型和发育特征的研究提供了直观可靠的资料，是储层知识库构建的信息来源，为油藏储层预测提供了依据。其中砂地比是储层评价重要参数，判别储层发育情况的重要标志。在谭家河数字露头剖面上依次选取 1~7 号纵向岩性剖面（图 7-9），绘制岩性柱状图（图 7-10），在此基础上，根据 1~7 号位置解译的砂体参数统计砂体发育情况，得到砂地比的变化趋势（图 7-11）。

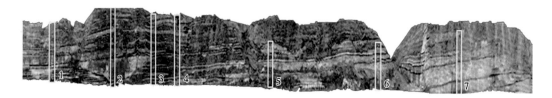

图 7-9　谭家河数字露头剖面长 6₃ 亚段 1~7 号岩性剖面位置示意图

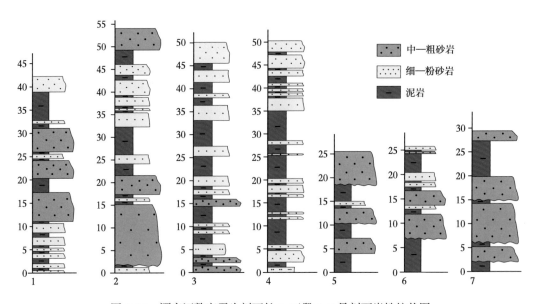

图 7-10　谭家河数字露头剖面长 6₃ 亚段 1~7 号剖面岩性柱状图

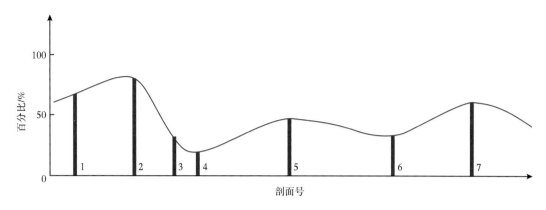

图 7-11　谭家河数字露头剖面长 $6_3$ 亚段 1~7 号剖面砂地比趋势图

### 2. 翠屏山长 $6_1$ 亚段

基于翠屏山数字露头剖面，自东向西，选取了 8 个有代表性的部位（图 7-12），进行了剖面岩性解译，编制了岩性柱状图（图 7-13）。

图 7-12　翠屏山数字露头剖面长 $6_1$ 亚段 1~8 号剖面位置图

基于翠屏山 1 号至 8 号位置对应的岩性解译剖面可以看出，8 个剖面主要可划分为上下两部分，下部为三角洲前缘沉积环境，发育有水下分支河道灰绿色细—粉砂岩、河道砂坝＋远砂坝灰绿色粉砂岩、支流间湾灰黑色泥岩，主要砂体为水下分支河道与河口砂坝砂体，砂地比约为 0.5。上部为三角洲平原沉积环境，总体上呈现出湖退砂体进积的沉积样式（图 7-14），发育有分支河道浅黄色中—细砂岩、陆上天然堤浅黄色粉砂岩、洪泛平原灰色泥质粉砂岩与灰色泥岩互层，主要砂体为分支河道砂体与陆上天然堤砂体，砂地比约为 0.8，且总体上自东向西砂地比有增加趋势，水上分支河道更为发育。

在岩性定量解译基础上，针对最有利的储集砂体分支河道中—细砂岩、水下分支河道细—粉砂岩进行了连井对比（图 7-15）。翠屏山露头剖面上部三角洲平原沉积，识别对比追踪出 6 个主要的分支河道砂体；下部三角洲前缘沉积，识别对比追踪出 4 个主要的水下分支河道砂体。运用数字露头技术，定量测量表征砂体的发育参数见表 7-2。可以看出，翠屏山露头剖面水上分支河道砂体厚度范围 6~16m，宽度范围 60~110m，宽厚比 6~11，平均为 10。翠屏山露头剖面水下分支河道砂体厚度范围 3~6m，宽度范围 80~120m，宽厚比 20~33，平均为 25。总体来看，三角洲平原分支河道砂体厚度大于三角洲前缘水下分支河道砂体，但连续性相对水下分支河道砂体要差，多为透镜体。

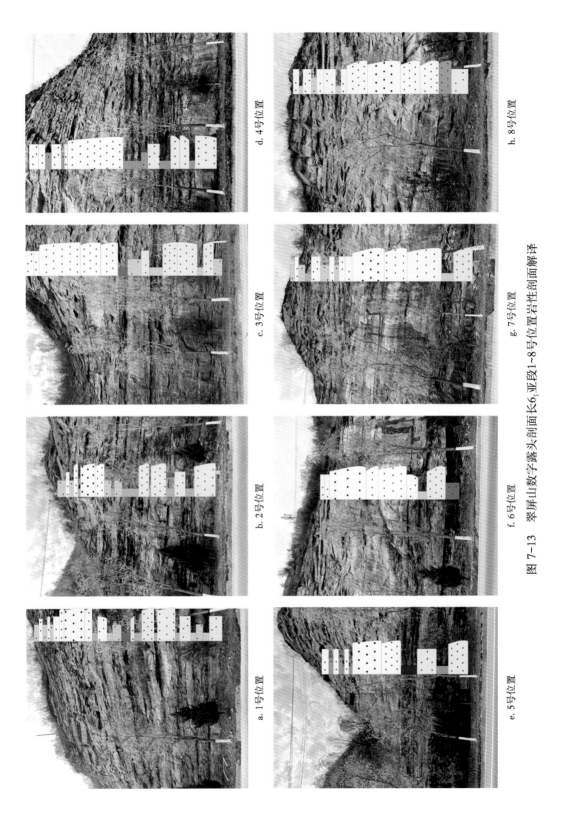

a. 1号位置　　b. 2号位置　　c. 3号位置　　d. 4号位置

e. 5号位置　　f. 6号位置　　g. 7号位置　　h. 8号位置

图 7-13　翠屏山数字露头剖面长6$_1$亚段1~8号位置岩性剖面解译

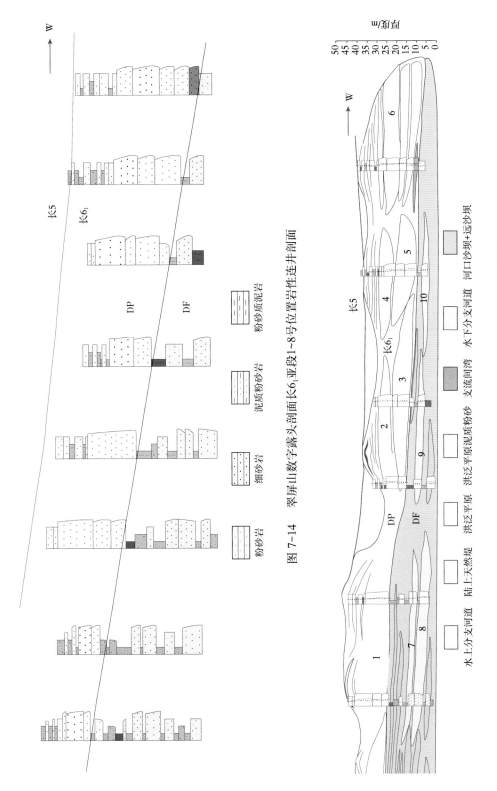

图 7-14 翠屏山数字露头剖面长6₁亚段1~8号位置岩性连井剖面

图 7-15 翠屏山数字露头剖面长6₁亚段主要储集砂体发育特征

表 7-2　翠屏山数字露头剖面长 $6_1$ 亚段砂体统计表

| 序号 | 砂体厚度 /m | 砂体宽度 /m | 宽厚比 | 砂体类型 |
|---|---|---|---|---|
| 1 | 16.0 | 108.8 | 7 | 三角洲平原分流河道砂体 |
| 2 | 6.5 | 69.3 | 11 | 三角洲平原分流河道砂体 |
| 3 | 10.2 | 111.0 | 11 | 三角洲平原分流河道砂体 |
| 4 | 8.2 | 62.3 | 8 | 三角洲平原分流河道砂体 |
| 5 | 10.5 | 62.0 | 6 | 三角洲平原分流河道砂体 |
| 6 | 8.3 | 84.1 | 10 | 三角洲平原分流河道砂体 |
| 7 | 3.3 | 109.8 | 33 | 三角洲前缘水下分流河道砂体 |
| 8 | 5.6 | 121.2 | 22 | 三角洲前缘水下分流河道砂体 |
| 9 | 3.6 | 87.9 | 24 | 三角洲前缘水下分流河道砂体 |
| 10 | 4.1 | 80.3 | 20 | 三角洲前缘水下分流河道砂体 |

## 四、砂体发育特征分析

### 1. 潭家河长 $6_3$ 亚段

基于数字露头的河道砂体解译可以看出（图 7-14），潭家河长 $6_3$ 亚段上部为一套三角洲平原沉积，水上分支河道砂体为主要储集砂体，砂体相对孤立，可见纵向加积，砂体厚度较大，可达 10m 以上，宽度较小，宽厚比 10~20。长 $6_3$ 亚段下部为一套三角洲前缘沉积，水下分支河道为主要储集砂体，砂体连续，垂向加积和侧向叠置，砂体厚度较小，一般小于 10m，横向宽度可达 300m，宽厚比大于 40。总体上看，潭家河剖面砂体发育特征受沉积环境控制特征明显，由下部长 7 段至上部长 $6_3$ 亚段表现出进积型三角洲沉积体系，水体变浅，砂体厚度增加（图 7-16）。

### 2. 翠屏山长 $6_1$ 亚段

基于数字露头的砂体解译可以看出（图 7-15），翠屏山剖面长 $6_1$ 亚段下部为三角洲前缘沉积，水下分支河道（SCH）砂体为主要的储集砂体，砂体相对孤立，厚度可达 5m 以上，宽度可达 120m，宽厚比大于 20；河口沙坝（MB）砂体为次要的储集砂体，砂体相对连续，厚度较薄，一般为 1~3m，宽度可达 150m，宽厚比大于 40；三角洲前缘的远沙坝、洪泛平原发育的泥质粉砂岩，厚度薄、粒度细，无法作为储集砂体。上部为三角洲平原沉积，水上分支河道（DCH）砂体为主要的储集砂体，砂体较孤立，可见多期纵向加积，厚度可达 16m，宽度 60~100m，宽厚比为 8 左右；陆上天然堤砂体为次要的储集砂体，主要分布于河道两侧。

翠屏山剖面砂体发育特征受控于沉积环境，从下往上，由三角洲前缘向三角洲平原演化，水体变浅，砂体加厚，但连续性变差，粒度变粗，薄片鉴定资料显示孔隙发育，物性变好，其中水上分支河道（DCH）的中砂岩为最有利的储集岩性，该露头三角洲平原分支河道砂岩中可见油苗，为油气勘探有利层位和相带（图 7-17、图 7-18）。

图 7-16　谭家河剖面长 $6_3$ 亚段河道砂体展布特征

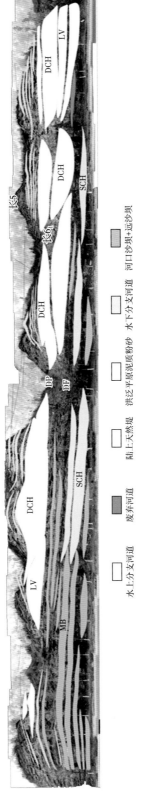

图 7-17　翠屏山剖面长 $6_1$ 亚段砂体展布特征

图 7-18　翠屏山剖面长 $6_1$ 亚段三角洲平原分支河道砂体中油苗

# 第三节　延河延长组长 3 段剖面

## 一、区域概况

鄂尔多斯盆地上三叠统延长组主要发育曲流河三角洲沉积。延河剖面主要出露延长组，杨家沟剖面位于延河剖面西侧，主要出露地层为长 3 段，沉积期发育三角洲平原亚相，以分流河道和分流河道间洼地的粉砂岩与泥岩互层洪泛沉积为特征。其中分流河道沉积是研究区主要的储集砂体之一。

## 二、杨家沟长 3 段露头地质特征

经过野外踏勘实地观测，建立了典型的层序界面识别标志，并根据层序地层学理论划分了层序类型，然后对杨家沟长 3 段数字露头剖面进行层序标定，进而在数字露头剖面上进行层序界面的追踪与对比，结果如图 7-19 所示。杨家沟长 3 段数字露头剖面上能够识别出一个四级层序界面（图中红线所示），该层序界面之下地层岩性自下而上是一个由细到粗的反旋回，下部为泥质粉砂岩、细粉砂岩向上过渡为粗粉砂—细砂岩；层序界面之上地层岩性自下而上是一个由粗到细的正旋回，下部为巨厚层的中—粗砂岩向上过渡为中厚—薄层的粉砂质泥岩、细粉砂岩。层序界面识别标志是河道砂体底部形成巨厚块状砂岩和河道滞留沉积，具冲刷面和泥砾，并见交错层理，反映水体突然变化。在陆相的地层剖面上，层序界面以上往往伴随厚砂体的分布。

图 7-19　杨家沟剖面长 3 段四级层序界面划分

在层序界面识别的基础上，进一步对杨家沟长 3 段数字露头剖面进行沉积旋回划分，实现了基于数字露头的沉积旋回界面识别、追踪与对比，结果如图 7-20 所示。该剖面可识别出三个不对称式短期旋回，每一个旋回基准面相当于一个五级层序界面，可与五级层序基本对比。该短期旋回主要受控于天文因素（偏心率短周期）而非构造因素，与黄道倾斜的斜率周期中气候波动引起的基准面升降和 A/S 值变化有关，是一套具低幅度水深变化的、彼此间成因联系极为密切、或由相似岩性、岩相地层叠加组成的湖进—湖退沉积序列，该研究区块内基本等时。这三个短期旋回可组成一次四级基准面上升半旋回，为一套整体向上变细的四级准层序组，具有砂体厚度向上减小的趋势。

图 7-20　杨家沟剖面长 3 段沉积旋回划分

在层序地层格架建立的基础上，研究了杨家沟长 3 段剖面沉积储层发育特征。杨家沟长 3 段厚度为 100~110m，地层产状平缓，褶皱、断层和节理均不发育。从沉积特征角度来看，杨家沟长 3 段剖面为三角洲平原亚相沉积，可识别出水上分流河道、洪泛平原等沉积微相。分流河道岩性以灰色厚层—块状中—细砂岩为主，往往上覆于陆上天然堤中层状粉砂岩之上（图 7-21a）。洪泛平原以中—薄层状泥质粉砂岩夹薄层暗色泥岩为主（图 7-21b）。岩性和层厚发育特征，成为了数字露头上识别三角洲平原亚相中分支河道微相和洪泛平原微相的主要依据。在沉积特征认识的基础上，可以进行储层发育特征的研究，杨家沟长 3 段剖面厚层—块状的分流河道砂体为主要的储集岩。

a. 水上分支河道岩性特征　　　　　　　　b. 洪泛平原岩性特征

图 7-21　杨家沟剖面长 3 段典型沉积微相岩性发育特征

## 三、砂体定量表征与刻画

杨家沟剖面长 3 段分流河道砂体的空间展布如图 7-22 所示（图中 1、2 号位置），其在剖面上呈厚层块状或扁平透镜状特征明显，易于识别，通常发育于四级基准面旋回底部。1 号砂体宽度较大，约 390m，几乎横穿整个北西—南东向的长 3 段剖面，最大厚度 8.2m，砂体宽厚比约 40，垂直物源方向，分支河道砂体呈现出垂向叠置、侧向加积的多期叠置状态，横向延伸性较好。2 号砂体宽度约 137m，最大厚度 14.8m，宽厚比约为 10，发育在剖面顶部，分支河道砂体呈现出相对孤立的透镜体形态。此外，在杨家沟剖面长 3 段上，发现较多的大小不等、成叠瓦状定向排列的孔洞发育于河道砂体的底部，出现这种情况可能的原因是河道滞留沉积受现代河道侧向侵蚀作用下而形成，后河道继续下切到当前位置，可以作为分支河道砂体识别的辅助标志。

图 7-22　河道砂体的空间展布特征以及河道底部孔洞局部切图

为了对砂体内部结构特征进行更精确地测量与描述，深入分析沉积砂体的横向分布和砂体的连通关系，基于数字露头开展了分支河道单砂体级的砂体精细刻画与对比。在沿公路的杨家沟北西—南东向、长度近 500m 的剖面上进行了野外露头岩性柱状剖面实测。本次实测剖面垂直高度为 2m，中下部分为陆上天然堤沉积，上部为分支河道沉积。各剖面之间横向距离 40~50m（视沿路地形条件而定），共测得 9 条岩性剖面，实测岩性示意图如图 7-23a 所示，实测岩性剖面位置图如图 7-23b 所示。对剖面进行砂层对比结果发现，该剖面岩性主要以灰色细砂岩和粗粉砂岩为主，局部夹暗色泥岩、页岩；砂体侧向迁移频繁。纵向上，在剖面的不同位置，分支河道砂体垂向上都呈多期纵向叠置加积特征，表现为纵向上单层砂体连续叠置，泥岩、页岩夹层不太发育。横向上，砂体表现出侧向叠置侧积特征，砂体尖灭频繁，横向变化较大。据统计（表 7-3），单砂层厚度范围在 15~200cm 之间，平均厚度为 67.7cm。其中，泥质粉砂岩厚度介于 40~80cm，平均厚度 53.3cm；粗粉砂岩厚度介于 15~200cm，平均厚度 76.0cm；细砂岩厚度介于 20~150cm，平均厚度 62.2cm；砂体发育情况良好，砂泥比高。

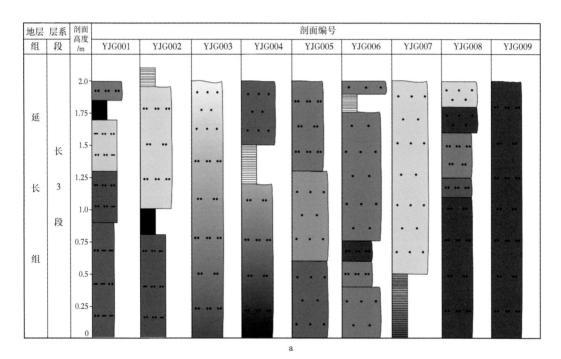

a

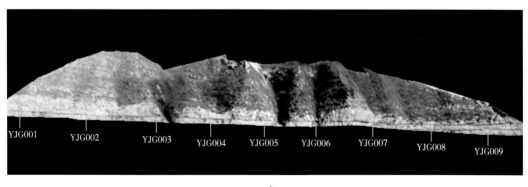

b

图 7-23　杨家沟剖面长 3 段实测岩性示意图（a）与实测岩性剖面位置图（b）

表 7-3    杨家沟剖面长 3 段单砂层发育情况统计表

| 砂层岩性 | 累计厚度 /cm | 发育数目 / 个 | 平均厚度 /cm |
| --- | --- | --- | --- |
| 泥质粉砂岩 | 160.0 | 3 | 53.3 |
| 粗粉砂岩 | 836.0 | 11 | 76.0 |
| 细砂岩 | 560.0 | 9 | 62.2 |

## 四、砂体三维建模

发挥数字露头宏观性、定量性表征刻画的优势，利用元石地质解释软件加载杨家沟剖面长 3 段数字露头模型，结合野外地质勘查的认识，在室内针对杨家沟两侧采石场的长 3 段剖面进行地层结构的划分，划分结果如图 7-24 所示。运用 Petrel 软件平台，基于解译的地层界线，建立地质层面模型，并进一步建立地层三维模型，结果如图 7-25 所示。

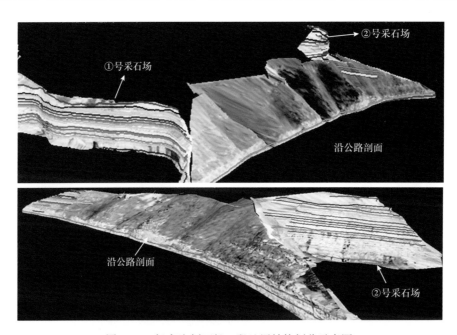

图 7-24    杨家沟剖面长 3 段地层结构划分示意图

杨家沟剖面延长组长 3 段三维地层结构模型（图 7-25）清楚地展示了各个地层界面的形态和地层单元的厚度（图 7-25a）及各砂组在时间和三维空间上的发育关系（图 7-25b），建立的模型与地质认识相符，并能以三维的视角定量化地刻画各地层的发育特征。模型最下面两层，水上分支河道砂体发育，地层厚度较大。纵向上，剖面自下往上，为三角洲平原水上分流河道（DCH）、天然堤（LV）、洪泛平原（FP）等沉积微相的组合，表现出退积型三角洲沉积特征，自下往上，砂体厚度也逐渐减小，表现出地层厚度减薄。

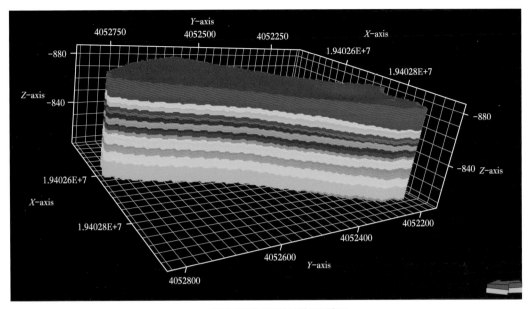

a. 地层界面形态及地层单元厚度图

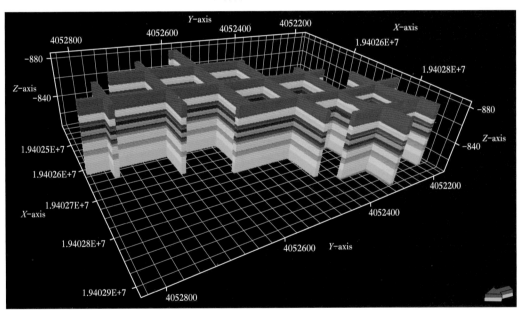

b. 三维地层结构栅状图

图 7-25　杨家沟剖面长 3 段三维地层结构模型

# 第八章　四川盆地典型数字露头剖面刻画

基于建立的数字信息—地质信息相结合的数字露头模型和野外地质分层的基础上，运用激光强度、高光谱岩性识别技术和缝洞识别技术，对四川盆地西北部的宁强高家山灯影组储层剖面和东部的宣汉盘龙洞生物礁储层剖面开展了岩相识别、小层细分和储层分布规律等研究；运用烃源岩激光强度 TOC 估算方法，结合 TOC 实测资料，对四川盆地东北部的城口河鱼陡山沱组烃源岩剖面开展了 TOC 评价。

## 第一节　河鱼震旦系陡山沱组烃源岩剖面

四川盆地震旦系主要包括下震旦统陡山沱组和上震旦统灯影组，其中下震旦统陡山沱组是区域重要的烃源岩层系。陡山沱组与下伏南沱组冰碛层呈不整合关系，顶部由一层碳质页岩与上覆灯影组分界。四川盆地陡山沱组沉积期，由西向东依次发育以碎屑滨岸沉积为主向碎屑浅海陆棚沉积过渡，总体向华南方向水体加深，在南部地区过渡为半深海—盆地相。四川盆地东北部（川东北）的城口地区陡山沱组黑色页岩具有厚度大、分布广、有机质丰度高的特点，是四川盆地有机质富集有利层系之一。川东北地区陡山沱组自下而上一般分为四段：陡一段为砂岩、泥岩互层的碎屑岩沉积序列，局部发育典型的盖帽白云岩；陡二段为深灰色泥岩、页岩夹白云岩沉积序列；陡三段以泥晶白云岩、白云质灰岩为主；陡四段受海侵作用影响，沉积一套黑色碳质页岩、硅质岩为主的陆源细碎屑岩沉积序列。

### 一、剖面概况

河鱼陡山沱组剖面位于川东北地区，大巴山南麓。地理位置上位于重庆市东北部的城口县河鱼乡，剖面坐标为：E 109°1′30″，N 31°53′42″。陡山沱组剖面沿公路连续分布，顶、底界面清楚，出露完整，有利于开展地质工作和数据信息采集。陡山沱组剖面厚约 406.9m，根据现场岩相变化和激光强度变化，细分为 22 层（图 8-1）。碳质页岩主要发育于 2 层至 9 层（连续厚约 45.9m）和 13 层至 22 层（连续厚约 274.6m）。图 8-2 为南沱组顶部—陡山沱组第 6 层、陡山沱组第 14 至 15 层的分层剖面图和激光点云图。图 8-3 为陡山沱组第 14 至 18 层的分层剖面图和激光点云图。陡山沱组底部发育灰色泥晶白云岩（俗称"盖帽白云岩"），与下伏南沱组灰绿色凝灰质砂岩分界；顶部为深灰色薄层状硅质页岩，与上覆灯影组灰色硅质灰岩相接触（图 8-4）。

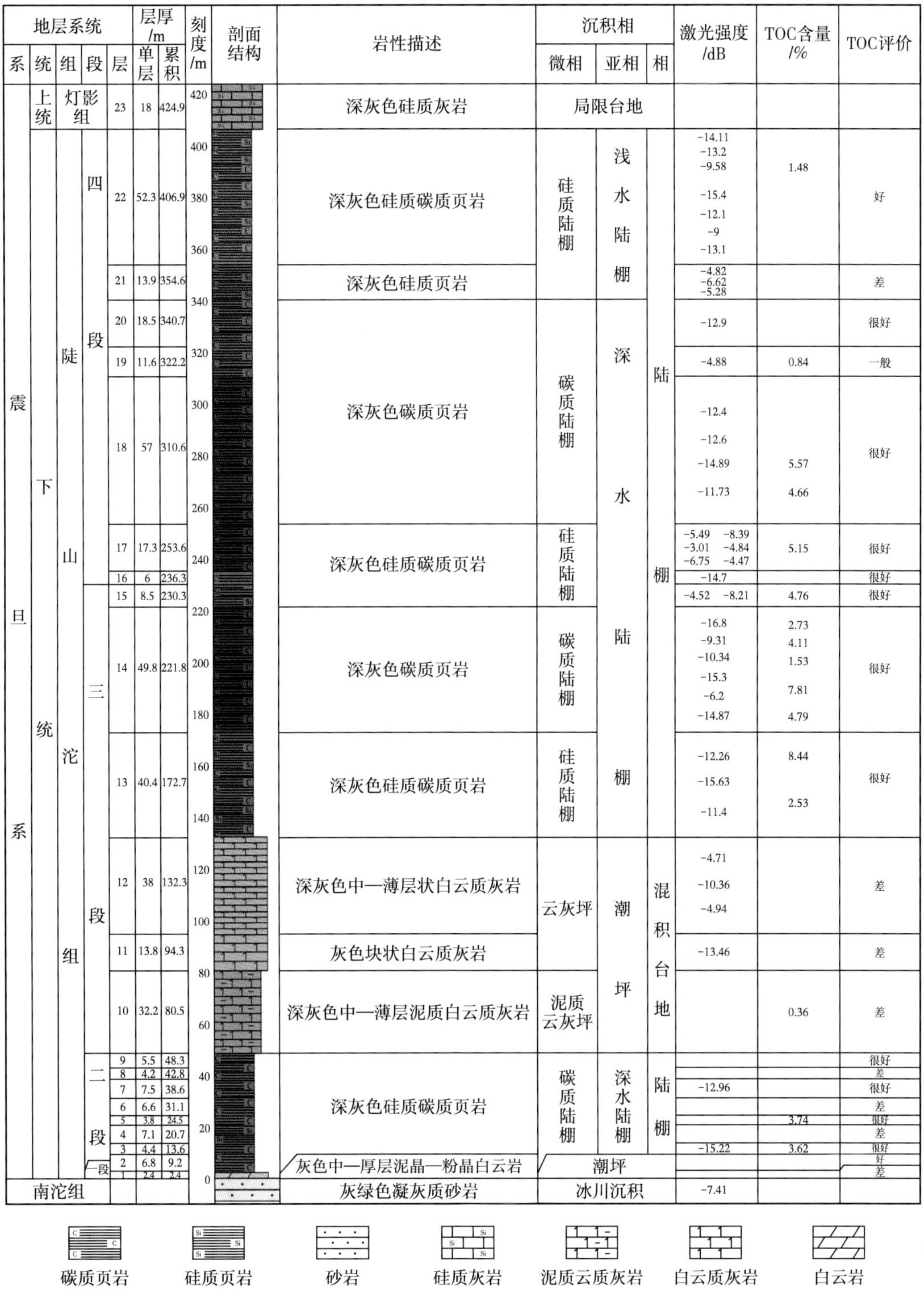

| 系 | 统 | 组 | 段 | 层 | 单层 | 累积 | 刻度/m | 剖面结构 | 岩性描述 | 微相 | 亚相 | 相 | 激光强度/dB | TOC含量/% | TOC评价 |
|---|---|---|---|---|---|---|---|---|---|---|---|---|---|---|---|
| 震旦系 | 上统 | 灯影组 | | 23 | 18 | 424.9 | 420 | | 深灰色硅质灰岩 | | 局限台地 | | | | |
| | 下统 | 陡山沱组 | 四段 | 22 | 52.3 | 406.9 | | | 深灰色硅质碳质页岩 | 硅质陆棚 | 浅水陆棚 | | -14.11 -13.2 -9.58 -15.4 -12.1 -9 -13.1 | 1.48 | 好 |
| | | | | 21 | 13.9 | 354.6 | | | 深灰色硅质页岩 | | | | -4.82 -6.62 -5.28 | | 差 |
| | | | | 20 | 18.5 | 340.7 | | | | 碳质陆棚 | 深水陆棚 | 陆棚 | -12.9 | | 很好 |
| | | | | 19 | 11.6 | 322.2 | | | | | | | -4.88 | 0.84 | 一般 |
| | | | | 18 | 57 | 310.6 | | | 深灰色碳质页岩 | | | | -12.4 -12.6 -14.89 -11.73 | 5.57 4.66 | 很好 |
| | | | | 17 | 17.3 | 253.6 | | | 深灰色硅质碳质页岩 | 硅质陆棚 | | | -5.49 -8.39 -3.01 -4.84 -6.75 -4.47 | 5.15 | 很好 |
| | | | | 16 | 6 | 236.3 | | | | | | | -14.7 | | 很好 |
| | | | | 15 | 8.5 | 230.3 | | | | | | | -4.52 -8.21 | 4.76 | 很好 |
| | | 陡山沱组 | 三段 | 14 | 49.8 | 221.8 | | | 深灰色碳质页岩 | 碳质陆棚 | | 棚 | -16.8 -9.31 -10.34 -15.3 -6.2 -14.87 | 2.73 4.11 1.53 7.81 4.79 | 很好 |
| | | | | 13 | 40.4 | 172.7 | | | 深灰色硅质碳质页岩 | 硅质陆棚 | | | -12.26 -15.63 -11.4 | 8.44 2.53 | 很好 |
| | | | | 12 | 38 | 132.3 | | | 深灰色中—薄层状白云质灰岩 | 云灰坪 | 潮坪 | 混积台地 | -4.71 -10.36 -4.94 | | 差 |
| | | | | 11 | 13.8 | 94.3 | | | 灰色块状白云质灰岩 | | | | -13.46 | | 差 |
| | | | | 10 | 32.2 | 80.5 | | | 深灰色中—薄层泥质白云质灰岩 | 泥质云灰坪 | | | | 0.36 | 差 |
| | | | 二段 | 9 | 5.5 | 48.3 | | | 深灰色硅质碳质页岩 | 碳质陆棚 | 深水陆棚 | 陆棚 | | | 很好 |
| | | | | 8 | 4.2 | 42.8 | | | | | | | | | 差 |
| | | | | 7 | 7.5 | 38.6 | | | | | | | -12.96 | | 很好 |
| | | | | 6 | 6.6 | 31.1 | | | | | | | | | 差 |
| | | | | 5 | 3.8 | 24.5 | | | | | | | | 3.74 | 很好 |
| | | | | 4 | 7.1 | 20.7 | | | | | | | | | 差 |
| | | | | 3 | 4.4 | 13.6 | | | | | | | -15.22 | 3.62 | 很好 |
| | | | 一段 | 2 | 6.8 | 9.2 | | | 灰色中—厚层泥晶—粉晶白云岩 | | 潮坪 | | | | 好 |
| | | | | 1 | 2.4 | 2.4 | | | | | | | | | 差 |
| | 南沱组 | | | | | | | | 灰绿色凝灰质砂岩 | | 冰川沉积 | | -7.41 | | |

图例：碳质页岩　硅质页岩　砂岩　硅质灰岩　泥质云质灰岩　白云质灰岩　白云岩

图 8-1　河鱼剖面陡山沱组数字—地质信息综合柱状图

273

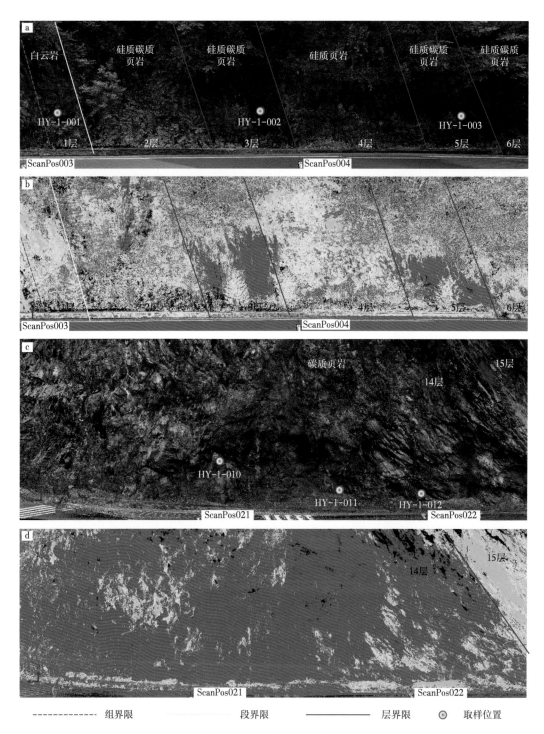

图 8-2　河鱼剖面陡山沱组数字露头模型和激光强度图

a. 南沱组顶部—陡山沱组第 6 层数字露头模型；b. 南沱组顶部—陡山沱组第 6 层激光强度图；
c. 陡山沱组第 14~15 层数字露头模型；d. 陡山沱组第 14~15 层激光强度图

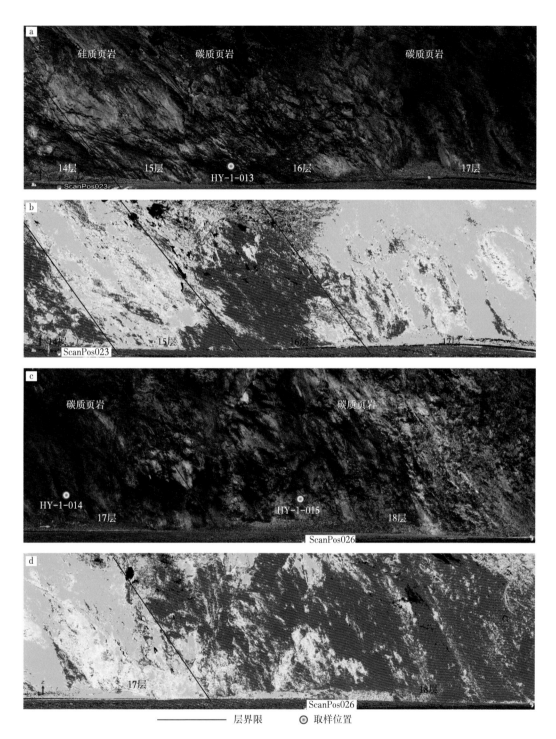

图 8-3 河鱼剖面陡山沱组数字露头模型和激光强度图

a. 陡山沱组第 14~17 层激光强度图；b. 陡山沱组第 14~17 层激光强度云图；

c. 陡山沱组第 17~18 层激光强度图；d. 陡山沱组第 17~18 层激光强度云图

图 8-4　河鱼剖面陡山沱组地层界线特征

a.陡山沱组与南沱组分界，南沱组上部为灰绿色凝灰质砂岩、页岩，陡山沱组底部为灰色泥晶白云岩；

b.陡山沱组薄层状硅质页岩与灯影组薄层状硅质灰岩分界

## 二、剖面烃源岩快速评价

依据烃源岩评价标准（表 3-19）和烃源岩激光强度 TOC 估算方法，川东北河鱼陡山沱组数字露头剖面烃源岩评价结果见表 8-1。从数字露头模型上提取的产状计算分层厚度，得到数字露头剖面烃源岩评价定量信息：城口河鱼陡山沱组数字露头剖面出露地层厚度约 406.9m，烃源岩主要分布于 2 层至 9 层（连续厚约 45.9m）和 13 层至 22 层（连续厚约 274.6m）。很好烃源岩共计 11 层，分别为：3、5、7、9、13、14、15、16、17、18 和 20 层，累计厚度 218.7m，占地比 53.66%。好烃源岩共计 2 层，分别为 2、22 层，累计厚度 59.1m，占地比 14.5%。一般烃源岩 1 层，为第 19 层，厚度 11.6m。差烃源岩共计 8 层，分别为 1、4、6、8、10、11、12、21 层，累计厚度 118.2m。由此表明城口河鱼陡山沱组数字露头剖面分布一套优质的烃源岩，主要位于上部及中下部（图 8-1）。

表 8-1　河鱼剖面陡山沱组数字信息—TOC 信息和评价一览表

| 地层 | | | 岩性 | 激光强度分布范围 /dB | TOC 含量 /%<br>（对应激光强度 /dB） | TOC<br>评价 |
|---|---|---|---|---|---|---|
| 段 | 小层 | 厚度 /m | | | | |
| 四<br><br>段 | 22 | 52.3 | 深灰色硅质碳质页岩 | −15.4~−9 | 1.48（−9.58） | 好 |
| | 21 | 13.9 | 深灰色硅质页岩 | −6.62~−4.82 | | 差 |
| | 20 | 18.5 | 深灰色碳质页岩 | −12.9 | | 很好 |
| | 19 | 11.6 | 深灰色碳质页岩 | −4.88 | 0.84（−4.88） | 一般 |
| | 18 | 57 | 深灰色碳质页岩 | −15.41~−11.73 | 5.57（−14.89）<br>4.66（−11.73） | 很好 |
| | 17 | 17.3 | 深灰色硅质碳质页岩 | −8.39~−3.01 | 5.15（−4.84） | 很好 |
| | 16 | 6 | 深灰色硅质碳质页岩 | −14.7 | | 很好 |

| 地层 | | | 岩性 | 激光强度分布范围 /dB | TOC 含量 /%（对应激光强度 /dB） | TOC 评价 |
|---|---|---|---|---|---|---|
| 组 / 段 | 小层 | 厚度 /m | | | | |
| 三段 | 15 | 8.5 | 深灰色硅质碳质页岩 | −8.21~−4.52 | 4.76 | 很好 |
| | 14 | 49.8 | 深灰色碳质页岩 | −14.13~−11.62 | 2.73（−16.8）<br>4.11（−9.31）<br>1.53（−10.34）<br>7.81（−6.2）<br>4.79（−14.87） | 很好 |
| | 13 | 40.4 | 深灰色硅质碳质页岩 | −15.63~−11.4 | 8.44（−12.26）<br>2.53（−11.4） | 很好 |
| | 12 | 38 | 深灰色中—薄层状白云质灰岩 | −10.36~−4.71 | | 差 |
| | 11 | 13.8 | 灰色块状白云质灰岩 | −13.46 | | 差 |
| | 10 | 32.2 | 深灰色中—薄层状白云质灰岩 | −7.4 | 0.36 | 差 |
| 二段 | 9 | 5.5 | 深灰色硅质碳质页岩 | | | 很好 |
| | 8 | 4.2 | 深灰色硅质碳质页岩 | | | 差 |
| | 7 | 7.5 | 深灰色硅质碳质页岩 | −12.96 | | 很好 |
| | 6 | 6.6 | 深灰色硅质碳质页岩 | | | 差 |
| | 5 | 3.8 | 深灰色硅质碳质页岩 | −17.8~−15.6 | 3.74（−17.6） | 很好 |
| | 4 | 7.1 | 深灰色硅质碳质页岩 | | | 差 |
| | 3 | 4.4 | 深灰色硅质碳质页岩 | −15.22 | 3.62（−15.63） | 很好 |
| | 2 | 6.8 | 深灰色硅质碳质页岩 | | | 好 |
| 一段 | 1 | 2.4 | 灰色中—厚层泥晶—粉晶白云岩 | | | 差 |
| 南沱组 | 0 | | 灰绿色凝灰质砂岩 | −7.41 | | |

# 第二节　高家山震旦系灯影组储层剖面

四川盆地震旦系灯影组是重要的碳酸盐岩油气储层，按照岩性变化特征可以分为四段，自下而上依次为灯一段、灯二段、灯三段和灯四段，其中灯二段和灯四段是储层发育的重点层位。

## 一、剖面概况

高家山灯影组剖面位于陕西省宁强县胡家坝镇，前人称为碑湾牛落坑剖面，从县城到剖面有多条道路可通达。剖面具体位置位于高家山村村北约 0.5km 处，经纬度为：E106°28′6″，N32°57′24″。该剖面得益于当地政府较好的维护和国内同行持续的现场研究，灯影组地层连续分布，出露较为完整，局部风化、植被覆盖，并保留了现场工作的分层痕迹。构造位置上分布于呈东西向展布的米仓山复背斜一带。该剖面是四川盆地北部地区埃迪卡拉系的一条重要剖面。

针对高家山灯影组剖面，采取了数字信息采集和实地地质分层描述相结合、宏微观相结合的方法，地质上对每个小层进行了精细描述和关键层的样品采集，室内制作了铸体薄片并开展了鉴定分析。在传统的地质勘探手段的基础上，利用激光雷达沿地层分布的方向开展了系统的数字露头信息采集，自灯影组底部到顶部共连续扫描 151 站，每站长度约 40m 左右，单站扫描时长均达到 2min 以上，每站获取点云数量 800×10⁴ 左右，实现了高家山剖面灯影组高精度数字信息全覆盖（图 8-5）。基于碳酸盐岩激光强度分类图版，结合数字露头影像信息，针对剖面的重点层段进行了基于激光强度值的岩性细分（图 8-6）。

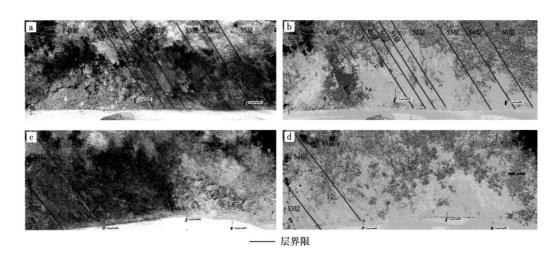

—— 层界限

图 8-5　高家山灯影组数字露头模型和激光强度图
a. 激光扫描第 59~60 站数字露头模型；b. 激光扫描第 59~60 站激光强度图；
c. 激光扫描第 61~63 站数字露头模型；d. 激光扫描第 61~63 站激光强度图

高家山灯影组剖面地质分为 92 层，累计真厚度 851m，沿"之"字形公路由山顶到山脚、地层由老到新分布，地层产状较陡。灯影组与上覆和下伏地层接触界面清楚，其中灯影组底部以灰色砂屑白云岩和陡山沱组顶部的土黄色页岩（风化）接触，顶部以灰色粉—细晶白云岩与寒武系筇竹寺组深灰色页岩分界（图 8-7）。第 1 层至第 3 层为灯一段，出露不全，厚度约 34m；第 4 层至第 46 层为灯二段，累计厚度 383m；第 47 层至第 58 层为灯三段，累计厚度 59m；第 59 层至第 92 层为灯四段，累计厚度 375m。灯影组内部二段、三段和四段的分层界限清楚，其中灯二段顶部为灰色泥晶砂屑白云岩与灯三段蓝灰色、黄灰色含灰砂岩、泥岩、页岩分界，灯三段顶部以灰色粗砂岩与灯四段底部的灰色泥晶白云岩分界。

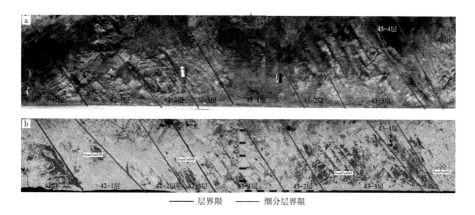

图 8-6 基于激光强度的地层细分

a.灯影组第 42~43 层细分层数字露头模型；b.灯影组第 42~43 层细分层对应激光强度图

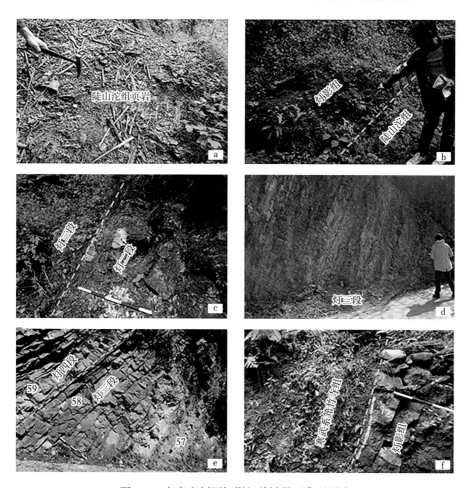

图 8-7 高家山剖面灯影组关键界面典型照片

a.陡山沱组顶部黄灰色页岩（风化）；b.灯影组（灰色砂屑白云岩）与陡山沱组（页岩，风化）分界；c.灯二段
（46 层，灰色泥晶砂屑白云岩）与灯三段（47 层，砂岩、泥岩，底部风化）分界；d.灯三段黄灰色、蓝灰色含灰砂岩、
泥岩、页岩段；e.灯三段（58 层，灰色粗砂岩）与灯四段（59 层，灰色泥晶白云岩）分界；f.灯影组（92 层，
灰色粉晶—细晶白云岩）与寒武系筇竹寺组（深灰色页岩）分界

## 二、数字—地质信息剖面特征

以激光强度识别岩性为基础，结合野外剖面观察和薄片鉴定资料对比细化，建立了高家山灯影组剖面数字—地质信息综合柱状图（图 8-8）。

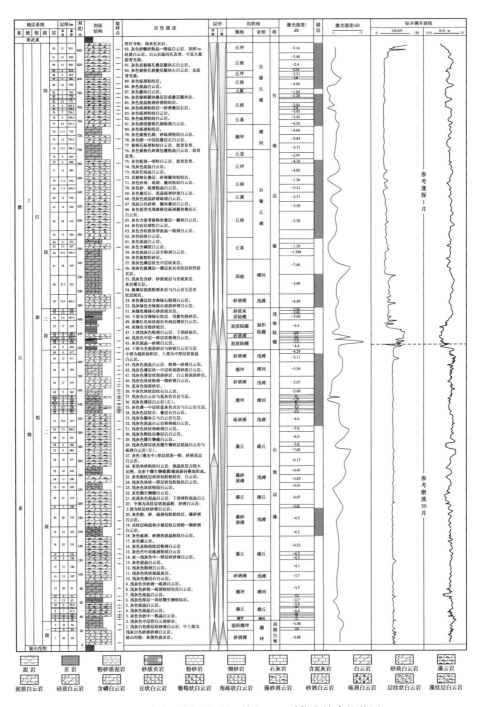

图 8-8　高家山剖面灯影组数字—地质信息综合柱状图

### 1. 岩性分布特征

通过建立高家山剖面灯影组数字—地质综合柱状图（图 8-8），统计了灯影组主要岩性与激光强度值的对应关系和占比情况（表 8-2），其中：藻云岩激光强度值分布范围为 -6~-1.37dB，平均 -4.1dB，厚度占比 45.62%，最为发育；晶粒白云岩（泥晶、粉晶、细晶白云岩）激光强度值分布范围为 -7.35~-1.58dB，平均 -4.1dB，与藻云岩相当，累计厚度占比 30.18%；石灰岩激光强度值分布范围为 -3.68~-2.48dB，平均 -3.1dB，累计厚度占比 12.93%；砂泥岩激光强度值分布范围为 -11.32~-1.8dB，平均 -5.1dB，累计厚度占比 3.98%；邻层的页岩激光强度值为 -4.6dB。对比来看，碎屑岩激光强度值最低，白云岩其次，石灰岩相对最高（图 8-9）。

表 8-2　高家山剖面灯影组各类岩性激光强度、累计厚度占比统计一览表

| 岩石类型 | 激光强度分布范围 /dB | 平均激光强度 /dB | 累计厚度占比 /% |
|---|---|---|---|
| 藻云岩 | -6~-1.37 | -4.1 | 45.62 |
| 晶粒白云岩 | -7.35~-1.58 | -4.1 | 30.18 |
| 石灰岩 | -3.68~-2.48 | -3.1 | 12.93 |
| 砂泥岩 | -11.32~-1.8 | -5.1 | 3.98 |

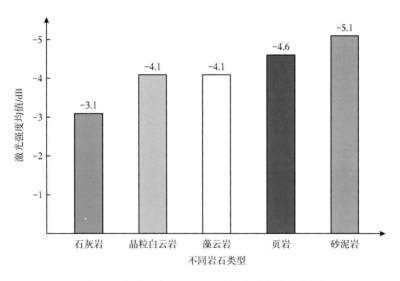

图 8-9　高家山剖面不同岩性激光强度值分布图

### 2. 岩相变化特征

根据该剖面岩相变化特征，灯影组可划分为两个三级层序（图 8-8），分别为 Sq1 和 Sq2，又可进一步细分为多个四级层序。Sq1 层序相当于灯一段和灯二段，层序界面为岩性—岩相转换界面，界面下部为陡山沱组沼泽相沉积的泥页岩，呈假整合接触，界面上部为灯影组底部局限台地相沉积的灰白色砂质砂屑白云岩。Sq2 层序相当于灯三段和灯四段，界面下部沉积了一套台地边缘相浅灰色中—厚层状粉屑白云岩，上部的灯三段沉积了一套浅海陆棚相沉积的砂泥岩。灯二段和灯四段分布于两个三级层序的高位体系域，整体均为

高能的台地边缘相带，储层较为发育。

灯二段中下部以广泛发育的葡萄花边状藻云岩为特征，发育多个微生物礁—丘—潮上坪的沉积旋回，每个微生物礁旋回底部发育泥晶白云岩、层纹石，或砂屑粘结岩形成的纹层，中—上部主要发育包粒粘结岩，顶部遭受溶蚀表现为凹凸不平，葡萄花边构造发育；微生物丘旋回通常由下部的含砂、砾屑泥晶白云岩和中上部的粉屑、球粒白云岩组成，局部发育纹层结构。灯二段上部包含多个微生物丘旋回，顶部以层纹石与叠层石白云岩组合为主，整体水体变深，储层变差。

灯四段厚度与灯二段基本相当，纵向上发育多个沉积旋回，底部发育泥晶白云岩至粉屑白云岩，向上碳酸盐岩颗粒变粗。在灯四段中部发育较深水相含硅、含泥沉积，见叠层石与硅质条带，向上逐渐过渡为高能粉屑白云岩沉积，还可见硅质条带发育的层纹石粉晶白云岩、硅化球粒白云岩，剖面顶部主要为凝块—叠层石构成的微生物礁结构，具层状礁特征，见含沥青窗格状叠层—凝块白云岩。与灯二段呈隆起丘状的微生物建隆不同，灯四段的微生物建隆并无明显地貌上的隆起，以层状礁/丘为主。在灯四段发育由多个叠层石—砾屑粘结白云岩旋回组成的储层段，主要岩性为窗格孔砾屑粘结白云岩、砾屑粘结岩、窗格孔洞叠层—凝块白云岩、砂糖状粉晶—细晶白云岩等。

从储层物性看，灯二段储集物性略小于灯四段，主体孔隙度小于5%，灯四段主体孔隙度为10%~15%。

### 3. 沉积相划分

依据岩性及岩相组合变化规律，结合区域沉积背景，确定该剖面灯二段主要发育台地边缘相，灯二段上部层段（26-46小层）发育礁丘—浅滩—滩间等多个沉积相类型，整体构成一个沉积旋回（图8-10）。其中上部的潮坪沉积厚度较大，内部分异出多个云坪—藻云坪微相构成的次级旋回。总体上灯二段自下而上反映为沉积水体逐渐变浅的旋回（三级），下部的藻丘沉积主要由藻白云岩构成，上部均发育白云岩，其中滩间亚相主要由藻砂屑白云岩组成，潮坪沉积岩性主要为泥晶白云岩。依据沉积相分类进行了各沉积相类型激光强度统计（表8-3），建立了不同沉积相类型—激光强度均值对应标准，依此规律也开展了其他小层激光强度和沉积沉积相类型的对应关系和分布情况研究（图8-11）。可以看出，图中灯三段浅海陆棚相的激光强度最低，主要以砂岩或泥岩为主，因此导致激光强度相对较低；而局限台地潮坪沉积以砂屑白云岩为主，由于砂屑的存在会导致其激光强度变低；其余沉积相类型的白云岩组分相对而言相似，因此激光强度变化相对不大。

表8-3　高家山剖面灯影组各类沉积相类型激光强度统计一览表

| 沉积相类型 | 激光强度分布范围/dB | 均值/dB |
| --- | --- | --- |
| 台地边缘—滩间 | −5.54~−1.37 | −4.1 |
| 台地边缘—礁丘 | −2.48~−1.64 | −3.8 |
| 台地边缘—浅滩 | −1.8~−1.36 | −3.5 |
| 陆棚 | −11.43~−1.58 | −6.5 |
| 局限台地—潮坪 | −6.03~−3.68 | −5.8 |

a. 灯二段上部小层划分

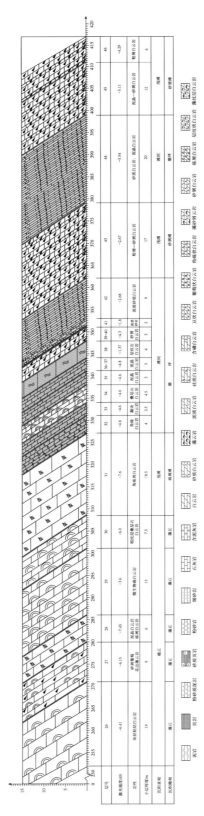

b. 数字一地质信息剖面

图 8-10 高家山剖面灯影组灯二段上部储层段（第26至46层）数字一地质信息剖面

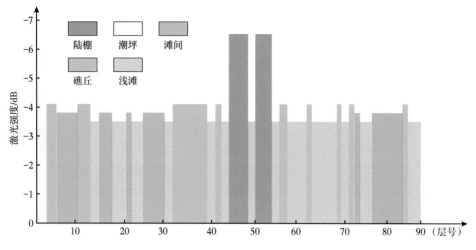

图 8-11　高家山剖面灯影组不同沉积相类型激光强度分布图

#### 4. 储层发育特征

1）灯二段储层

灯二段上部出露相对较好，显示清晰，植被覆盖较少，干扰因素相对较少，取样相对全面。因此，重点针对该目标层段进行储层特征分析。

第 29 层厚度约 15m，岩性为礁白云岩，可分为两段：第一段 6m 左右，底部为（砂）砾屑白云岩，发育孔洞与花边（似花边）构造，窗格孔发育，基质为浅灰色泥晶白云岩，上部出现纹层构造。第二段可分为三小段：下段为中—薄层状具叠层石和纹层窗格构造白云岩，厚度 3m；中段为块状具纹层砾屑泥晶白云岩，砾屑周缘为晶洞或岩溶孔，厚度 2m；上段为砾屑白云岩，厚度 4m，砾屑为厘米级（1~2cm），部分区域具窗格孔泥晶白云岩，推测为风暴改造而成。

第 30 层厚度 7.5m，岩性为粗纹层叠层石白云岩，发育三种纹层：碎屑纹层，厚度 3.5mm，常见，粗者达 1cm，色浅连续；菌纹层，厚度 1mm 或以下，呈深灰色，连续；窗格孔纹层，呈长条状，断续，变化大，厚度 1~10mm。在第 30 层内基本见不到葡萄花边构造。

第 31 层厚度 18.5m，岩性为块状角砾屑白云岩（图 8-12），可分为两个沉积旋回：第一个旋回厚度 10m，下部为砾屑白云岩，厚度 8m，上部为泥晶白云岩，灰白色块状无结构，厚度 2m；第二个旋回厚度 8.5m，自下向上分别为 2m 厚的粗纹层窗格孔纹层叠层石白云岩，3m 厚的砾屑白云岩和 3.5m 厚的块状均匀白云岩。

第 32 层岩性为泥晶白云岩和角砾屑白云岩。

第 33 层主要为凝块丘与灰泥丘，凝块间窗格孔发育，并见到花边衬里，向上为灰白色泥晶白云岩，均匀无结构。

第 34 层岩性为层纹石—叠层石白云岩，主要为微生物纹层，具有细小窗格孔，富菌纹层发育，顶部 30cm 风化呈黄色的叠层石。

第 35 层厚度 3m，见薄—中层状蓝灰色页岩与白云岩互层，发育有生物纹层构造。

第 36 层为厚度 1.5m 的棕灰色薄层白云岩。

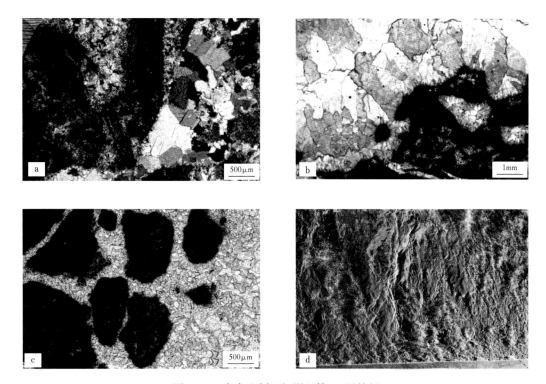

图 8-12　高家山剖面灯影组第 31 层特征

a. 角砾屑白云岩，铸体薄片（＋）；b. 角砾屑白云岩，铸体薄片（－）；

c. 角砾屑白云岩，铸体薄片（－）；d. 第 31 层激光强度

第 37 层厚度 1.5m，为白云岩与蓝灰色页岩互层，受底流或波浪影响，层面呈丘状起伏。

第 38 层主要为灰色块状层纹石白云岩，具有两个半旋回，以粉屑白云岩为主，中间有稀疏的菌纹层。

第 39 层至第 41 层，整体为蓝灰色泥质砂岩、棕灰色块状粉屑—细砂屑白云岩及薄层状泥质砂岩与白云质泥质砂岩互层，其中第 41 层具有风暴流沉积特征，发育递变层理段。

第 43 层岩性野外鉴定为亮晶藻云岩，室内薄片鉴定为泥晶白云岩—亮晶藻云岩，经三维激光点云显示，其响应特征与亮晶藻云岩不符合，与泥晶白云岩激光强度响应特征一致（图 8-13）。

第 44 层岩性野外鉴定为亮晶藻云岩，室内薄片鉴定为泥晶云岩—亮晶藻云岩，三维激光点云显示，其响应特征与亮晶藻云岩不符合，与泥晶白云岩激光强度响应特征一致（图 8-14）。

2）灯四段储层

（1）储集岩类型。灯四段白云岩岩石类型主要包括微生物白云岩、颗粒白云岩和晶粒白云岩三大类。①微生物白云岩主要包括藻纹层白云岩、叠层石白云岩、凝块石白云岩等。藻纹层白云岩在高家山剖面灯四段普遍发育，露头上或镜下显示可见近似平行的纹层状构造，暗色层为富藻层，亮色层为白云石层。藻纹层白云岩在纵向不连续发育，在横向上断续分布，起伏不大。叠层石白云岩在灯四段中—上部均有发育，其发育较为密集的藻

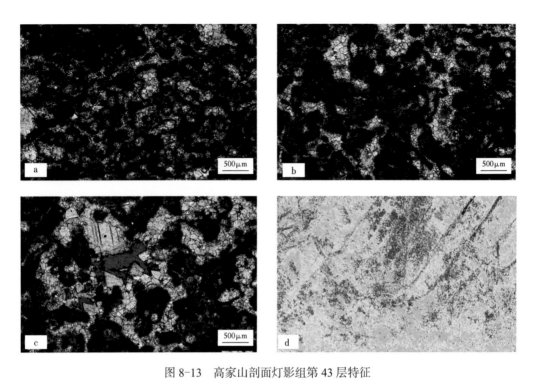

图 8-13　高家山剖面灯影组第 43 层特征

a.亮晶藻云岩，铸体薄片（＋）; b.亮晶藻云岩，铸体薄片（－）; c.亮晶藻云岩，铸体薄片（－）; d.第 43 层激光强度

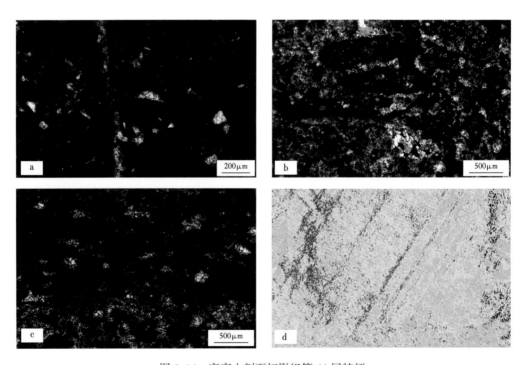

图 8-14　高家山剖面灯影组第 44 层特征

a.亮晶藻云岩，铸体薄片; b.亮晶藻云岩，铸体薄片（－）; c.亮晶藻云岩，铸体薄片（－）; d.第 44 层激光强度

纹层构造，剖面上叠层石多呈波状、丘状构造为主。波状叠层石纹层厚度多变，纹层较薄（1~5mm），纵向上连续性较好；丘状叠层石高度变化较大，最高 0.3m，其整体规模不大，横向上连续性与波状相比较差。凝块石白云岩是暗色微生物黏结形成的块状结构，灯四段发育多套凝块石白云岩层，多与白云岩共生发育。其整体起伏不大，可见明显的不规则深灰色凝块和浅色基质。高家山剖面凝块石白云岩多发育大量的窗格状孔洞，并被多期白云石胶结物充填。②颗粒白云岩以砂屑白云岩为主，部分可见砾屑白云岩，含量较少。③晶粒白云岩按照晶粒大小可以划分为泥晶白云岩、粉晶白云岩和砂晶白云岩（砂糖状白云岩），其中泥晶白云岩相对更为发育，在灯四段全段均有发育，其中下部相较于上部更发育。

（2）储层微相特征。镜下薄片鉴定显示，灯四段造丘生物以蓝藻为主，微生物岩分布广泛。高家山剖面灯四段主要处于台缘带上。高家山剖面灯四段可以划分为多期丘滩体。丘滩体可以分为五种沉积微相。①丘基是微生物丘滩体发育的基础，位于单个丘滩体建造的底部，是微生物在水动力较弱的条件下附着于灰泥形成的软基底。构成丘基的岩石类型主要为纹层状白云岩，含少量颗粒白云岩和泥晶—粉晶白云岩。纹层状白云岩具有稀疏细纹，单个纹层的宽度在 0.5~2.0mm，显微镜下表现为亮色贫微生物纹层与暗色富微生物纹层平行或近于平行，纹层时断时续，呈细微波状起伏。宏观上，丘基呈浅灰色薄层状，单个丘基厚度 1~3m，起伏幅度小于 1m。在具有多期旋回的微生物丘滩体内，单期丘滩体的丘基多叠置于上一期旋回的顶部（丘坪或丘盖）之上。②丘核是整个丘滩体的主体，发育在丘基之上，是微生物在营养物质丰富、光照良好的水体环境通过原地生长造架形成的，指示浅水高能沉积环境，岩性主要为凝块石白云岩、叠层石白云岩、泡沫绵层白云岩和葡萄花边白云岩。宏观上，丘核呈深灰色厚层状—块状，单个丘核厚度 3~5m，起伏幅度小于 2m，在丘滩体内部表现为多个米级旋回的垂向叠置。丘核的规模取决于微生物丘的生长速度与海平面变化速度的相对关系。当微生物丘的生长速度大于海平面上升速度、沉积期发生快速海侵或海平面下降较快时，微生物丘停止生长，丘核厚度较小。反之，微生物长期处于适合的生长环境，形成的丘核规模较大。③丘翼位于丘滩体的两侧，为原地沉积或微生物丘因波浪破碎作用形成的碎屑颗粒在丘体两翼沉积形成的颗粒滩。丘翼的主要岩性为残余砂屑白云岩和核形石白云岩，砂屑多为丘体被波浪打碎后形成的，磨圆较差。宏观上，丘翼呈浅灰色薄—中层状，单个丘翼厚度 1~2m，起伏幅度小于 0.5m。受沉积环境变迁的影响，部分微生物丘不发育或仅发育规模较小的丘翼微相。④丘坪位于丘滩体的顶部，为丘体快速"生长"、海平面相对下降背景下丘滩体暴露水面发生潮坪化的产物，岩性以纹层状白云岩为主，含少量颗粒岩。受暴露影响，丘坪发育暴露成因的角砾、暴露风化面等暴露标志。宏观上，丘坪往往叠置于丘翼或丘核之上，呈浅灰色薄层状，单期丘坪厚度在 1~2m，起伏幅度小于 0.5m。⑤前人研究认为，丘体顶部发育丘盖指示丘体"生长"晚期发生快速海侵，沉积水体能量较弱、营养匮乏、光照不足，导致微生物生长缓慢、丘体终止发育。丘盖岩性以泥晶白云岩为主，含少量纹层白云岩。宏观上，丘盖呈浅灰色薄—中层状，单期丘盖厚 1~2m，起伏幅度小于 0.5m，在发育多期旋回的微生物丘滩体内，早期微生物丘的丘盖往往构成下一期微生物丘的丘基。

（3）储层分布特征。灯影组四段依据海平面变化旋回可以分为上、下两个亚段，两期台缘丘滩体中发育滩间潟湖微相（图 8-15、图 8-16），下面对重点储层段进行分析。

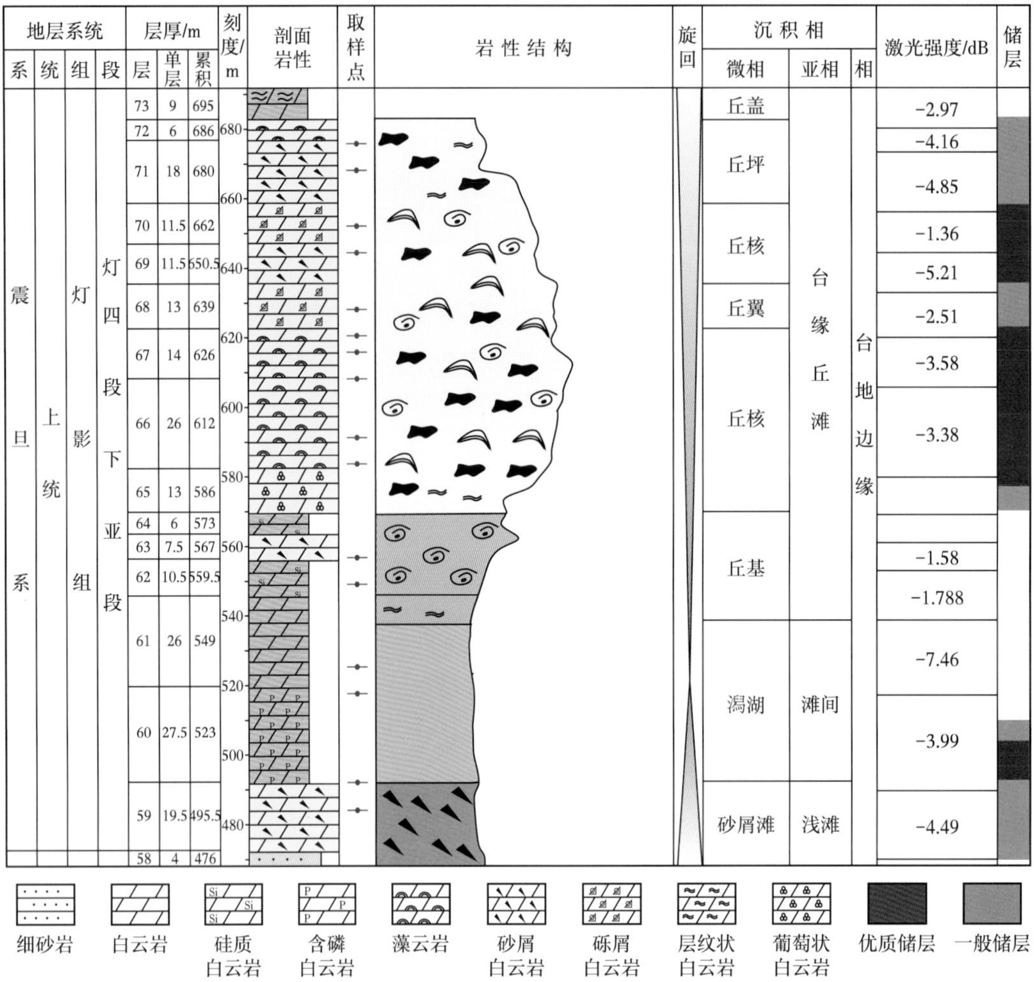

| 地层系统 | | | | 层厚/m | | | 刻度/m | 剖面岩性 | 取样点 | 岩性结构 | 旋回 | 沉积相 | | | 激光强度/dB | 储层 |
|---|---|---|---|---|---|---|---|---|---|---|---|---|---|---|---|---|
| 系 | 统 | 组 | 段 | 层 | 单层 | 累积 | | | | | | 微相 | 亚相 | 相 | | |
| 震旦系 | 上统 | 灯影组 | 灯四段下亚段 | 73 | 9 | 695 | 680 | | | | | 丘盖 | 台缘丘滩 | 台地边缘 | -2.97 | |
| | | | | 72 | 6 | 686 | | | | | | 丘坪 | | | -4.16 | |
| | | | | 71 | 18 | 680 | 660 | | | | | | | | -4.85 | |
| | | | | 70 | 11.5 | 662 | | | | | | 丘核 | | | -1.36 | |
| | | | | 69 | 11.5 | 650.5 | 640 | | | | | | | | -5.21 | |
| | | | | 68 | 13 | 639 | | | | | | 丘翼 | | | -2.51 | |
| | | | | 67 | 14 | 626 | 620 | | | | | 丘核 | | | -3.58 | |
| | | | | 66 | 26 | 612 | 600 | | | | | | | | -3.38 | |
| | | | | 65 | 13 | 586 | 580 | | | | | | | | | |
| | | | | 64 | 6 | 573 | | | | | | 丘基 | | | -1.58 | |
| | | | | 63 | 7.5 | 567 | 560 | | | | | | | | -1.788 | |
| | | | | 62 | 10.5 | 559.5 | | | | | | | | | | |
| | | | | 61 | 26 | 549 | 540 | | | | | 潟湖 | 滩间 | | -7.46 | |
| | | | | 60 | 27.5 | 523 | 520/500 | | | | | | | | -3.99 | |
| | | | | 59 | 19.5 | 495.5 | 480 | | | | | 砂屑滩 | 浅滩 | | -4.49 | |
| | | | | 58 | 4 | 476 | | | | | | | | | | |

图例：细砂岩、白云岩、硅质白云岩、含磷白云岩、藻云岩、砂屑白云岩、砾屑白云岩、层纹状白云岩、葡萄状白云岩、优质储层、一般储层

图 8-15　灯影组四段下亚段激光强度—沉积综合柱状图

①储层段第 69~71 层。第 69 层岩性为叠层、泥晶砂砾屑白云岩，上部发育粗粒叠层石白云岩，发育窗格孔。第 70 层与第 69 层韵律相似，形成一个大的旋回，由泥晶粒屑白云岩组成，顶部 1.5m 以叠层石白云岩为主。第 71 层厚度 18m，岩性主要为砂屑砾屑凝块粘结白云岩，具有四个向上变浅旋回；顶部有叠层石白云岩，或纹层状粘结岩（图 8-17）。

②储层段第 79~81 层。灯四段上亚段第 79~81 层（图 8-18），第 79 层发育砂砾屑粘结白云岩，窗格孔洞发育。第 80 层发育 3m 厚砾屑粘结岩，砾石成分为泥晶白云岩，主体大于 5cm，最大达 10cm，顶部发育纹层凝块叠层石。第 81 层发育厚度为 6m 的砾屑白云岩，溶蚀窗格孔洞发育，可见纹层叠层石断续出现，有藻纹层及包覆黏结特征，被砂屑粉屑充填，砾屑大小不一，大者 5~6cm，呈长条形。经分析认定，该层段为多期丘核叠置而成，内部见窗格孔洞发育，野外露头勘察后认为该段为有利储层段。

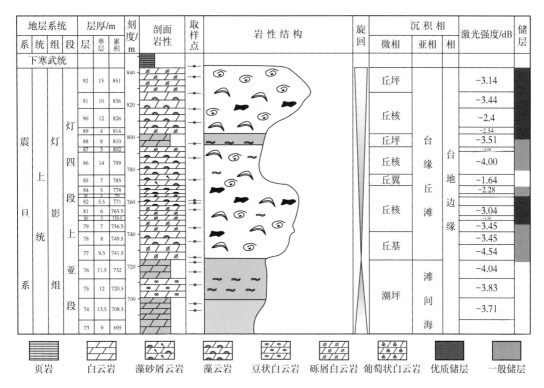

图 8-16　灯影组四段上亚段激光强度—沉积综合柱状图

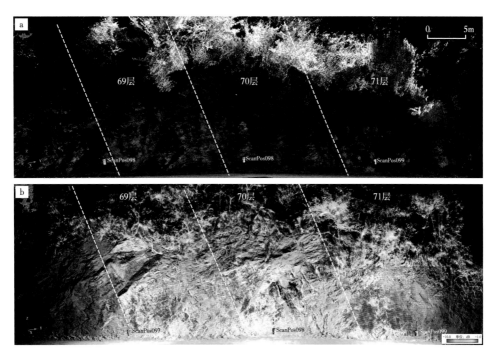

图 8-17　灯四段第 68~71 层储层段数字露头模型和激光强度图

a. 数字露头模型；b. 激光强度图

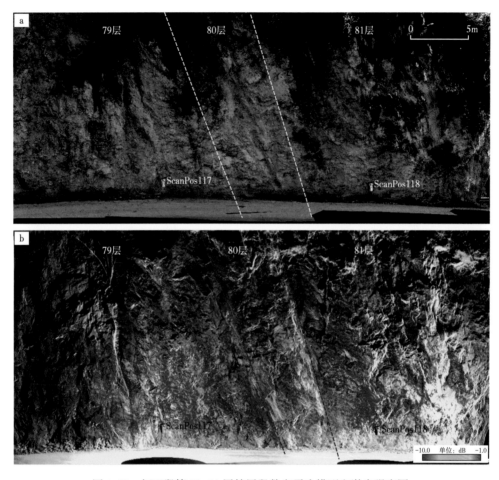

图 8-18 灯四段第 79~81 层储层段数字露头模型和激光强度图

a. 数字露头模型；b. 激光强度图

## 第三节 盘龙洞二叠系长兴组储层剖面

　　碳酸盐岩台地各相带中，台地边缘带的生物礁和浅滩发育而且规模较大，是十分有利的储集相带。晚二叠世长兴组沉积期，来自东南方向的古太平洋和西南方向的古特提斯海水广泛入侵川、渝海域，除西侧的康滇古陆有较轻微的活动外，川东—渝北地区以北的马尔康、摩天岭、大巴山等海隆均淹没于水下，使该区形成广阔的碳酸盐台地及陆棚沉积环境。长兴早期，由于区内整体地形平缓，无大的构造坡折带，总体以缓坡型碳酸盐台地沉积为主；长兴中—晚期，随着开江—梁平海槽和城口—鄂西海槽的出现，川东北地区沿海槽边缘带发育台缘相，礁滩沉积沿台缘带广泛分布。结合钻测井资料、剖面资料、地震资料等综合分析，区内总体上形成南、北两个碳酸盐岩台地，中间由整体水深不大的、自西向东缓倾斜的台凹隔开，台凹连接开江—梁平海槽与城口—鄂西海槽，沿着台凹两侧的台地边缘带，发育一系列台缘礁滩相，并且北部台缘带礁滩沉积相对更为发育。

下面重点以川东北地区宣汉盘龙洞生物礁剖面为研究对象，利用激光扫描剖面、基于激光强度实现碳酸盐岩的岩性划分和结构识别，进而明确岩性分布的非均质性和岩相纵横向演化规律。

## 一、剖面概况

盘龙洞长兴组露头剖面位于四川省宣汉县东北部鸡唱乡靠近盘龙洞的公路旁，沿江呈北东—南西向展布，剖面长0.75km，北距鸡唱乡约2km，南距龙泉乡约9km，该区是百里峡国家旅游胜地的景点之一。该剖面出露非常完整，观察和测量极为方便，尤其是河水中经冲刷风化后的海绵生物礁结构清楚（图8-19）。实测剖面大致沿地层倾向方向进行，测线总体上呈北东—南西方向展布，沿公路延伸。剖面自下而上发育的地层有吴家坪组、长兴组和飞仙关组，长兴组出露完整，顶、底界线易于识别，其中顶部以中—厚层状微晶白云岩与飞仙关组底部的薄层泥质白云岩接触，底部以薄—中层状泥质灰岩与吴家坪组顶部的灰岩—硅质条带互层相接触（图8-20）。

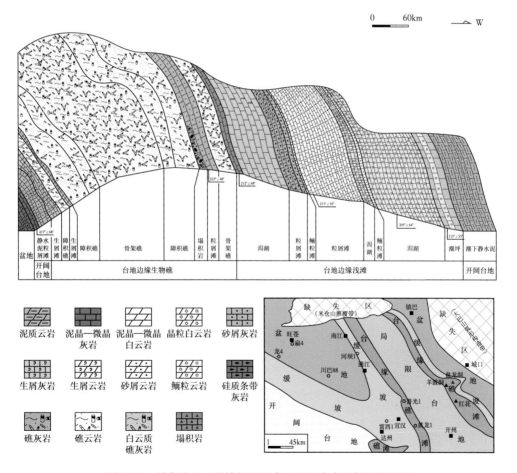

图8-19  川东北上二叠统长兴组古地理及盘龙洞剖面实测图

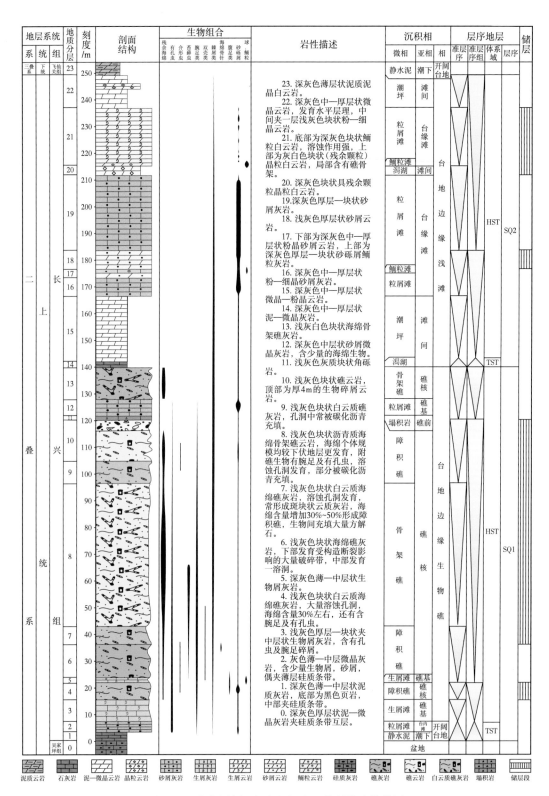

图 8-20　盘龙洞剖面长兴组沉积—储层综合柱状图

在盘龙洞长兴组露头剖面研究中采用多尺度、多维度的思路，即宏观上采用高空与地面结合的方法，采集无人机高空数字露头剖面（450m×170m）和激光扫描数字露头地面剖面（750m×10m）；微观上利用 20 块样品的薄片鉴定分析数据对分析结果进行验证和补充，实现生物礁结构和礁滩期次识别。

## 二、无人机数字露头剖面生物礁滩发育特征

采用高空无人机航飞数字露头（图 8-21）对盘龙洞剖面宏观生物礁发育特征进行分析，划分了礁滩结构和发育期次（图 8-22、图 8-23）。根据岩石学、古生物等沉积相标志和层序界面特征，结合前人对沉积相和层序地层已有的认识成果，认为盘龙洞长兴组剖面属于碳酸盐岩台地沉积体系，发育 2 个 Ⅱ 型三级层序，进一步划分出开阔台地、台地边缘生物礁和台地边缘浅滩等众多亚相和微相，其中下部的生物礁相和上部的浅滩相构成该剖面的主体，分别发育于长兴组第 1 个和第 2 个三级层序的高位体系域中。

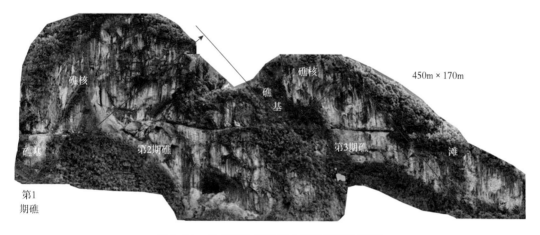

图 8-21　盘龙洞长兴组无人机数字露头剖面

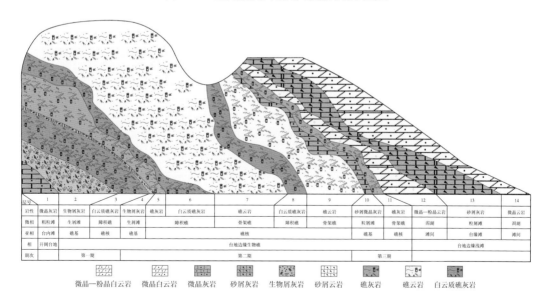

| 层号 | 1 | 2 | 3 | 4 | 5 | 6 | 7 | 8 | 9 | 10 | 11 | 12 | 13 | 14 |
|---|---|---|---|---|---|---|---|---|---|---|---|---|---|---|
| 岩性 | 微晶灰岩 | 生物屑灰岩 | 白云质礁灰岩 | 生物屑灰岩 | 礁灰岩 | 白云质礁灰岩 | 礁云岩 | 白云质礁灰岩 | 礁云岩 | 砂屑微晶灰岩 | 礁灰岩 | 微晶—粉晶云岩 | 砂屑灰岩 | 微晶灰岩 |
| 微相 | 粗粒滩 | 生屑滩 | 障积礁 | 生屑滩 | | 障积礁 | 骨架礁 | 障积礁 | 骨架礁 | 粒屑滩 | 骨架礁 | 潟湖 | 粒屑滩 | 潟湖 |
| 亚相 | 台内滩 | 礁基 | 礁核 | 礁基 | | | | | | 礁基 | 礁核 | 滩间 | 台缘滩 | 滩坪 |
| 相 | 开阔台地 | | | | | 台地边缘生物礁 | | | | | | 台地边缘浅滩 | | |
| 期次 | 第一期 | | | | | 第二期 | | | | 第三期 | | | | |

微晶—粉晶白云岩　　微晶白云岩　　微晶灰岩　　砂屑灰岩　　生物屑灰岩　　砂屑云岩　　礁灰岩　　礁云岩　　白云质礁灰岩

图 8-22　盘龙洞无人机剖面长兴组宏观礁滩发育特征

a. 障积礁无人机扫描特征　　　　　　　　b. 骨架礁无人机扫描特征

图 8-23　盘龙洞无人机剖面长兴组宏观小尺度礁滩发育特征

## 三、地面激光数字露头剖面生物礁滩发育特征

盘龙洞长兴组地面激光数字露头剖面，在地表地质分层的基础上，结合激光强度值变化和影像纹理差异等共划分 22 层。

### 1. 生物礁发育特征

1）生物礁期次

1~13 层发育三期生物礁（图 8-20）。第一期，（云质）礁灰岩，障积礁为主，厚 29.61m。第二期，沉积厚度最大，礁云岩，骨架礁为主，厚度 179.79m。第三期，礁灰岩，骨架礁为主，厚度 31.19m（表 8-4）。

表 8-4　盘龙洞剖面生物礁期次划分和沉积相对应关系

| 层号 | 厚度 /m | 沉积相 | 礁滩期次划分 | |
| --- | --- | --- | --- | --- |
| | | | 期次 | 厚度 /m |
| 1 | 1.58 | 开阔台地 | | |
| 2 | 9.98 | | | |
| 3 | 21.13 | 礁基 | 第一期礁 | 29.61 |
| 4 | 8.48 | 礁核—障积礁 | | |
| 5 | 2.36 | 礁基 | 第二期礁 | 179.79 |
| 6 | 23.8 | 礁核—障积礁 | | |
| 7 | 18.16 | | | |
| 8 | 89.56 | 礁核—骨架礁 | | |
| 9 | 15.45 | 礁核—障积礁 | | |
| 10 | 30.46 | | | |
| 11 | 10.88 | 礁前—塌积 | 第三期礁 | 31.19 |
| 12 | 5.52 | 礁基 | | |
| 13 | 14.79 | 礁核—骨架礁 | | |

三期礁岩中，第三期以礁灰岩沉积为特征，第一期和第二期生物礁白云石化作用发育，尤以第二期更为广泛（图 8-24）。值得注意的是，在白云石化的生物礁岩中发现大量的沥青，预示着有过油气的运移和充注过程，主要充填于孔洞、次为裂隙，少数充填于腕足、海绵体腔内。

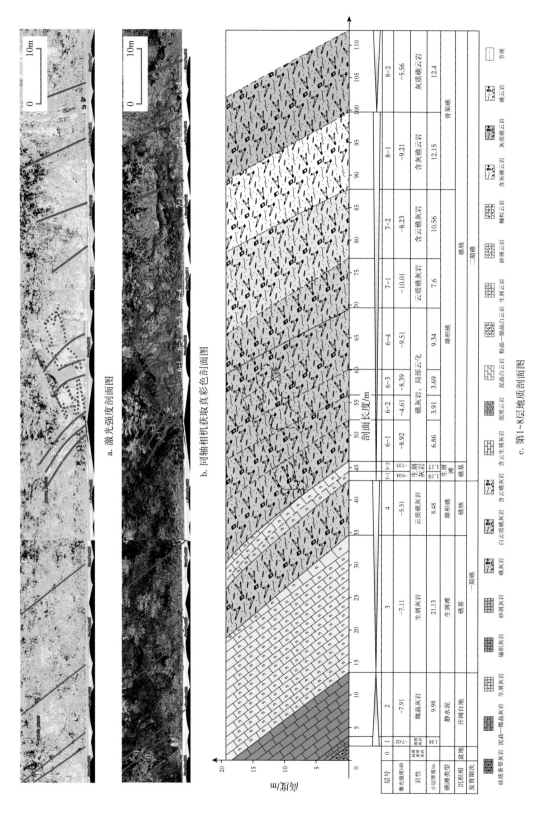

图 8-24　盘龙洞长兴组生物礁发育时期数字—地质信息剖面图（第 1~8 层）

2）岩性与岩相特征

盘龙洞长兴组SQ1层序发育三期礁体，主要岩性为泥质灰岩、泥晶—微晶灰岩、生屑灰岩、砂屑灰岩、生物礁灰岩、白云质生物礁灰岩、礁灰岩及微晶—粉晶白云岩等。其中石灰岩与白云岩在激光强度上有明显的差异。白云岩激光强度与石灰岩激光强度相比，数值更高，在激光强度剖面上，显示更偏向暖色；石灰岩激光强度较低，在激光强度剖面上，显示更偏向冷色。

一期礁以石灰岩为主，具有"中间强，上下弱"的特点，该期礁在第2、3层发育微晶灰岩、生屑灰岩，该时期海平面处于一期礁发育时期的高点，第4层发育时期海平面下降，礁灰岩发生白云石化作用，发育云质礁灰岩。在激光强度上整体趋势与沉积环境变化趋势相同，在第2~3层，激光强度呈低值，自第3~4层激光强度逐渐变高，显示趋势向白云岩靠拢。

二期礁白云石含量增高，是三期礁中白云石含量最高的，且其含量较为稳定。该时期白云岩化作用程度最高，呈现出极强的白云岩化非均值性。在二期礁旋回内部，又可以识别出三个次级白云岩化旋回。二期礁内部激光强度同样具有"中间强，上下弱"的特点，在第7~8层，其岩性以礁云岩—灰质礁云岩—含灰礁云岩为主，骨架礁体发育，在激光强度上两层的激光强度值明显高于其他层。另外，在二期礁下部所发育的障积礁在激光强度上部分层显示出与白云岩相近似的激光强度特征，经过对该部分层进行激光点云模型显示，发现该部位存在明显的节理缝，白云岩所发育位置被节理缝所围辖，因此可以推断该区域为沉积作用后受节理控制所形成的溶蚀作用而发生的白云石化。因此，二期礁可以作为有利的储层发育层段。

三期礁与一期礁相似，以石灰岩为主。由于盘龙洞剖面在长兴组沉积时期处于近海槽位置，受风暴作用影响较大，在第11~12层沉积时期由于风暴作用影响，发育块状角砾岩及砂屑泥晶灰岩，并发育礁前—礁基—礁核微相。在激光强度上，三期礁呈现激光强度值与前两期礁有差异（图8-25），经野外实地勘查及样品化验结果可以看出，该处受沥青条

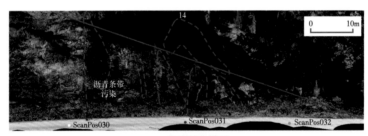

a. 数字露头模型

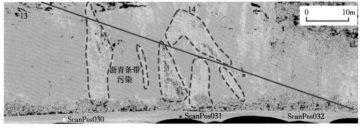

b. 激光强度剖面图

图 8-25　盘龙洞剖面生物礁时期第三期礁表面沥青条带（第13层）

带污染导致表面变黑，因此导致了激光强度值的异常。但同时，由于表面存在沥青条带这一现象也证实了该部位有油气的运移与充填。

3）储层发育特征

盘龙洞剖面长兴组生物礁形成期，其古环境更适合造礁生物的生长，古地貌较高，且位于靠近广海一侧，在成岩时期位于高能相带；该时期多形成障积礁、骨架礁等沉积相带，其岩石内部具备较好的孔隙，可以作为储层（图 8-26）。第一期礁多以生屑灰岩、生屑礁灰岩等岩性为主，该类型岩性具有一定的孔隙结构，但原生孔隙可能被胶结，孔隙度在礁滩沉积中相对较低；第二期礁白云岩化程度是三期礁中最高的，白云岩发育，其孔隙度为三期礁中最高，也是最有利的储层发育位置；第三期礁与第一期礁相似，其孔隙度相对第二期礁低，但由于受风暴作用影响较大，因此会发育溶洞—溶缝等构造，并且由于三期礁表面见沥青条带，也证明了曾经有过油气运移与聚集。

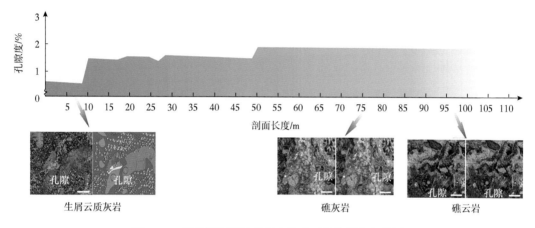

图 8-26　盘龙洞剖面长兴组生物礁时期储层发育特征

碳酸盐岩除孔隙外，其形成的溶洞等也是作为储集层的有利条件。通过对激光点云数据进行的精细研究可以发现，部分位置点云扫描后数据体有部分区域点云发育较为稀疏。该现象是由于表面存在溶洞所导致（图 8-27）。

图 8-27　盘龙洞剖面长兴组生物礁时期表面溶洞发育特征

a. 数字露头模型；b. 激光强度图

### 2. 生物滩发育特征

1）生物滩期次

14~22 层发育两期滩（表 8-5）。第一期滩厚度 179.32m，第二期滩厚度 134.29m。

第一期浅滩沉积主要由滩间亚相和台缘滩亚相组成，下部主要发育深灰色微晶—粉晶白云岩沉积，上部发育粉晶—细晶砂屑灰岩、粉晶砂屑白云岩沉积。第二期滩沉积也由滩间亚相和台缘滩亚相组成，可细分出三个次级旋回，第 1 个次级旋回下部由深灰色厚层—块状砂屑灰岩组成，上部由潟湖微相晶粒白云岩组成，第 2 个次级旋回为鲕粒、残余颗粒晶粒白云岩组成，第 3 个次级旋回为滩间亚相的中—薄层状微晶白云岩组成。第二期滩体白云岩化和溶蚀现象发育，大多鲕粒被溶空后含有碳化沥青，形成储集物性很好的古油藏（图 8-28）。

2）岩性与岩相特征

在盘龙洞剖面长兴组 SQ2 层序时期，发育两期滩体，主要岩性为砂屑灰岩、砂屑白云岩、鲕粒灰岩、残余颗粒白云岩、鲕粒白云岩、粉晶—细晶白云岩及泥晶—微晶白云岩等。激光强度特征与生物礁相似，石灰岩与白云岩激光强度特征差异明显。二期滩发育岩性具有明显差别，两期滩具备明显的"顶强、底弱"的特点。

**表 8-5 盘龙洞剖面生物滩期次划分和沉积相对应关系**

| 层号 | 厚度 /m | 沉积相 | 礁滩期次划分 | |
| --- | --- | --- | --- | --- |
| | | | 期次 | 厚度 /m |
| 14 | 22.44 | 滩间 | 第一期滩 | 179.32 |
| 15 | 39.46 | | | |
| 16 | 18.7 | 滩 | | |
| 17 | 23.56 | | | |
| 18 | 22.26 | | | |
| 19 | 52.9 | | | |
| 20 | 31.12 | 滩间 | 第二期滩 | 134.29 |
| 21 | 92.61 | 滩 | | |
| 22 | 10.56 | 滩间 | | |

3）储层发育特征

一期滩形成时期，水动力条件动荡，白云石含量以旋回顶部最高，白云石化以旋回顶部最强，底部几乎不发生白云石化。而随着海平面变化，白云石化作用逐渐强烈，在激光强度剖面上呈现大套暖色区域，与白云岩激光强度相符。另外，在 15-2 层激光强度出现突变，经野外考察与特征分析，发现该位置发育溶蚀孔洞，有碳化沥青充填，因此导致激光强度显示异常（图 8-29）。

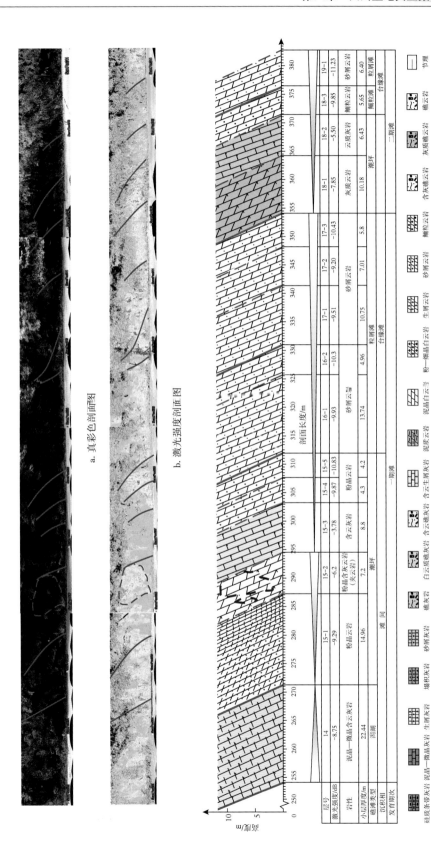

a. 真彩色剖面图

b. 激光强度剖面图

c. 数字—地质信息剖面图

图8-28　盘龙洞剖面长兴组生物礁滩发育时期数字—地质信息剖面图

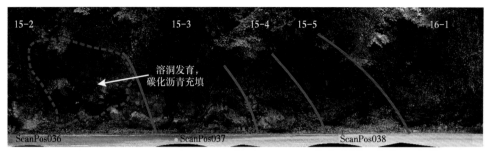

a. 数字露头模型

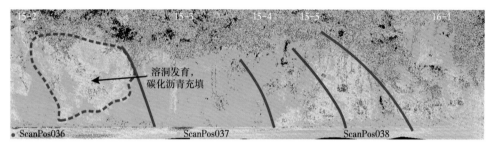

b. 激光强度图

图 8-29　盘龙洞剖面长兴组生物滩时期溶洞发育特征

二期滩沉积时期，持续海退，水动力条件较一期滩时期更加强烈，多发育砂屑、鲕粒等结构。在整体上与一期滩相似，具备"顶强、底弱"的特征，但白云石化作用与一期滩相比明显更强。在激光强度剖面上，其激光强度特征与白云岩近似，且厚度更大。有利储层发育位置如图 8-30 所示。

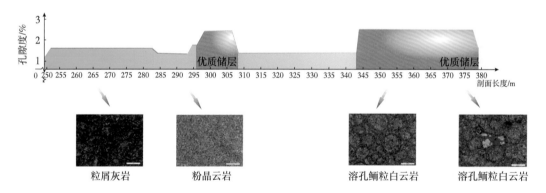

图 8-30　盘龙洞剖面长兴组生物滩时期储层发育特征

# 参考文献

苍桂华，岳建平，潘邦龙，2014.地面激光扫描强度数据的影响因素分析［J］.测绘科学技术学报，31（3）：257-262.

曹飞，2015.裂缝性岩石声波参数实验研究及裂缝性储层测井评价［D］.长春：吉林大学.

陈钢花，胡琼，曾亚丽，等，2015.基于BP神经网络的碳酸盐岩储层缝洞充填物测井识别方法［J］.石油物探，54（1）：99-104.

陈雨，方滨，王普，2010.一种Beamlet变换下的图像边缘检测算法［J］.中国图象图形学报，15（8）：1214-1219.

程国建，郭文惠，范鹏召，2017.基于卷积神经网络的岩石图像分类［J］.西安石油大学学报（自然科学版），32（4）：116-122.

程小龙，程效军，李泉，等，2017.基于分段多项式模型的地面三维激光扫描激光强度改正［J］.激光与光电子学进展，54（11）：427-435.

代世威，2013.地面三维激光雷达点云数据质量分析与评价［D］.西安：长安大学.

邓云山，吴志勇，吉利民，等，1996.准噶尔盆地东北缘二叠纪地层时代划分［J］.沉积学报，14（3）：97-102.

杜永浩，邢立宁，陈盈果，等，2019.卫星任务调度统一化建模与多策略协同求解方法［J］.控制与决策，34（9）：10.

冯陶然，2017.准噶尔盆地二叠系构造—地层层序与盆地演化［D］.北京：中国地质大学（北京）.

冯雅兴，龚希，徐永洋，等，2019.基于岩石新鲜面图像与孪生卷积神经网络的岩性识别方法研究［J］.地理与地理信息科学，35（5）：89-94.

甘甫平，董新丰，闫柏琨，等，2018.光谱地质遥感研究进展［J］.南京信息工程大学学报（自然科学版），10（1）：44-62.

高慧，张建龙，欧阳渊，等，2013.基于最小噪声分量变换的ASTER遥感数据岩性分类［J］.桂林理工大学学报，33（2）：259-265.

胡明毅，魏欢，邱小松，等，2012.鄂西利川见天坝长兴组生物礁内部构成及成礁模式［J］.沉积学报，30（1）：33-42.

胡忠贵，胡明毅，廖军，等，2014.鄂西建南地区长兴组沉积相及生物礁沉积演化模式［J］.天然气地球科学，25（7）：980-990.

胡忠贵，秦鹏，胡明毅，等，2018.湘鄂西地区下寒武统水井沱组页岩储层分布及非均质性特征研究［J］.中国石油勘探，23（4）：16-28.

胡忠贵，董庆民，李世临，等，2019.川东—渝北地区长兴组—飞仙关组礁滩组合规律及控制因素［J］.中国石油大学学报（自然科学版），43（3）：25-35.

黄传朋，2019.基于三维激光雷达扫描仪的三维地形获取及应用［D］.天津：天津理工大学.

柯式镇，许淑霞，2006.井壁电成像测井资料定量评价方法研究［J］.天然气工业，26（9）：62-64.

柯元楚，史忠奎，李培军，等，2018.基于Hyperion高光谱数据和随机森林方法的岩性分类与分析［J］.岩石学报，34（7）：2181-2188.

荆智辉，张世晖，李强，2013.基于Beamlet变换的断层识别与线性提取［J］.物探与化探，37（3）：543-546.

李昌明，李东年，赵正旭，等，2022.基于OSG与Qt的FAST三维场景仿真［J］.计算机应用与软件，39（2）：1-562.

李茂兵，2010.电成像测井自动识别和定量评价研究［D］.青岛：中国石油大学（华东）.

李平，2017.地面三维激光雷达点云数据处理及模型构建 [D].成都：成都理工大学.

李瑞雪，2019.基于地面 LiDAR 数据的建筑物立面识别及提取研究 [D].赣州：江西理工大学.

李雪英，蔺景龙，文慧俭，2005.碳酸盐岩孔洞空间的自动识别 [J].大庆石油学院学报，29（4）：4-6.

李艳民，2007.基于 Qt 跨平台的人机交互界面的研究和应用 [D].重庆：重庆大学.

刘经南，张小红，2005.利用激光强度信息分类激光扫描测高数据 [J].武汉大学学报（信息科学版），30（3）：189-193.

刘男卿，德勒恰提，帕尔哈提，等，2016.火烧山油田二叠系将军庙—平地泉组沉积相分析 [J].西部探矿工程，28（10）：82-85.

刘学锋，马乙云，曾齐红，等，2015.基于数字露头的地质信息提取与分析——以鄂尔多斯盆地上三叠统延长组杨家沟剖面为例 [J].岩性油气藏，27（5）：13-18.

罗正江，王睿，詹家祯，等，2014.新疆准噶尔盆地东北缘孔雀坪剖面二叠纪金沟组孢粉组合及其地层意义 [J].微体古生物学报，31（3）：311-319.

刘锋，张继贤，李海涛，2006.SHP 文件格式的研究与应用 [J].测绘科学，31（6）：116-117.

穆亚飞，2019.柯坪地区下寒武统沉积储层特征研究 [D].北京：中国石油大学（北京）.

梅小明，张良培，李平湘，2008.利用 Beamlet 变换算法提取遥感图像线性特征 [J].计算机应用研究，25（5）：1576-1578.

潘蔚，倪国强，李瀚波，2009.基于遥感图像地形结构—岩性组分分解的岩类多重分形特征研究 [J].地学前缘，16（6）：248-256.

秦鹏，胡忠贵，吴嗣跃，等，2018.川东长兴组台缘礁滩相储层纵向非均质性特征及形成机制——以川东宣汉盘龙洞长兴组剖面为例 [J].岩石矿物学杂志，37（1）：61-74.

乔占峰，沈安江，郑剑锋，等，2015.基于数字露头模型的碳酸盐岩储集层三维地质建模 [J].石油勘探与开发，42（3）：328-337.

瞿子易，周文，罗鑫，等，2009.基于粒子群和支持向量机的裂缝识别 [J].石油与天然气地质，30（6）：786-792.

钱建平，张渊，赵小星，等，2013.内蒙古东乌旗遥感构造和蚀变信息提取与找矿预测 [J].国土资源遥感，25（3）：109-117.

石广仁，2008.支持向量机在裂缝预测及含气性评价应用中的优越性 [J].石油勘探与开发，35（5）：588-594.

申辉林，高松洋，2007.基于 BP 神经网络进行裂缝识别研究 [J].断块油气田，14（2）：60-62，93.

苏培东，秦启荣，黄润秋，2005.储层裂缝预测研究现状与展望 [J].西南石油学院学报，27（5）：24-27，5.

谭凯，程效军，2014.地面激光扫描中激光强度值的影响因素及改正方法 [J].测绘科学，39（9）：98-101.

唐云，2008.基于 Qt 和 OpenGL 的三维曲面可视化软件开发 [D].成都：成都理工大学.

唐勇，侯章帅，王霞田，等，2022.准噶尔盆地石炭纪—二叠纪地层对比框架新进展 [J].地质论评，68（2）：385-407.

田金文，高谦，杜拥军，等，1999.基于井壁成像测井图像的溶洞自动检测方法 [J].石油天然气学报，21（2）：20-22.

童庆禧，张兵，郑兰芬，2006.高光谱遥感原理技术与应用 [M].北京：高等教育出版社.

王剑，肖洒，杜秋定，等，2023.四川盆地东北部地区陡山沱组黑色页岩古海洋环境与有机质富集机制 [J].天然气工业，43（4）：76-92.

王维波，栗宝鹍，侯春望，2018.Qt 5.9 C++ 开发指南 [M].北京：人民邮电出版社.

王振武，吕小华，韩晓辉，2018.基于四叉树分割的地形 LOD 技术综述 [J].计算机科学，45（4）：34-45.

魏国齐，贾东，杨威，等，2019.四川盆地构造特征与油气 [M].北京：科学出版社.

肖进胜，程显，李必军，等，2015.基于 Beamlet 和 K-means 聚类的车道线识别 [J].四川大学学报（工程科学版），47（4）：98-103.

肖鹏，刘代更，徐明亮，2009. Open Scene Graph 三维渲染引擎编程指南［M］.北京：清华大学出版社.

谢丹丹，2015.碳酸盐岩缝洞型储层参数定量评价方法研究［D］.荆州：长江大学.

许振浩，马文，李术才，等，2022.岩性识别：方法、现状及智能化发展趋势［J］.地质论评，68（6）：2290-2304.

印森林，陈恭洋，刘兆良，等，2018.基于无人机倾斜摄影的三维数字露头表征技术［J］.沉积学报，36（1）：72-80.

曾接贤，周沥沥，符祥，2012.改进的 Beamlet 与 Canny 相结合提取复杂图像线特征［J］.中国图象图形学报，17（7）：775-782.

曾齐红，马乙云，谢兴，等，2015.鄂尔多斯盆地延长组数字露头表层建模方法研究［J］.岩性油气藏，27（5）：25-29.

张磊，孟令华，周龙涛，2020.新疆温泉县牙马特一带 105 万区域地质调查的遥感技术应用［J］.山东国土资源，36（3）：66-73.

张野，李明超，韩帅，2018.基于岩石图像深度学习的岩性自动识别与分类方法［J］.岩石学报，34（2）：333-342.

赵文智，王小芳，王鑫，等，2022.四川盆地震旦系灯影组地层厘定与岩相古地理特征［J］.古地理学报，24（5）：852-870.

赵小星，2017.西藏桑木岗地区遥感线性构造和蚀变信息提取与找矿预测［J］.现代地质，31（4）：851-859.

郑剑锋，沈安江，乔占峰，等，2015.基于数字露头的三维地质建模技术——以塔里木盆地一间房剖面一间房组礁滩复合体为例［J］.岩性油气藏，27（5）：108-115.

朱如凯，白斌，袁选俊，等，2013.利用数字露头模型技术对曲流河三角洲沉积储层特征的研究［J］.沉积学报，31（5）：867-877.

邹才能，徐春春，汪泽成，等，2011.四川盆地台缘带礁滩大气区地质特征与形成条件［J］.石油勘探与开发，38（6）：641-651.

Achanta R.，Shaji A.，Smith K.，et al.，2012. SLIC superpixels compared to state-of-the-art superpixel methods［J］. IEEE transactions on pattern analysis and machine intelligence，34（11）：2274-2282.

Adams M.D.，Probert P.J.，1996. The Interpretation of Phase and Intensity Data from AMCW Light Detection Sensors for Reliable Ranging［J］. The International Journal of Robotics Research，15（5）：441-458.

Allen J.，Walsh B.，2008. Enhanced oil spill surveillance，detection and monitoring through the applied technology of unmanned air system［J］. International Oil Spill Conference Proceedings，（1），113-120.

Andrew M.，2018. A quantified study of segmentation techniques on synthetic geological XRM and FIB-SEM images［J］. Computational Geosciences，22（6）：1503-1512.

Barrett W. A.，Mortensen E. N.，1997. Interactive live-wire boundary extraction［J］. Medical image analysis，1（4）：331-341.

Bahiru A. W. T.，2016. Integrated geological mapping approach and gold mineralization in Buhweju area，Uganda［J］. Acta crystallographica. Section F，Structural biology communications，72（1）：777-793.

Bartz D.，M. Meißner，Huttner T.，1999. OpenGL-assisted occlusion culling for large polygonal models［J］. Computers & graphics，23（5）：667-679.

Bellian J.A.，Kerans C.，Jennette D.C.，2005. Digital outcrop models：applications of terrestrial scanning lidar technology in stratigraphic modeling［J］. Journal of Sedimentary Research，75（2）：166-176.

Biavati G.，Di Donfrancesco G.，Cairo F.，et al.，2011. Correction scheme for close-range lidar returns［J］. Applied optics，50（30）：5872-5882.

Biljecki F., Heuvelink G. B. M., Ledoux H., et al., 2018. The effect of acquisition error and level of detail on the accuracy of spatial analyses[J]. Cartography and Geographic Information Science, 45（2）：156-176.

Boehler W., Vicent M. B., Marbs A., 2003. Investigating laser scanneraccuracy[J]. XIXth CIPA Symposium. Antalya, 23（5）：696-701.

Buckley S. J., Enge H. D., Carlsson C., et al., 2010. Terrestrial laser scanning for use in virtual outcrop geology[J]. The Photogrammetric Record, 25（131）：225-239.

Burton D., Dunlap D. B., Wood L. J., et al., 2011. Lidar Intensity as a Remote Sensor of Rock Properties [J]. Journal of sedimentary research, 81（5）：339-347.

Challis K., Carey C., Kincey M., et al., 2011. Airborne lidar intensity and geoarchaeological prospection in river valley floors[J]. Archaeological Prospection, 18（1）：130-151.

Cignoni P., Callieri M., Corsini M., et al., 2008. Meshlab：an open-source mesh processing tool[C]. Eurographics Italian chapter conference：129-136.

Clark J., James H., 1976. Hierarchical geometric models for visible surface algorithms[J]. Communications of the Acm, 19（10）：547-554.

Clark R.N., Swayze G.A., Livo K.E., et al., 2003. Imaging Spectroscopy：Earth and Planetary Remote Sensing with The USGS Tetracorder and Expert Systems[J]. Journal of Geophysical Research, 108：44.

Claudio A. Perez, Estévez Pablo A., Vera Pablo A., et al., 2011. Ore grade estimation by feature selection and voting using boundary detection in digital image analysis[J]. International Journal of Mineral Processing, 101（4）：28-36.

Colomina I., Molina P., 2014. Unmanned aerial systems for photogrammetry and remote sensing：a review[J]. ISPRS J. Photogrammetry Remote Sens, 92：79-97.

Dai J., Li Y., He K., et al., 2016. R-fcn：Object detection via region-based fully convolutional networks[C]. Advances in neural information processing systems：379-387.

Deva K. Borah, David G. Voelz, 2007. Estimation of laser beam pointing parameters in the presence of atmospheric turbulence. [J]. Applied optics, 46（23）：45-65.

Donoghue N. D., Watt J. P., Cox J. N., et al., 2007. Remote sensing of species mixtures in conifer plantations using LiDAR height and intensity data[J]. Remote Sensing of Environment, 110（4）：72-89.

Douglas D. H., Peucker T. K., 1973. Algorithms for the reduction of the number of points required to represent a digitized line or its caricature[J]. Cartographica：the international journal for geographic information and geovisualization, 10（2）：112-122.

Favalli M., Fornaciai A., Isola I., et al., 2012. Multiview 3D reconstruction in geosciences[J]. Computers & Geosciences, 44：168-176.

Felzenszwalb P. F., Huttenlocher D. P., 2004. Efficient graph-based image segmentation[J]. International journal of computer vision, 59（2）：167-181.

Feng W., Kim B., Yu Y., et al., 2010. Feature-preserving triangular geometry images for level-of-detail representation of static and skinned meshes[J]. Acm Transactions on Graphics, 29（2）：1-13.

Franceschi M., Teza G., Preto N., et al., 2009. Discrimination between marls and limestones using intensity data from terrestrial laser scanner [J]. ISPRS Journal of Photogrammetry and Remote Sensing, 64（6）：522-528.

Gaffey S. J., 1987. Spectral Reflectance of Carbonate Minerals in the Visible and near Infrared（0.35-2.55 Um）：Anhydrous Carbonate Minerals[J]. Geophys Res 92（B2）：1429-1440.

Garland M., Heckbert P. S., 1997. Surface simplification using quadric error metrics. Proceedings of the 24th Annual Conference on Computer Graphics and Interactive Tech-niques[M]. New York, NY, USA.

Han W., Li J., Wang S., et al., 2022. Geological Remote Sensing Interpretation Using Deep Learning Feature and an Adaptive Multisource Data Fusion Network[J]. IEEE Transactions on Geoscience and Remote Sensing, 60: 1-14.

Hanqi Zhuang, 1995. Modeling Gimbal Axis Misalignments and Mirror Center Offset in a Single-Beam Laser Tracking Measurement System[C]. IEEE International Conference on Robotics & Automction, 14 (3): 211-224.

Hartzell P., Glennie C., Biber K., et al., 2014. Application of multispectral LiDAR to automated virtual outcrop geology [J]. ISPRS Journal of Photogrammetry and Remote Sensing, 88: 147-155.

He K., Zhang X., Ren S., et al., 2015. Spatial pyramid pooling in deep convolutional networks for visual recognition [J]. IEEE transactions on pattern analysis and machine intelligence, 37 (9): 1904-1916.

He K., Gkioxari G., Dollár P., et al., 2017. Mask-rcnn [C] // Proceedings of the IEEE international conference on computer vision: 2961-2969.

He Y., Foley T., Tatarchuk N., et al., 2015. A system for rapid, automatic shader level-of-detail[J]. Acm Transactions on Graphics, 34 (6): 1-12.

Hinton G. E., Salakhutdinov R. R., 2006. Reducing the dimensionality of data with neural networks[J]. Science, 313 (5786): 504-507.

Hodgetts D., 2013. Laser scanning and digital outcrop geology in the petroleum industry: A review[J]. Marine and Petroleum Geology, 46: 335-354.

Höfle B., Pfeifer N., 2007. Correction of laser scanning intensity data: Data and model-driven approaches[J]. Isprs Journal of Photogrammetry & Remote Sensing, 62 (6): 415-433.

Huerta P., Armenteros I., Tomé O. M., et al., 2016. 3-D modelling of a fossil tufa outcrop, The example of La Peña del Manto (Soria, Spain)[J]. Sedimentary Geology, 333: 130-146.

Hunt G.R., 1977. Spectral Signatures of Particulate Minerals in The Visible and Near Infrared[J]. GEOPHYSICS, 42: 501-513.

Hutengs C., 2019. In Situ and Laboratory Soil Spectroscopy with Portable Visible-to-near-infrared and Mid-infrared Instruments for The Assessment of Organic Carbon in Soils[J]. Geoderma, 11: 73-85.

Inama R., Menegoni N., Perotti C., 2020. Syndepositional fractures and architecture of the lastoni di formin carbonate platform: Insights from virtual outcrop models and field studies[J]. Marine and Petroleum Geology, 121: 104-606.

Janson X., Kerans C., Bellian J.A., 2007. Three-dimensional geological and synthetic seismic model of Early Permian redeposited basinal carbonate deposits, Victorio Canyon, west Texas[J]. AAPG Bull. 91: 1405-1436.

Joerg P. C., Weyermann J., Morsdorf F., et al., 2015. Computation of a distributed glacier surface albedo proxy using airborne laser scanning intensity data and in-situ spectro-radiometric measurements[J]. Remote Sensing of Environment, 160: 31-42.

Kaasalainen S., Jaakkola A., Kaasalainen M., et al., 2011. Analysis of incidence angle and distance effects on terrestrial laser scanner intensity: search for correction methods [J]. Remote Sensing, 3 (10): 2207-2221.

Kashani A., Olsen M., Parrish C., et al., 2015. A review of LiDAR radiometric processing: from Ad Hoc intensity correction to rigorous radiometric calibration[J]. Sensors, 15 (11): 28099-28128.

Kersten T. P., Sternberg H. Mechelke K., 2005. Investigations into the accuracy behaviour of the terrestrial laser scanning system Mensi GS100[J].

Leader J. C., 1979. Intensity Fluctuations Resulting from the Propagation of Partially Coherent Beam Waves in the Turbulent Atmosphere[J]. Proceedings of SPIE-The International Society for Optical Engineering: 194.

Li D., Wang M., Jiang J., 2021. China's high-resolution optical remote sensing satellites and their mapping applications[J]. Geo-spatial information science, 24（1）: 85-94.

Liang B., Liu Y., Shao Y., et al., 2022. 3D Quantitative Characterization of Fractures and Cavities in Digital Outcrop Texture Model Based on Lidar[J]. Energies: 15.

Lichti D. D., Jamtsho S., 2006. Angular Resolution of Terrestrial Laser Scanners[J]. The Photogrammetric Record, 21（114）: 141-160.

Lindenbergh R., Pfeifer N., 2005. A statistical deformation analysis of two epochs of terrestrial laser data of a lock.

Liu W., Anguelov D., Erhan D., et al., 2016, SSD: Single shot multibox detector [C]. Computer Vision-ECCV 2016: 14th European Conference, Amsterdam, The Netherlands, October: 11-14.

Long J., Shelhamer E., Darrell T., 2015. Fully convolutional networks for semantic segmentation[C]. Proceedings of the IEEE conference on computer vision and pattern recognition: 3431-3440.

Meyer F., Beucher S., 1990. Morphological segmentation[J]. Journal of visual communication and image representation, 1（1）: 21-46.

Neubert P., Protzel P., 2014. Compact watershed and preemptive slic: On improving trade-offs of superpixel segmentation algorithms[C]. 2014 22nd international conference on pattern recognition. IEEE: 996-1001.

Ohno N., Kageyama A., 2010. Region-of-interest visualization by CAVE VR system with automatic control of level-of-detail[J]. Computer physics communications: 181.

Pajarola R., 1998. Large scale terrain visualization using the restricted quadtree triangulation[C]. Proceedings Visualization 98（Cat. No.98CB36276）. IEEE.

Penasa L., Franceschi M., Preto N., et al., 2014. Integration of intensity textures and local geometry descriptors from Terrestrial Laser Scanning to map chert in outcrops[J]. ISPRS Journal of Photogrammetry and Remote Sensing, 93: 88-97.

Pickel A., Frechette J. D., Comunian A., et al., 2015. Building a training image with Digital Outcrop Models[J]. Journal of Hydrology, 531: 53-61.

Redmon J., Divvala S., Girshick R., et al., 2016. You only look once: Unified, real-time object detection[C]. Proceedings of the IEEE conference on computer vision and pattern recognition. : 779-788.

Ren S., He K., Girshick R., et al., 2015. Faster r-cnn: Towards real-time object detection with region proposal networks[J]. Advances in neural information processing systems: 28.

Ren Q., Jin Q., Feng J., et al., 2020. Design and construction of the knowledge base system for geological outfield cavities classifications: An example of the fracture-cavity reservoir outfield in Tarim basin, NW China[J]. Journal of Petroleum Science and Engineering, 194: 107509.

Ripolles O., Chover M., Ramos F., 2011. Visualization of level-of-detail meshes on the GPU[J]. The Visual Computer, 27: 793-809.

Rodriguez-Galiano V., Sanchez-Castillo M., Chica-Olmo M., et al., 2015. Machine Learning Predictive Models for Mineral Prospectivity: An Evaluation of Neural Networks, Random forest, Regression Trees and Support Vector Machines. Ore Geology Reviews 71, 804-818.

Ross Girshick. Fast R-CNN [C]. IEEE. 2015 IEEE International Conference on Computer Vision（ICCV）., 2015: 1440-1448.

Sahli S., Sheng Y., 2008. Multiscale beamlet transform application to airfield runway detection[C]. Optical Pattern Recognition XIX. SPIE, 6977: 128-135.

Salo P., Jokinen O., Kukko A., 2008. On the calibration of the distance measuring component of a terrestrial laser scanner[C]. Proc. in the XXIth ISPRS Congress, Silk Road for Information from Imagery, 37: B5.

Sanna K., Anssi K., Antero K., et al., 2009. Radiometric Calibration of Terrestrial Laser Scanners with External Reference Targets[J]. Remote Sensing, 1（3）: 144-158.

Schaer P., Skaloud J. Landtwing S., et al., 2007. Accuracy estimation for laser point cloud including scanning geometry[C]. Mobile Mapping Symposium. Padova.

Schmitz J., Deschamps R., Joseph P., et al., 2014. From 3D photogrammetric outcrop models to reservoir models: An integrated modelling workflow[C]. Vertical Geology Conference.: 5-7.

Seers T. D., Hodgetts D., 2014. Comparison of digital outcrop and conventional data collection approaches for the characterization of naturally fractured reservoir analogues[J]. Geol Soc Spec Publ, 374: 51-77.

Seo D., Yoo B., Ko H., 2015. Responsive geo-referenced content visualization based on a user interest model and level of detail[J]. International Journal of Geographical Information Science, 29（7-8）: 1441-1469.

Shirmard H., Farahbakhsh E., Heidari E., et al., 2022. A comparative study of convolutional neural networks and conventional machine learning models for lithological mapping using remote sensing data[J]. Remote Sensing, 14（4）: 819.

Soudarissanane S., Lindenbergh R., Menenti M., et al., 2011. Scanning geometry: Influencing factor on the quality of terrestrial laser scanning points[J]. ISPRS Journal of Photogrummetry and Remote Sensing, 66（4）: 389-399.

Stright L., Jobe Z., Fosdick J. C., et al., 2017. Modeling uncertainty in the three-dimensional structural deformation and stratigraphic evolution from outcrop data: Implications for submarine channel knickpoint recognition[J]. Marine and Petroleum Geology, 86: 79-94.

Sylvie Soudarissanane, Roderik Lindenbergh, Massimo Menenti, et al., 2011. Scanning geometry: Influencing factor on the quality of terrestrial laser scanning points.66（4）: 389-399.

Teza G., Pesci A., 2008. Effects of surface irregularities on intensity data from laser scanning: an experimental approach.[J]. Annals of Geophysics: 51（5-6）: 28-32.

Timothy Bowers, 2002. Analysis of VIS-LWIR hyperspectral image data for detailed geologic mapping[A]// SPIE, : 116-127.

Timothy Bowers, 2003. Comparison of the effects of variable spatial resolution on hyperspectrally based geologic mapping[A]//SPIE, 631-642.

Tomassetti L., Brandano M., Mateu-Vicens G., 2022. 3D modelling of the upper Tortonian-lower Messinian shallow ramp carbonates of the Hyblean domain（Central Mediterranean, Faro Santa Croce, Sicily）[J]. Marine and Petroleum Geology, 135: 105393.

Toth, C., Jo Zk Ow G., 2016. Remote sensing platforms and sensors: a survey[J]. ISPRS J.Photogrammetry Remote Sens, 115: 22-36.

Trinks I., Clegg P., Mccaffrey K., et al., 2005. Mapping and analysing virtual outcrops[J]. Visual Geosciences, 10（1）: 13-19.

Van der Meer F., 2004. Analysis of Spectral Absorption Features in Hyperspectral Imagery[J]. International Journal of Applied Earth Observation and Geoinformation, 5: 55-68.

Vedaldi A., Soatto S., 2008. Quick shift and kernel methods for mode seeking[C]. European conference on computer vision. Springer, Berlin, Heidelberg, : 705-718.

Voisin S., Foufou S., Truchetet F., et al., 2007. Study of ambient light influence for three-dimensional scanners based on structured light[J]. Optical Engineering, 46（3）: 030502.

Waggott S., Jones D. R., Clegg D. P., 2005. Combining Terrestrial Laser Scanning, RTK GPS and 3D Visualisation: Application of optical 3D measurement in geological exploration[J].

Wang X., Qin Y., Yin Z., et al., 2019. Historical shear deformation of rock fractures derived from digital outcrop models and its implications on the development of fracture systems[J]. International Journal of Rock Mechanics and Mining Sciences, 114: 122-130.

Wei Wen, Feng, Byung Uck, et al., 2010. Feature-preserving triangular geometry images for level-of-detail representation of static and skinned meshes[J]. Acm Transactions on Graphics, 29 (2): 1-13.

Xia J. C., El-Sana J., Varshney A., 1997. Adaptive real-time level-of-detail based rendering for polygonal models[J]. IEEE Transactions on Visualization and Computer graphics, 3 (2): 171-183.

Xu T., Xu L., Yang B., et al., 2017. Terrestrial Laser Scanning Intensity Correction by Piecewise Fitting and Overlap-Driven Adjustment[J]. Remote Sensing, 9 (11): 1090.

Xueming X.U., Aiken C. L. V., Bhattacharya J. P., et al., 2000. Creating virtual 3-D outcrop[J]. Leading Edge, 19 (2): 197-202.

Yan Y., Zhang L., Luo X., 2020. Modeling Three-Dimensional Anisotropic Structures of Reservoir Lithofacies Using Two-Dimensional Digital Outcrops[J]. Energies, 13 (16): 4082.

Yeste L. M., Palomino R., Varela A. N., et al., 2021. Integrating outcrop and subsurface data to improve the predictability of geobodies distribution using a 3D training image: A case study of a Triassic Channel-Crevasse-splay complex[J]. Marine and Petroleum Geology, 129: 105081.

Ying L., Salari E., 2009. Beamlet transform based technique for pavement image processing and classification[C]. 2009 IEEE International Conference on Electro/Information Technology. IEEE: 141-145.

Zeng Qihong, Xie Xing, Zhang Youyan, et al., 2012. Digital Outcrop Modeling and Geology Information Extraction based on ground-based Lidar[C]. ICALIP: 580-583.